土石坝地震安全问题研究

陈生水　著

科学出版社
北　京

内 容 简 介

本书搜集了国内外多次大地震后土石坝工程的震损情况，分析了各类土石坝工程的地震震损模式和破坏机理。研发了高土石坝堆石料抗震特性多功能试验仪，针对多种筑坝堆石料开展了大型三轴试验研究，揭示了筑坝材料在静动力荷载作用下的颗粒破碎规律、强度与剪胀规律、残余变形与循环硬化规律以及振动液化规律等，并提出了堆石料的黏弹性本构模型和弹塑性本构模型。开发了我国首台离心机振动台模型试验系统，并提出了高土石坝地震动力离心模型试验外延分析方法，实现了大体积土石构筑物动态响应的离心模拟。利用离心机振动台研究了高面板坝和高心墙坝的地震加速度反应特性、大坝残余变形分布规律以及高土石坝地震破坏机理。在震害资料和离心模型试验结果基础上提出了高土石坝地震安全评价标准和极限抗震能力分析方法，并研发了基于黏弹塑性模型和弹塑性模型的计算分析软件，分析了典型高面板坝和高心墙坝的极限抗震能力及其影响因素。

本书可供高等院校水利水电工程专业师生、水利水电行业科研院所科研人员、岩土工程抗震从业人员等参考。

图书在版编目（CIP）数据

土石坝地震安全问题研究/陈生水著. —北京：科学出版社，2015.3

ISBN 978-7-03-043747-1

Ⅰ.①土… Ⅱ.①陈… Ⅲ.①土石坝-抗震性能-研究 Ⅳ.①TV641

中国版本图书馆CIP数据核字（2015）第051500号

责任编辑：杨 琪 周 丹 程心珂/责任校对：胡小洁
责任印制：李 利/封面设计：许 瑞

科 学 出 版 社 出版
北京东黄城根北街16号
邮政编码：100717
http://www.sciencep.com

中国科学院印刷厂 印刷
科学出版社发行 各地新华书店经销

*

2015年3月第 一 版 开本：720×1000 1/16
2015年3月第一次印刷 印张：12 1/2
字数：250 000

定价：98.00元

（如有印装质量问题，我社负责调换）

序

我国已建成各类土石坝近 9 万座，同时我国又是地震灾害频发的国家，因此土石坝地震安全问题一直广受政府与公众关注。随着水资源开发利用进程的推进，一批 200m 级甚至 300m 级的高土石坝正在建设或即将开工建设，这些高坝大库大多位于高地震烈度区，一旦因地震出险甚至发生溃决，后果将是灾难性的。因此深入研究土石坝地震破坏机理，进一步提升土石坝的地震安全评价、灾害预测与防控水平很有必要。

《土石坝地震安全问题研究》一书较为全面系统地介绍了作者及其研究团队近年来在高土石坝筑坝堆石料静动强度与变形特性试验、土石坝地震响应与破坏机理试验、土石坝地震安全评价理论与标准以及极限抗震能力计算分析方法等方面的最新研究成果，这些研究成果已成功应用于吉林台、紫坪铺、马来西亚巴贡、大石峡等重要高面板堆石坝，双江口、糯扎渡、长河坝、瀑布沟等重要高心墙堆石坝的地震安全评价与抗震设计方案优化，为有力提升土石坝的地震安全评价、灾害预测与防控水平提供了重要的理论与技术支撑。

作者及其研究团队长期从事土石坝地震安全评价、灾害预测与防控理论与技术研究，工作勤奋、学风严谨，在该研究领域具有较为深厚的理论基础和丰富的工程实践经验，我相信该书的出版对土石坝工程学科的发展将起到积极的推动作用。

我担任水利部土石坝破坏机理与防控技术重点实验室学术委员会主任，多次负责作者研究团队相关科技成果鉴定审查，对其研究成果有所了解，因此乐于为序。

中国工程院院士 马洪琪

2015 年 1 月 28 日

前　　言

我国已建成水库大坝9.8万多座，其中土石坝近9万座，是世界上土石坝数量最多的国家。随着水资源开发利用进程的推进和南水北调西线工程的实施，我国还将兴建一批高土石坝，其中双江口、两河口、大石峡、古水以及如美水电站坝高都将接近或超过300m（可见正文表1.1）。这些高坝大库多位于高地震烈度区，一旦因地震失事，后果将是灾难性的。因此，加强土石坝地震安全问题研究具有十分重要的意义。

作者及其研究团队20多年来一直致力于土石坝地震安全问题研究，近年来在国家自然科学基金重大研究计划集成项目“高土石坝地震灾变过程模拟与集成研究”（91215301），国家自然科学基金项目（51209141 & 51379129 & 51379130）以及水利部公益性行业科研专项经费项目“高土石坝极限抗震能力分析方法与工程应用（201501035）”的资助下，围绕土石坝筑坝材料静动力学特性和土石坝地震破坏机理试验技术与分析方法、土石坝地震安全评价理论和极限抗震能力分析方法与工程应用等方面开展了较为深入系统的研究，取得了一系列创新成果，这些成果已成功应用于吉林台、紫坪铺、马来西亚巴贡、大石峡、玛尔挡等高面板堆石坝，以及双江口、两河口、糯扎渡、长河坝、瀑布沟等高心墙堆石坝的抗震设计，为上述高土石坝的地震安全评价和抗震设计方案优化提供了重要技术支撑。本书是上述部分研究成果的总结。

全书共分五章，分别介绍了国内外部分典型土石坝的震害调查资料、高土石坝筑坝堆石料静动力强度与变形特性、土石坝地震响应与破坏机理离心模型试验方法与应用、土石坝地震安全计算理论与应用以及土石坝地震安全控制标准与极限抗震能力分析方法及其工程应用。全书由陈生水主笔编写，傅中志、钟启明参与了第2章至第5章的编写工作，李国英、任强参与了第1章和第5章的编写工作，韩华强参与了第2章和第4章的编写工作。书中引用了国内外多位专家学者的成果，已在每章的参考文献中列出；本书的出版得到了南京水利科学研究院出版基金资助；中国工程院马洪琪院士为本书作序，使作者深受鼓舞，在此一并表示衷心感谢与敬意。

本书可供从事土石坝工程研究与安全管理人员参考，希望本书的出版有助于进一步提高我国土石坝的地震安全评价、灾害预测与防控的理论与技术水平。

土石坝地震安全问题涉及岩土力学、地震工程学、材料力学等多个学科，受作者学识水平与工程实践经验所限，书中难免存在许多不足甚至错误之处，恳请读者不吝指教。

作　者

2014年12月20日

目　　录

第 1 章 土石坝震害调查分析

1.1 概 述

地震灾害作为一种严重的自然灾害，能在瞬间成灾，使人的生命和财产遭受巨大损失。由于我国位于世界两大地震带——环太平洋地震带与欧亚地震带的交汇部位，受太平洋板块、印度板块和菲律宾海板块的挤压，地震活动频度高、强度大、分布广，是一个地震灾害严重的国家（图 1.1）。最近几十年，我国已发生过多次灾害性的大地震，如 1966 年邢台地震、1970 年通海地震、1975 年海城地震、1976 年唐山地震、1996 年丽江地震、1997 年新疆喀什—阿图什地震、2008 年汶川地震以及 2013 年雅安芦山地震等[1]。需要指出的是，我国是世界上土石坝数量最多的国家，各类土石坝总数近 9 万座。随着我国水资源开发利用进程的推进和南水北调西线工程的实施，还将兴建一批高土石坝，其中双江口、两河口、大石峡、古水以及如美水电站坝高都将接近或超过 300m（表 1.1）。这些

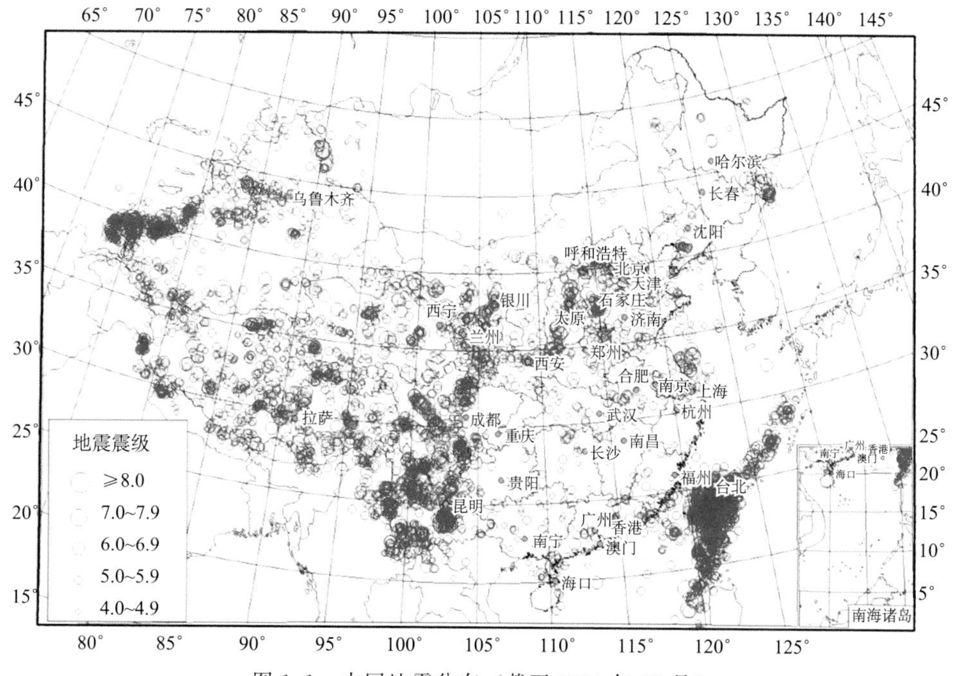

图 1.1 中国地震分布（截至 2014 年 12 月）

图片来源：由中国地震局李小军研究员提供

高坝大库多位于高地震烈度区，一旦因地震出险甚至溃决，后果将是灾难性的；因此，加强对土石坝地震安全问题的研究有十分重要的意义。本书较为系统地总结了作者研究团队近年来在土石坝筑坝堆石材料静动力强度与变形特性及其变化规律、土石坝地震响应与破坏机理试验技术、土石坝地震安全评价理论与极限抗震能力分析方法及其工程应用等方面的最新研究成果，并对该领域今后应重点开展的研究工作提出了建议。

表 1.1 国内部分超高土石坝工程一览表

省份	工程名称	河流	最大坝高/m	覆盖层深度/m	主坝坝型	设计加速度/g	备注
湖北	水布垭	清江	233	—	混凝土面板堆石坝	0.1	已建
云南	糯扎渡	澜沧江	261.5	—	心墙堆石坝	0.283	已建
四川	长河坝	大渡河	240	80	心墙堆石坝	0.359	在建
四川	两河口	雅砻江	295	—	心墙堆石坝	0.288	在建
青海	茨哈峡	黄河	253	—	混凝土面板堆石坝	0.266	在建
青海	玛尔挡	黄河	211	—	混凝土面板堆石坝	0.299	在建
四川	猴子岩	大渡河	223.5	—	混凝土面板堆石坝	0.297	在建
四川	双江口	大渡河	314	60	心墙堆石坝	0.21	拟建
云南	古水	澜沧江	305	—	心墙堆石坝	0.2	拟建
新疆	大石峡	库玛拉克河	251	—	面板砂砾石坝	0.286	拟建
西藏	如美	大渡河	315	—	心墙堆石坝	0.1	拟建

1.2 混凝土面板堆石坝震害调查

1.2.1 紫坪铺混凝土面板堆石坝

紫坪铺混凝土面板堆石坝位于我国四川成都市西北 60km 都江堰市境内的岷江上游，该坝于 2005 年建成，最大坝高 156m，坝顶高程 884m，坝顶全长 664m，坝顶宽 12m，上游坝坡坡度 1∶1.4，高程 840m 马道以上的下游坝坡为 1∶1.5，高程 840m 马道以下的下游坝坡为 1∶1.4。大坝地震设防烈度为 8 度，100 年超越频率 2%的基岩水平峰值加速度为 260Gal[①]。2008 年 5 月 12 日，距该坝以西仅 17km 的汶川县境内发生了里氏 8 级，震中烈度达 11 度的特大地震，根据安装在大坝坝顶地震加速度仪测得的峰值加速度推算，坝体基岩地震加速度

① $1Gal=1cm/s^2$

峰值超过500Gal，地震烈度超过9度，持续时间约120s。地震时的水库水位在830m高程左右，位于正常蓄水位以下47m。作者在震后第一时间赶赴现场，通过原位测量与计算分析获得了该大坝较为详细的震害资料。

"5·12"汶川地震导致紫坪铺面板堆石坝发生明显损伤，主要表现为[2-5]：

（1）大坝产生了明显的地震残余变形。震后坝顶防浪墙中部测点Y7（位于河谷坝体最大断面附近）的最大沉降量为683.9mm；由于余震和大坝应力变形重分布，2008年5月17日沉降量增大到744.3mm（图1.2）；45天后沉降量最大值为760.0mm，并趋于稳定。坝体内部水管式沉降仪观测到的地震引起的坝体沉降量分布如图1.3所示，从图中可以看出，坝体沉降量（H）随高程（EL）的增加而增大，且坝轴线下游坝体的沉降量明显大于坝轴线上游坝体的沉降量。5月17日测得850m高程处坝体最大沉降量为810.3mm，按照土石坝坝体地震残余变形的分布规律，位于该高程34m以上坝顶的震陷量应大于该值。右岸坝顶路面与岸坡（开敞式溢洪道边墙）出现150～200mm的错台沉降，如图1.4所示。图1.5与图1.6分别给出了大坝最大断面820m和850m高程处水管式沉降仪观测到的地震前后坝体沉降量变化过程。从图中可以看出，地震之前，大坝

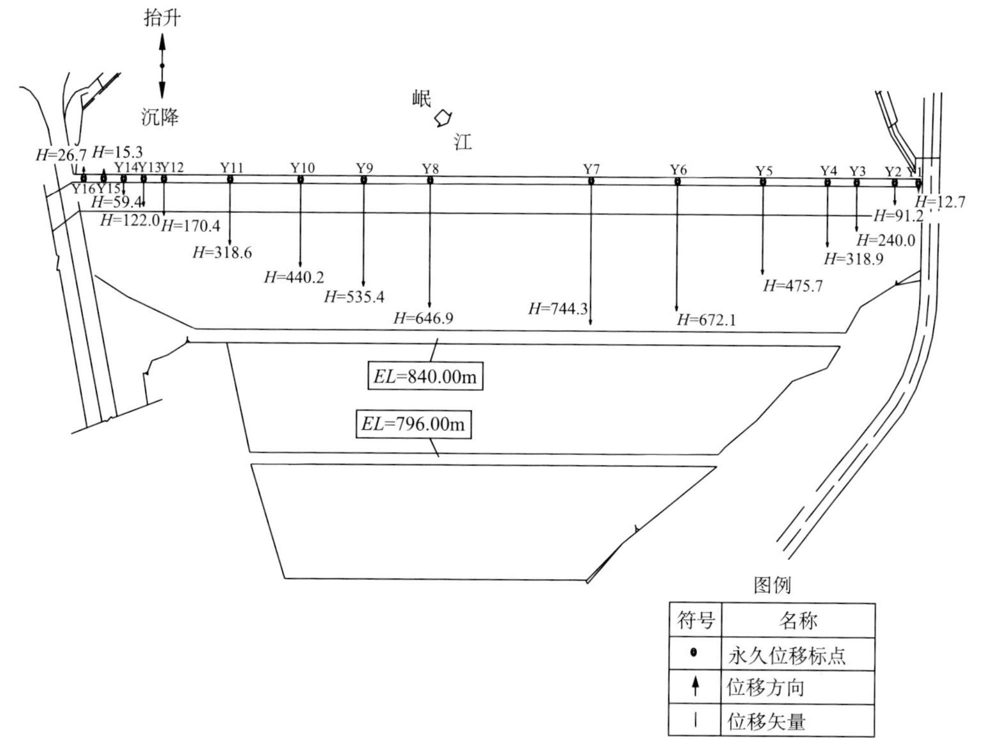

图1.2　2008年5月17日坝顶防浪墙测点沉降分布（mm）

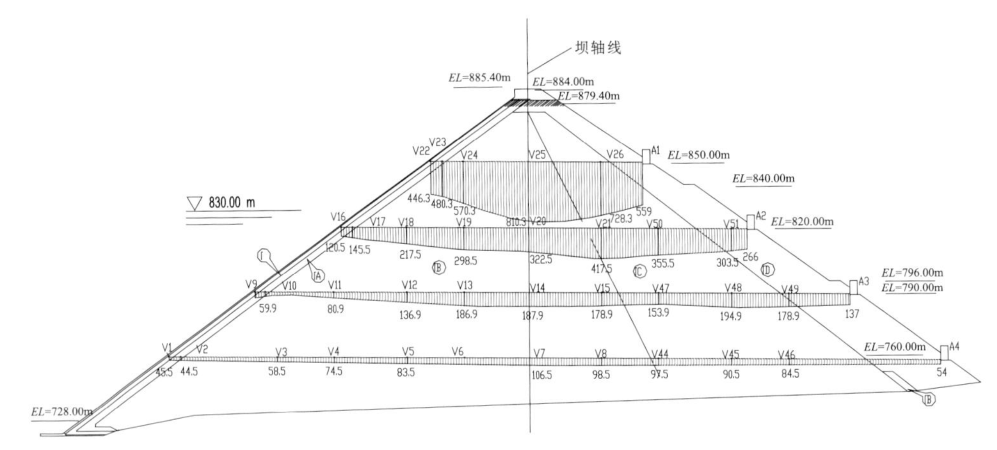

图 1.3　地震引起的坝体沉降量分布（mm）

图 1.4　坝顶与右岸边坡间的错台沉降

内部沉降基本稳定，各测点月沉降量在 5mm 左右，沉降量与库水位有明显的相关性。比较地震前后沉降观测数据可发现，地震前后坝体沉降过程线产生明显错台，地震后各测点沉降量变化趋于稳定，恢复到震前的变化规律。至 2009 年 8 月底，各测点中的最大沉降值为 857.05mm，发生在 850m 高程坝轴线附近的 V25 测点。

图 1.7 为 2008 年 5 月 17 日坝顶防浪墙测点水平位移分布，从中可以看出，

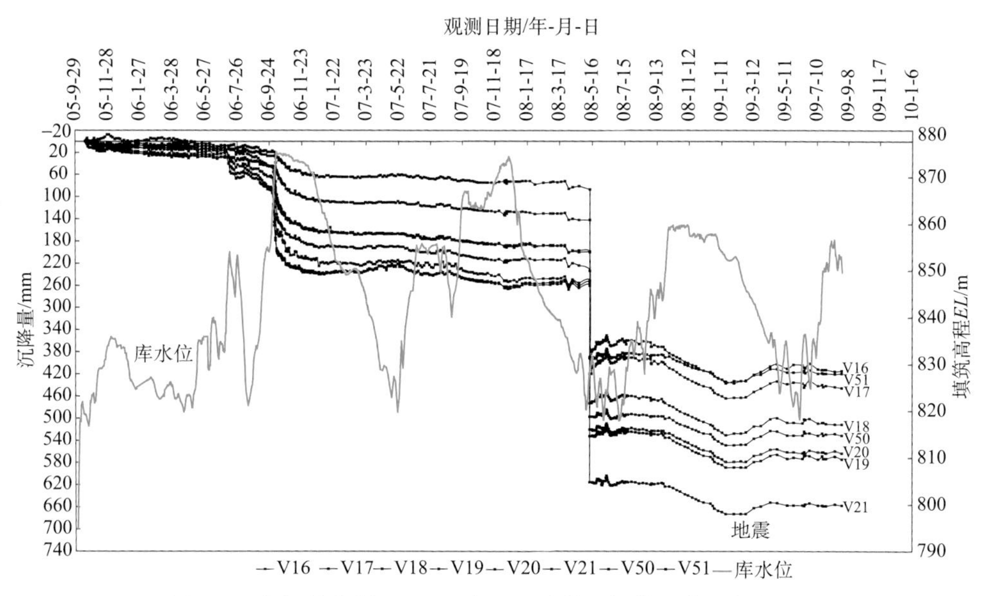

图 1.5　大坝最大断面 820m 高程地震前后坝体沉降量变化过程

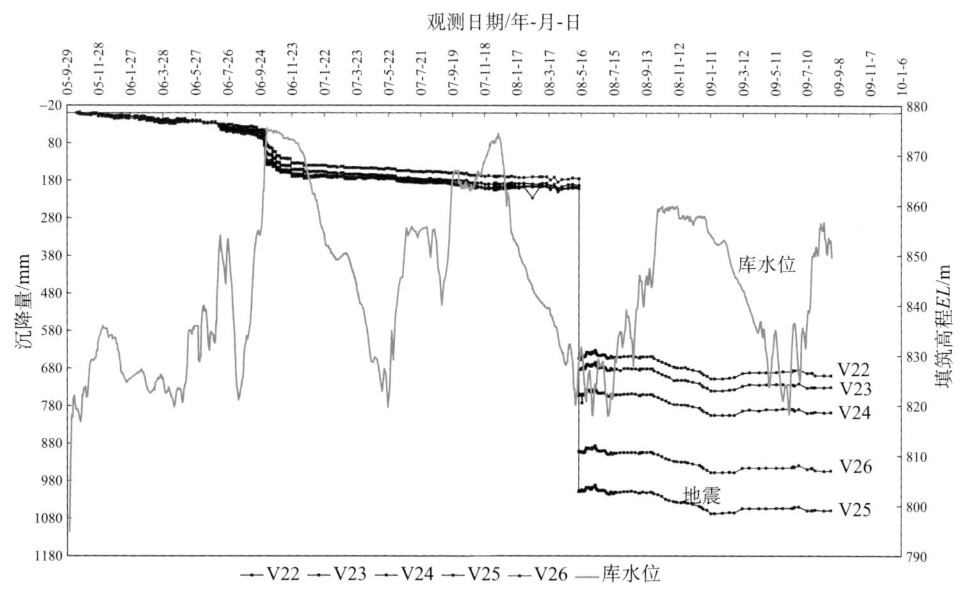

图 1.6　大坝最大断面 850m 高程地震前后坝体沉降量变化过程

坝轴线上游坝体上下游方向的地震残余水平位移均指向下游方向，最大值为 199.9mm，位于河谷坝体最大断面；坝体左右坝段坝轴线方向的水平位移均指向河谷，岸坡较陡的左坝段地震残余水平位移的最大值大于岸坡相对缓的右坝段地震残余水平位移，其值分别为 226.1mm 和 106.8mm。图 1.8 为坝轴线下游坝体地震残余水平位移分布，从图中可以看出，随着坝体高程增加，地震残余水平位移值增大，位于 850m 高程的 Y20 观测点测得水平位移值最大，其值为 270.8mm，按照土石坝地震残余变形的分布规律，处于该高程 34m 以上下游坝体坝顶的水平位移值应更大，因此，地震产生的下游坝体的水平位移明显大于上游坝体的水平位移。图 1.9 给出了地震引起的坝顶路面和坝顶下游人行道的开裂情况，裂缝最大宽度达 630.0mm，这进一步证实了下游坝坡和坝顶交界处的水平位移将更大的推断。

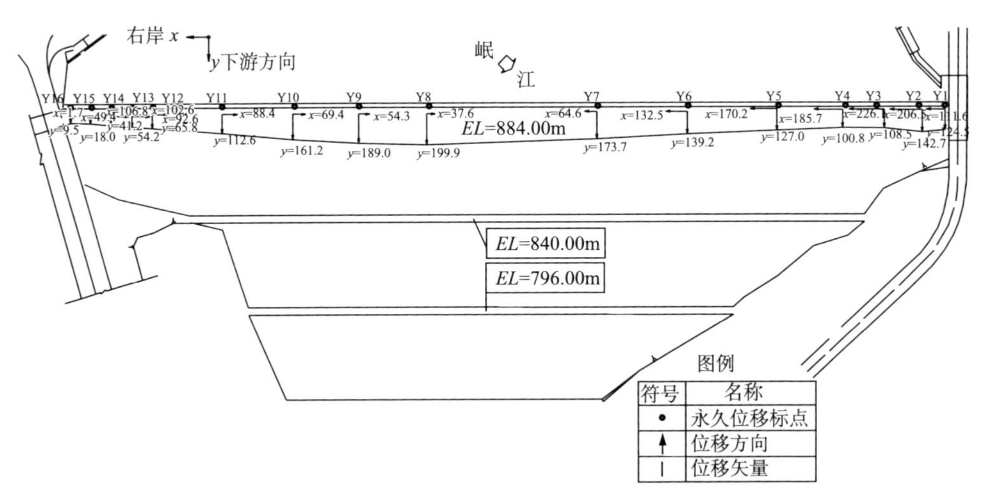

图 1.7　2008 年 5 月 17 日坝顶防浪墙测点水平位移分布（mm）

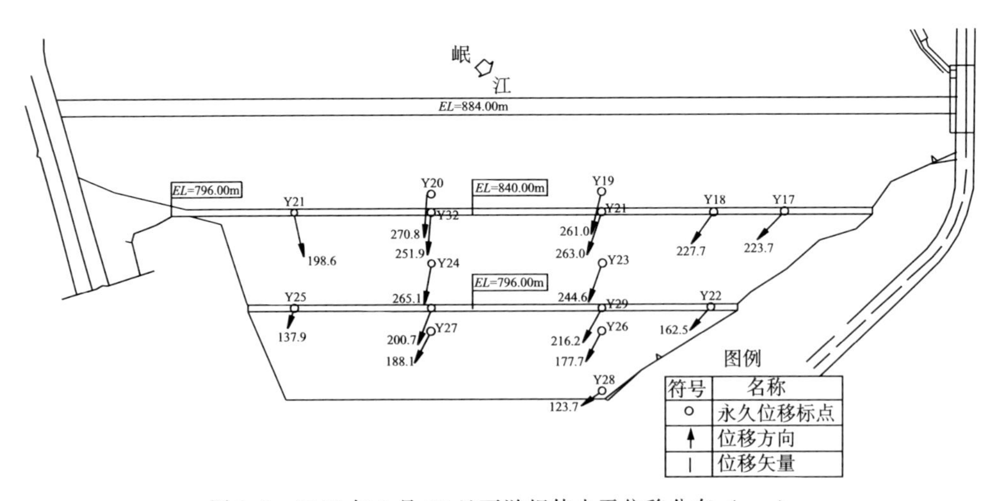

图 1.8　2008 年 5 月 17 日下游坝体水平位移分布（mm）

图1.9　地震后大坝坝顶裂缝

(2) 地震造成混凝土面板周边缝发生明显变位。安装在左坝肩833m高程附近的Z_2号三向测缝计测得该处周边缝的沉降量、张开度、剪切位移分别从震前的1.59mm、11.99mm和4.67mm增加到92.85mm、57.85mm和13.42mm；右坝肩靠近河床底部745.00m高程附近的Z_9三向测缝计测得的沉降量、张开度、剪切位移分别从震前的10.82mm、6.03mm和9.08mm增加到53.86mm、34.89mm和58.39mm。右岸靠近坝顶附近的Z_{12}测点的最大剪切位移也达到了46.00mm。

(3) 混凝土面板垂直缝挤压破坏。由于汶川地震波传播方向由西向东，与坝轴线方向大体一致，因此地震力沿坝轴向强烈地振动挤压混凝土面板，加之大坝左右坝段水平位移均指向河谷、挤压中间坝段，导致面板部分垂直缝挤压破坏，以左坝肩附近5＃～6＃面板接缝与河谷大坝最大断面附近23＃～24＃面板接缝挤压破损最为明显。如图1.10所示，23＃面板845m高程以下结构缝附近有宽约2m的混凝土被挤压隆起，长度延伸至当时库水位以下的821m高程，这应该与该部位坝体地震残余变形不均匀且较大有关；其他部位多块混凝土面板出现宽度0.5～2.0mm不等的裂缝，面板接缝也有一定程度损伤，但没有23＃～24＃接缝处破损严重。

(4) 混凝土面板发生脱空和错台。地震引起的坝体残余变形导致混凝土面板出现较大范围的脱空现象，845m高程二、三期混凝土面板施工缝发生错台。左坝段845m高程以上的三期混凝土面板大多脱空，高程愈大，脱空愈明显，最大脱空量达230mm；右坝段三期面板顶部（879.4m高程）全部脱空，脱空值在200mm左右；靠近左坝肩845m高程以下的二期混凝土面板也出现脱空，但脱空

图 1.10　混凝土面板接缝挤压破坏

值相对较小，在 833m 和 843m 高程处脱空值分别为 20mm 和 70mm（图 1.11）。紫坪铺混凝土面板堆石坝二、三期混凝土面板施工缝呈水平向，由于混凝土面板脱空，面板与垫层间的摩擦力显著减小，因此在地震惯性力和面板自重的联合作用下，二、三期混凝土面板施工缝发生错台，错台量左坝肩附近最大，向右坝段方向逐渐减小，如图 1.12 所示，5＃～6＃面板间施工缝错台量为 350mm，23＃～24＃面板间施工缝错台量为 150mm。

图 1.11　地震导致的混凝土面板脱空

（5）大坝下游坝坡部分进行浆砌的堆石在震后基本平整，没有进行浆砌的堆石局部松动，如图 1.13 所示。坝体中部 850m 高程和靠右岸接头段的下游坝坡松动，个别块石滚落，沿坡面向下稍有滑移，同时，坝顶路面与下游坝坡交接处开裂（图 1.9）。

图 1.12 地震导致面板水平施工缝错台

图 1.13 大坝下游坡面堆石松动

（6）紫坪铺水库大坝坝后设置了量水堰，2005 年 10 月水库下闸蓄水以来即开始渗流量观测，渗流量观测结果如图 1.14 所示。从图中可知，大坝渗流量与库水位密切相关，随着库水位地增加或降低，渗流量相应增减，但稍有滞后，震前库水位在 850m 以上时，渗流量一般在 25L/s 以上。大坝历史实测最大渗流量为51.19L/s,时间为 2006 年 10 月 30 日，对应库水位为 874m，地震前 5 月 10 日的渗流量为 10.38L/s。地震发生后，坝基部位渗透压力虽有升高，但幅值较小，在 1.5m 水头左右，坝体及周边缝部位渗透压力受地震影响不明显，绕坝渗流各测点的水位变化不大，部分测点的水位变化与降雨有关，与库水位变化没有明显关联。2008 年 5 月 14 日实测最大渗流量为 15.98L/s，5 月 24 日实测最大渗流量为 18.82L/s，至 6 月 1 日，渗流量基本稳定在这一数值，相应库水位为 826m。震后的 1～2 天水质较震前混浊，并夹带泥沙，以后水质变清。混凝土面板修复以后，2009 年 1 月库水位超过 856m 时，渗流量为 20.28L/s。

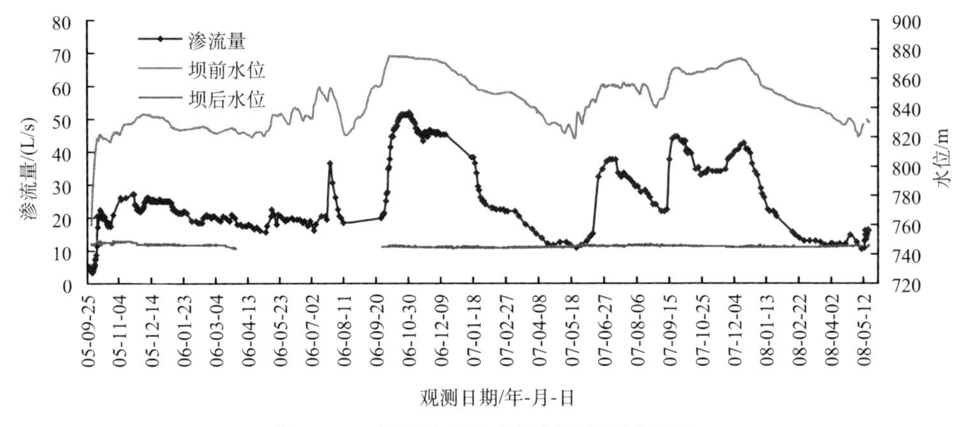

图 1.14　坝后量水堰渗流量-时间过程线

现场调查显示，震后坝体渗流量有所增加的原因可能有：①大坝防渗系统局部受损，导致渗漏量增加。地震导致 23＃～24＃混凝土面板结构缝发生破坏并延伸至库水位下，以及库水位下河床右岸位置 745m 高程 Z_9 测缝计附近周边缝变位较大，从而使得通过这些部位的渗流量增加；②地震激活了原本处于闭合状态的基岩裂隙，基岩裂隙水增加导致了渗流量增加，大坝两岸基岩裂隙水的渗流观测结果证实了这一推断；③震后大坝附近地区持续降雨也是导致大坝渗流量增大的原因之一。至于震后 1～2 天渗流水质变混浊，作者推断其主要原因是：①地震导致大坝防渗系统损伤后，将原防渗系统渗流通道中处于平衡状态的泥沙带出，从而导致渗流水中泥沙含量增加；②地震导致大坝堆石体受到挤压、错动，颗粒产生破碎形成细碎颗粒，降雨和渗流水将细碎颗粒带出，从而使得渗流水质变混浊。

1.2.2　智利 Cogoti 混凝土面板堆石坝

智利的 Cogoti 坝为另一座经受强震考验的混凝土面板堆石坝[6,7]，该坝建成于 1938 年，为早期的抛填式堆石坝，堆石料为安山角砾岩，坝高 85m，坝顶长 160m，坝顶宽 8m，上游坝坡平均 1∶1.4，下游坝坡 1∶1.5。为适应抛填式堆石坝可能产生的较大变形，采用柔性混凝土面板，面板曲率半径为 1000m，面板设横缝和竖缝，其典型断面如图 1.15 所示。大坝建成投入运行后，由于抛填式堆石体变形较大，面板横缝、竖缝以及周边缝均发生漏水，1941 年漏水量为 0.5m^3/s，1965 年漏水量为 1.0m^3/s，1972 年漏水量为

1.2m³/s，1985 年漏水量达到 2.4m³/s。

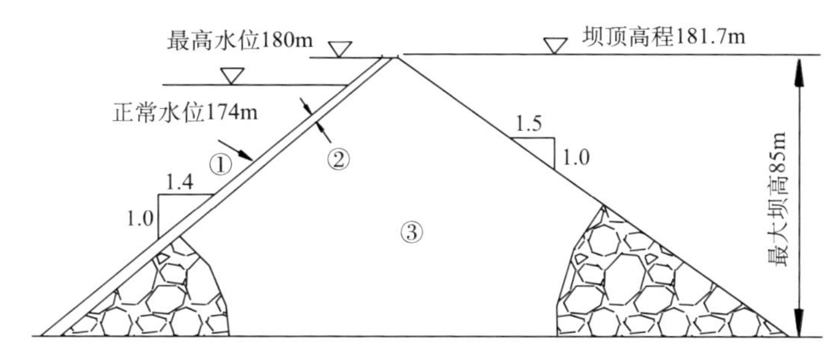

图 1.15　Cogoti 混凝土面板坝断面

①-曲率半径；②-砌石区；③-高层抛填堆石区

1943 年 4 月 4 日，Cogoti 混凝土面板堆石坝经受了一次 7.9 级的强震考验，震中烈度 9～10 度，坝址距震中约 89km，测得坝基附近的地震最大加速度约 190Gal，据推算，该坝上部 1/3 坝体的地震反应加速度约为 370Gal。震后测得该坝坝顶最大震陷量为 40cm，检查发现混凝土面板上部因堆石体变形发生明显脱空。其后，该坝又于 1965 年、1971 年和 1985 年分别经受了 3 次地震，如表 1.2 所示，由于震中距坝址较远，坝体没有发生明显的变形。但 1971 年地震后，坝顶出现纵向裂缝，坝顶路缘石及下游坝坡石块有错动，面板接缝部分沥青被挤出，有的面板混凝土被挤碎，但大坝整体没有出现严重震害。

到 1985 年，坝顶沉降总量为 108cm，该断面坝高为 63m，沉降率为 1.7%，为抛填式堆石坝的通常沉降率，坝顶沉降过程线如图 1.16 所示。

表 1.2　Cogoti 混凝土面板坝经受的 4 次地震

发生日期	震中位置	震级	坝址震中距/km	震源深度/km	震中烈度/度	坝址地震最大加速度/Gal
1943-4-4	Illapel	7.9	89	33	9～10	190
1965-3-28	La Ligua	7.1	153	61	7～8	40
1971-7-8	Papudo Zapallar	7.5	165	60	8	49
1985-3-3	Liolleo Algarrobo	7.7	280	15	10～11	25

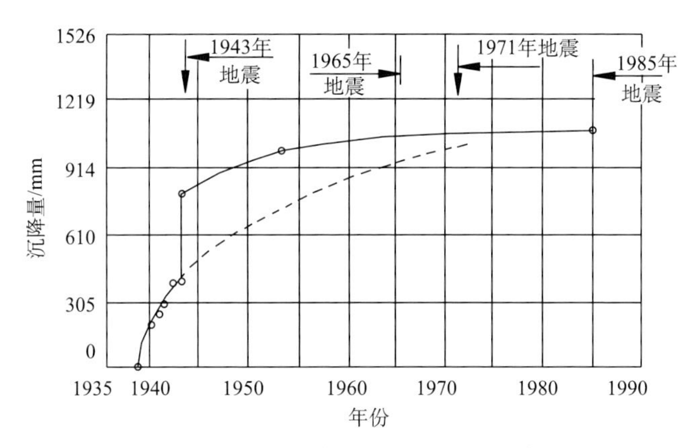

图 1.16　Cogoti 混凝土面板坝坝顶沉降过程

1.3　心墙堆石坝震害调查

1.3.1　碧口壤土心墙坝

碧口水库位于我国甘肃文县碧口镇上游 3km 处的白龙江下游干流上，水库库容为 5.21 亿 m^3，工程以发电为主，兼有防洪、灌溉、渔业等效益。大坝为壤土心墙土石混合坝，坝顶长 297.36m，宽 8m，最大坝高 101.8m。上游坝坡 1∶1.8～1∶2.3，下游坝坡 1∶1.7～1∶2.2，心墙由重、中粉质壤土与粉质黏土填筑，坝壳料采用石渣、含泥砂砾石、砂砾石、碎石渣、卵漂石、堆石等填筑，坝基河床覆盖层深 25～34m，采用两道混凝土防渗墙处理，第一道防渗墙沿坝轴线布置，墙顶高程 630m，坝基高程 610m，插入基岩 0.8m，墙体厚 130cm；第二道防渗墙位于第一道防渗墙下游 12m，墙顶高程 647m，插入基岩 1.0～1.5m，墙体厚 80cm，最大墙深 68.5m，基础覆盖层防渗工程措施可靠。坝址区地震基本烈度为 7 度，大坝按 8 度地震设防。该坝于 1969 年开工建设，1975 年水库开始下闸蓄水，曾于 1976 年 8 月经受过松潘、平武 7.3 级强震考验，震损并不明显，2008 年“5·12”汶川地震是碧口大坝第二次经受强震考验[8,9]。汶川地震发生时及震后，碧口水库水位处于较高状态，5 月 12 日上午 8 时，库水位为 691.41m，地震发生后，由于电力输出原因，机组停机，库水位逐步上升，5 月 13 日达 693.53m，5 月 13 日晚，开启左岸排沙洞泄水，之后库水位逐步下降，5 月 21 日达到最低 690.53m，为保证抗震救灾供电，控制库水位在 690.5m 以上运行。碧口水库大坝面貌和典型断面如图 1.17 所示。

2008 年“5·12”汶川地震导致碧口水库大坝明显损伤，主要表现为：

(1) 地震导致大坝发生明显的沉降和水平位移。位于河床左侧 708m 高程处

(a) 碧口水库大坝面貌

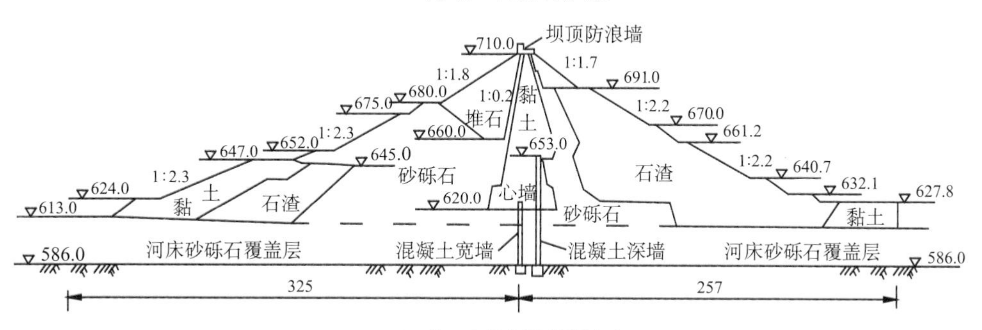

(b) 碧口水库大坝典型断面(m)

图 1.17　碧口水库大坝

的 D11-1 测点测得上游坝壳最大沉降量为 24.9cm，最大水平位移为 15.9cm，指向坝体上游；位于河床附近 708m 高程处的 D10-2 测点测得下游坝壳最大沉降量为 24.7cm，最大水平位移为 10.8cm，同样指向坝体上游；位于上游坝坡 D8-1 测点、下游坝坡 708m 高程的 D15-2 测点、691m 高程的 D10-3 和 D15-3 测点、670m 高程的 D11-4 和 D8-4 测点、650m 高程的 D11-5 和 D8-5 测点（测点布置如图 1.18 所示）测得的沉降和水平位移分别为 10.5 cm、－10.3cm；9.7cm、－1.0cm；4.1cm、12.2cm、2.0cm、0.4cm；4.9cm、7.1cm；1.5cm、0.3cm；4.6cm、4.2cm；2.2cm、0.3cm（表 1.3）。

从表 1.3 可以看出，与混凝土面板堆石坝变形规律类似，随着坝体高程的增加，地震导致的坝体沉降量和水平位移值增大，由于大坝中部河床部位坝体的高度要大于两岸，该部位的沉降量和水平位移要大于靠近两岸坝体的沉降量和水平位移。值得指出的是，心墙堆石坝的地震残余水平位移规律与混凝土面板堆石坝不尽相同，心墙堆石坝坝体上部地震产生的水平位移指向上游，下游坝坡下部地震产生的水平位移指向下游。

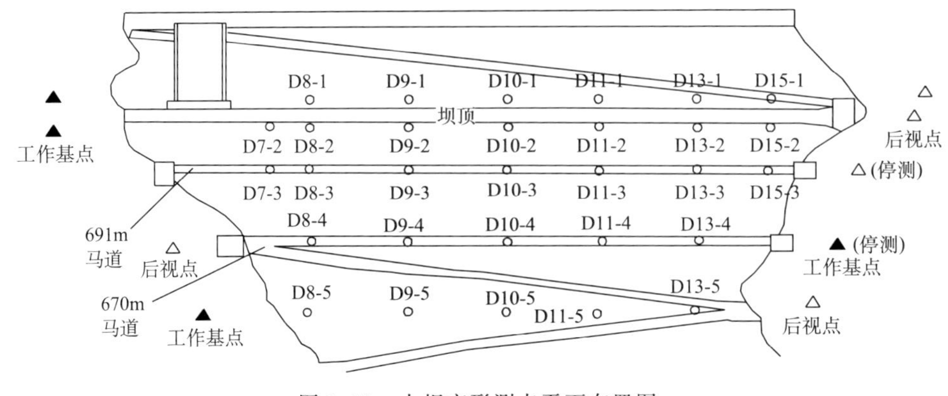

图 1.18 大坝变形测点平面布置图

表 1.3 地震前后坝体相对最大、最小沉降和水平位移

监测指标	坝上 0+010、708m 高程		坝下 0+007.8、708m 高程		坝下 0+041.5、691m 高程		坝下 0+093、670m 高程		下游 650m 高程	
	最大值	最小值	最大值	最小值	最大值	最小值	最大值	最小值	最大值	最小值
沉降/cm	24.9	10.5	24.7	9.7	4.1	2.0	4.9	1.5	4.6	2.2
水平位移/cm	−15.9	−10.3	−10.8	−1.0	12.2	0.4	7.1	0.3	4.2	0.3

(2) 坝体表面受到一定程度损伤。坝顶下游砖砌挡墙，从左岸至河床部位倒塌，右岸坝顶与溢洪道引桥有开裂迹象，左岸交通洞与左坝肩接触处混凝土少量破损，防浪墙有向上游的位移，但防浪墙结构和坝顶路面完好；上游坝面右侧混凝土护板沿溢洪道边墙处有下沉现象，左侧护板局部开裂，左侧防浪门与坝体接触处开裂；下游坝面 708m 高程附近混凝土护板与坝顶下游边墙接触处下沉和脱开，护板局部开裂，左岸坝脚排水沟上游挡墙错位。

(3) 地震导致坝体的渗流状态发生明显变化，但很快趋于稳定。地震发生后，埋设在心墙中的各测压管（渗流观测点布置如图 1.19 所示）水位明显上升，其中 J2 测压管 5 月 13 日水位上升了 1.29m，5 月 19 日后水位趋于稳定；心墙后含泥砂砾石坝壳中的 F8 测压管 5 月 13 日水位下降了 3.98m，左右岸绕坝渗流绝大部分测压管水位变化相对稳定，而位于左右岸坝肩下游侧的 Z95、Z132 和 Z135 的三孔测压管水位分别降低了 0.65m、4.71m 和 3.69m；右岸廊道扬压力监测孔 FW1 和 FW2 在 5 月 13 日水位分别上升了 3.98m 和 2.43m，两岸灌浆检查廊道地震后渗漏量有所增大。各观测点水位变化过程如图 1.20 所示。

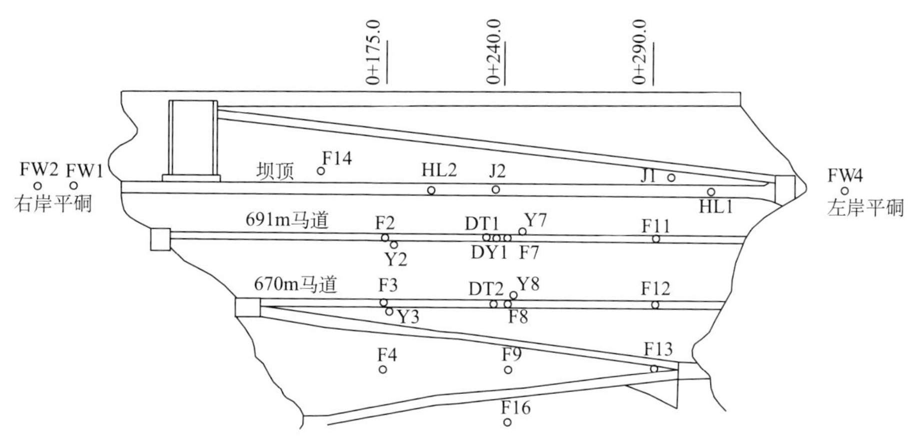

图1.19 坝体测压管和扬压力监测孔布置图

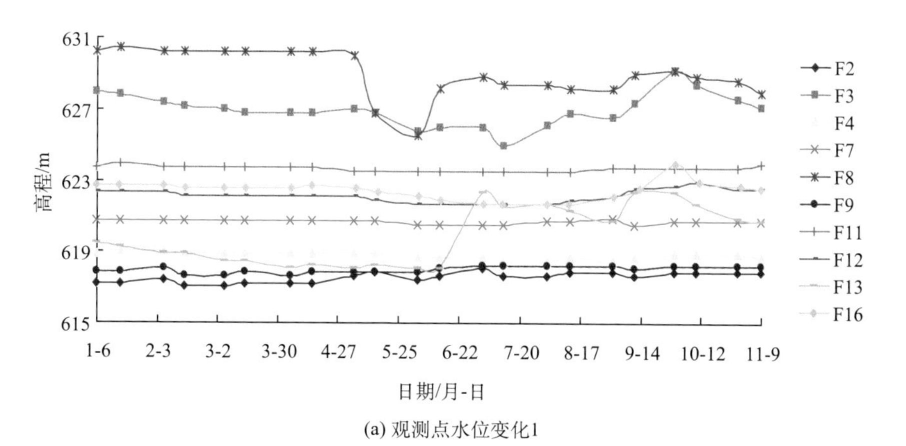

(a) 观测点水位变化1

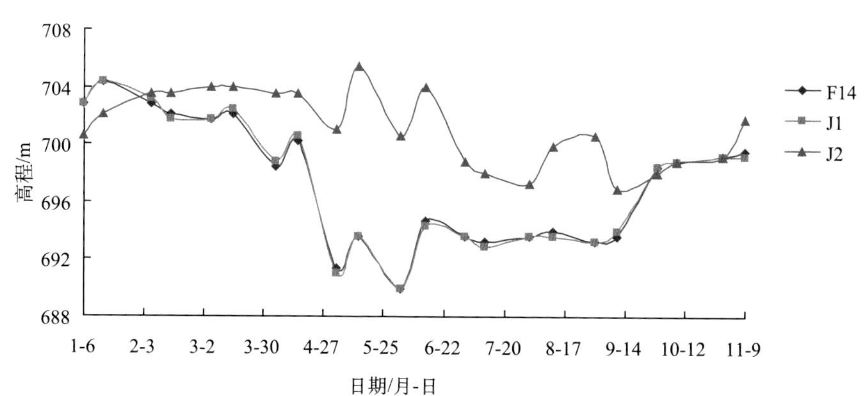

(b) 观测点水位变化2

图1.20 渗流观测点水位变化过程（2012年）

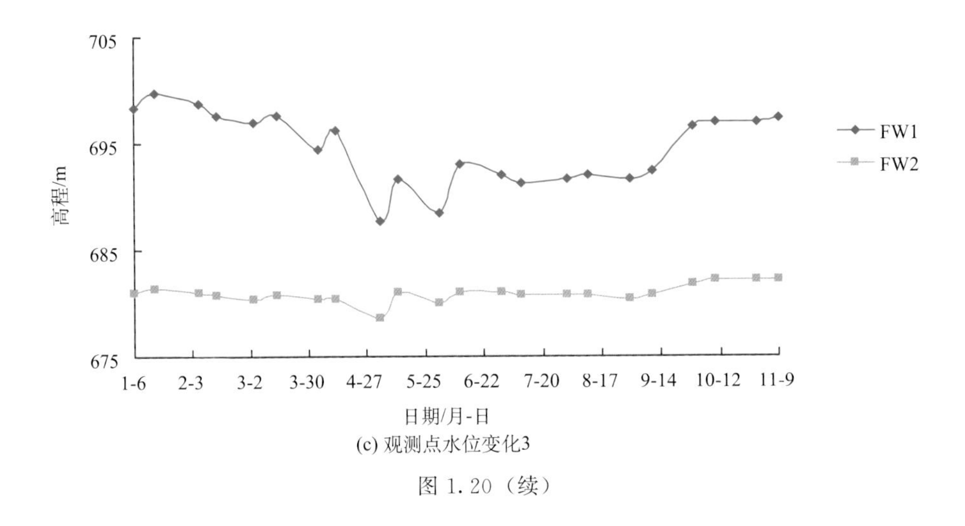

(c) 观测点水位变化3

图 1.20（续）

1.3.2　水牛家心墙堆石坝

水牛家水电站工程位于我国四川平武县境内，系涪江上游左岸一级支流火溪河梯级开发的“龙头”水库电站，如图 1.21 所示。拦河大坝为碎石土心墙堆石坝，大坝坝高 108m，坝顶宽度 10m。大坝上游坝坡 1∶2.0～1∶2.2，下游坝坡 1∶2.0，心墙采用含砾粉质黏土、碎石土填筑，压实度不小于 98%，坝壳料采用硅质岩、硅质板岩、砂卵砾石等填筑，压实孔隙率不大于 22%。

图 1.21　水牛家水电站水库大坝

2008 年“5·12”汶川地震导致大坝位于河床附近的下游坝壳产生了最大为 7.35cm 的沉降，位于河床附近的心墙产生了最大为 3.71cm 的沉降，坝体最大水平位移为 1.35cm，指向上游[10]。地震引起水牛家大坝防浪墙 10 余处拉裂，开裂宽度一般为 1～20mm；坝顶混凝土路面有 2 处裂缝；大坝左岸公路下游侧堆渣边坡顶部出现拉裂缝，如图 1.22 所示。

图 1.22　水牛家水电站大坝坝顶裂缝

1.3.3　墨西哥 El Infiernillo 心墙堆石坝

该坝位于墨西哥州和格雷罗州交界处的巴尔萨斯（Balsas）河上，于1963 年建成，坝顶高程为 181m，坝顶长 344m，坝顶宽 10m，底宽 608.2m，上游坝坡在高程 106.5m 以上为1∶1.75，在高程 106.5m 以下为 1∶2.0，下游坝坡为 1∶1.75，坝壳外部为 2m 厚的抛石层，水库总库容 93.4 亿 m^3。大坝典型剖面如图 1.23 所示。

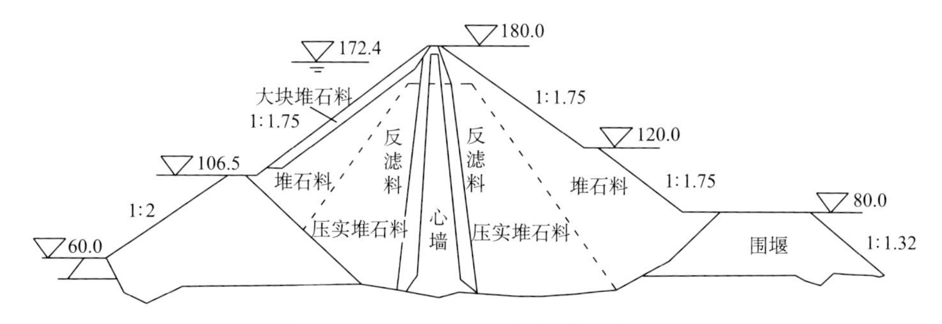

图 1.23　El Infiernillo 坝典型断面（m）

1979 年 3 月 14 日至 1990 年 5 月 30 日，该坝共经历了见表 1.4 所列的 3 次强震考验[11,12]。1979 年 3 月 14 日的地震导致大坝上、下游坝顶分别产生最大为 12.8cm 和 7.0cm 的沉降，下游坝顶产生 4.4cm 的水平位移，指向下游；1985 年9 月 19 日的地震导致坝顶产生 4.9cm 沉降和 2.5cm 水平位移；1990 年 5 月 30 日地震中，坝基强震仪记录到的最大加速度达 0.13g①，下游马道中部记录到的最大加速度为 0.38g，据此推断坝顶地震加速度应在 0.50g，地震导致坝顶产生 9.0cm 沉降，坝顶心墙与坝壳交界部位出现长达 335m 的两条纵向裂缝，缝宽 0.2～15cm，缝深达防渗心墙顶部，大坝左右坝肩还出现长约 9m，缝宽约 3.6cm 纵向裂缝。

表 1.4 El Infiernillo 坝所经受的地震

编号	地震时间	震级	震中距/km	基岩最大加速度/g	卓越周期
1	1979-3-14	7.6	134	0.23	0.40
2	1985-9-19	8.1	68	0.20	0.13
3	1990-5-30	5.5	140	0.13	0.10

1.3.4 墨西哥 La Villita 心墙堆石坝

该坝最大坝高 59.7m，建于 70m 厚的砂砾石覆盖层上，如图 1.24 所示。1985 年 9 月 19 日墨西哥发生震级高达 8.1 级的特大地震，位于震中附近的该坝遭受了持续 60s 的强震作用，记录到的最大地震水平加速度在右岸岩基上为南北向 125Gal，东西向 122Gal，竖向 58Gal，坝顶地震反应加速度高达 450Gal。地震导致坝顶心墙与坝壳交界部位出现长约 350m 的不连续纵向裂缝，最大宽度约 10cm，深约 50cm。坝顶心墙沉降约 11cm[13]。

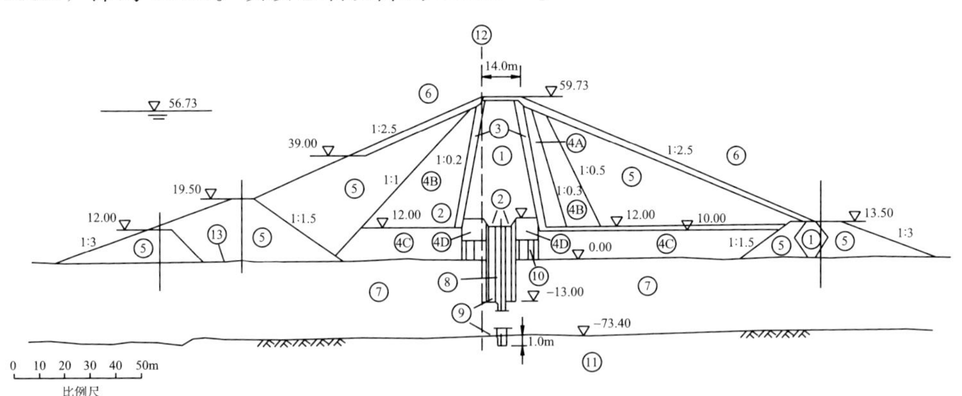

图 1.24 La Villita 心墙堆石坝典型断面（m）

①-压实不透水料；②-高塑性黏土；③-砂滤层；④A-级配好的砾石和砂；④B-砾石和砂；④C-抛填砾石和砂；④D-压实砾石、砂、废弃料；⑤-堆石；⑥-精选堆石；⑦-冲积层；⑧-灌浆帷幕；⑨-ICOS 型混凝土截水墙；⑩-固结灌浆；⑪-安山角砾岩；⑫-坝轴线；⑬-原地面线

① g：重力加速度

1.3.5　美国 Anderson 心墙堆石坝

该坝于 1950 年建成，最大坝高 72m，如图 1.25 所示。1989 年 10 月 17 日美国发生 7 级地震，在该坝址纪录到的基岩地震加速度峰值 0.26g。地震导致该坝坝顶心墙与坝壳料之间出现不均匀沉降，在该部位出现两条沿坝轴向的裂缝；地震导致的坝顶沉降为 1.5cm，水平位移为 0.9cm，方向指向下游[14]。

图 1.25　美国 Anderson 心墙堆石坝

1.3.6　日本 Takami 心墙堆石坝

该坝于 1983 年建成，最大坝高 120m，坝顶长约 435m，宽 11m，如图 1.26 所示。2003 年 9 月 26 日该坝经历了 8.0 级 Tokachi-Oki 地震，震源深度 42km，大坝距震中 140km，记录到的坝顶最大反应加速度达到 0.325g。地震导致大坝坝顶心墙与坝壳料之间出现了长度为 160m、最大宽度达到 5cm、最大深度达

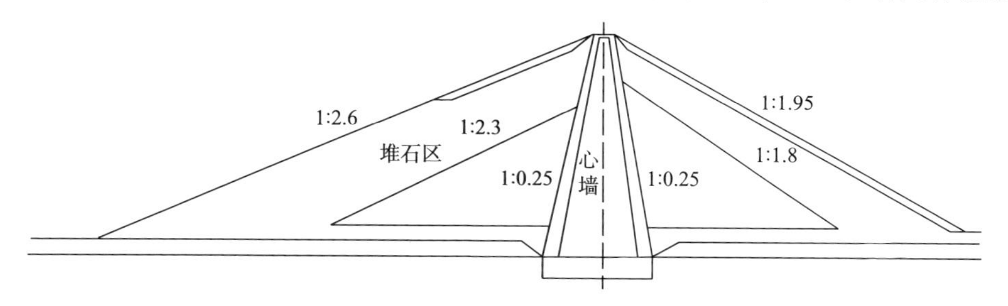

图 1.26　Takami 心墙堆石坝最大剖面

90cm 的裂缝[15,16]。

1.3.7 日本 Makio 心墙堆石坝

该坝位于日本长野县，建成于 1961 年，最大坝高 104.5m，坝顶长 264m，坝顶宽 10m，底宽 600m，坝基覆盖层厚 23m。1984 年日本长野县西部发生 6.8 级地震，该坝距震中约 5km，坝近基岩上设置的地震加速度纪录仪测得的地震加速度峰值达到 719Gal，该坝最大剖面及地震记录如图 1.27 所示。地震导致坝顶心墙与坝壳料接触部位产生了深约 1.5m 的裂缝，但未发生溃坝[17,18]。

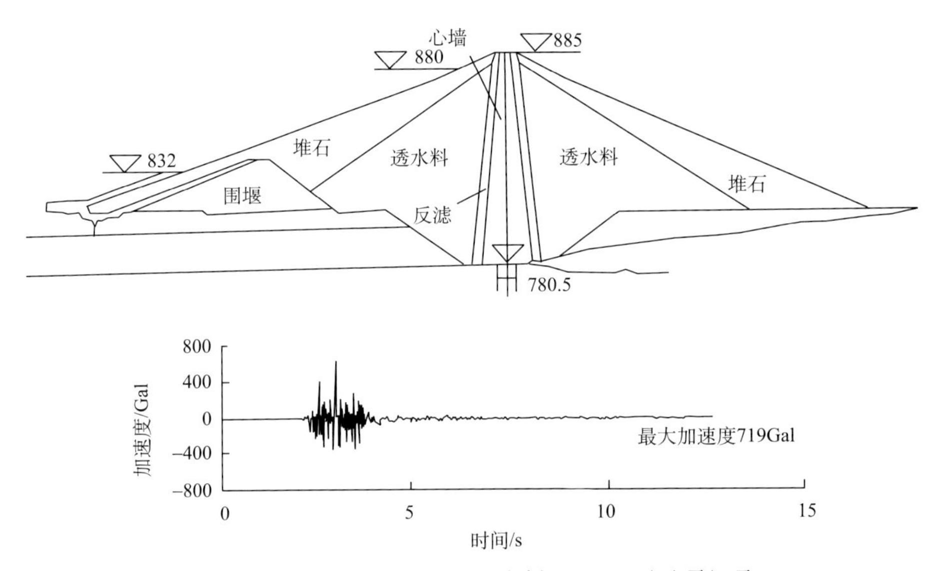

图 1.27 Makio 心墙堆石坝最大剖面（m）及地震记录

1.4 土坝震害调查

1.4.1 陡河水库土坝

该坝位于我国河北省唐山市郊，建成于 1965 年，按 8 度地震烈度设防。主坝长 1700m，副坝长 4415m，主坝河槽段坝高 22m，一级台地段坝高 15m，为轻中壤土均质坝，碾压密实，大坝上游面为厚 1m 的黏土斜墙，斜墙下部为石渣填筑体，石渣碾压不密实。1976 年 7 月 28 日唐山发生里氏 7.8 级大地震，大坝距震中 19km，地震时水库最大水深为 12.5m。地震导致大坝受到严重损伤，如图 1.28 所示，主要表现为[19]：

（1）主坝产生最大为 164cm 的沉降，有 10 个断面处坝顶沉降超过 100cm；

坝顶最大水平位移 66cm，坝坡分别向上下游侧凸出 10～60cm。

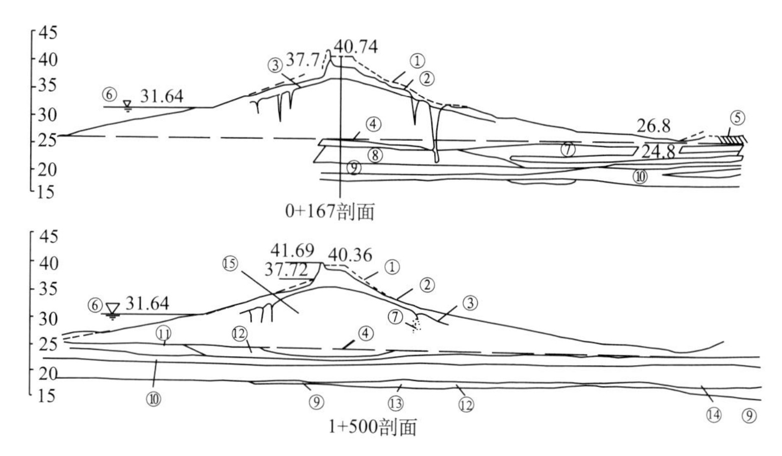

(a) 陡河水库土坝震害剖面图(m)

①-竣工断面；②-震后断面；③-护坡底面线；④-清基线；⑤-人工填土；⑥-地震时水位；⑦-轻粉质壤土；⑧-轻壤土；⑨-细砂；⑩-淤泥；⑪-粉质壤土；⑫-壤土；⑬-灰细砂；⑭-粗砂；⑮-黏土

(b) 陡河水库震害现场

图 1.28　陡河土坝震害

(2) 主坝全长上下游坡出现两组连续的纵缝，近似对称于坝顶两侧，每组宽 2～9cm，由 2～5 条裂缝组成，最大一条缝塌陷宽度 2.2m，该缝深入到坝基，缝中充满砂石；副坝纵缝多接近坝顶，深度较浅。大坝还出现横缝 100 多条，其中主坝 95 条，缝宽一般 0.1～1.0cm，少数 1～3cm，贯穿整个坝顶，少数延伸到上游坡，多密集于坝两端和坝高变化处，缝深 2～3m。主坝及副坝下游坡均出现弧形缝，副坝下游坝脚隆起并外移，是典型的滑坡迹象。开挖发现，坝体内有暗缝，上窄下宽，缝内填充坝基细砂软泥，说明坝基向上下游坡脚流动挤出，将坝拉裂。

(3) 地震导致主坝坝基中细砂、砂壤土和轻壤土发生液化，液化区主要位于下游坝脚附近，在埋藏深度小于 4.5m 的地方，冒砂现象比较严重，冒水喷砂区覆盖土层厚度一般小于 8m。

1.4.2 密云水库白河主坝

该坝建成于 1960 年，为黏土斜墙砂砾石坝，最大坝高 66.4m，坝顶长度 960m，大坝斜墙外保护层由砂砾料填筑而成，砂砾料粒径大于 5mm 粗粒含量为 50%～70%，小于 5mm 的细粒平均粒径 0.24mm，不均匀系数 3.7，通过筑坝干容重换算其相对密度仅 0.6，大坝按 8 度地震烈度设防（图 1.29）[20]。

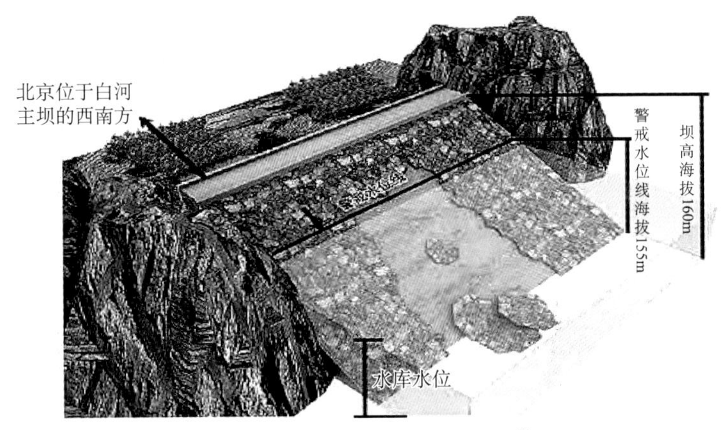

(a) 密云水库白河主坝滑坡示意图①

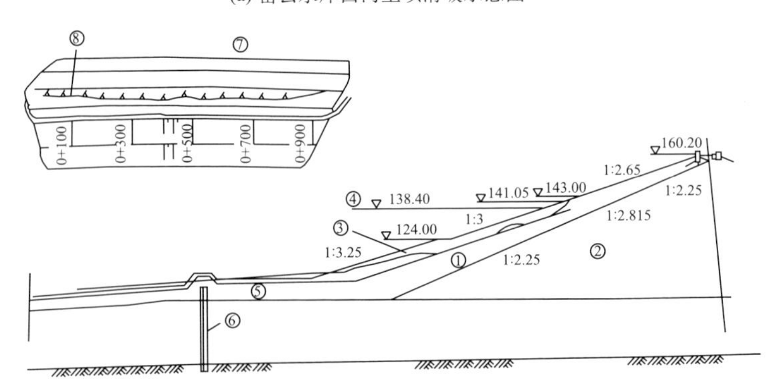

(b) 密云水库白河主坝滑坡剖面图(m)

①-斜墙；②-砂砾石；③-滑裂面；④-地震时水位；⑤-黏土铺盖；
⑥-混凝土防渗墙；⑦-水库；⑧-滑坡体顶缘线

图 1.29 密云水库白河主坝震害描述

① 法制晚报 . 2006. 唐山地震引发密云水库险情为修坝炸开半座山 . http：//news. sina. com. cn/c/2006-07-28/142910564251. shtml? qq-pf-to=pcqq. c2c [2014-11-13].

1976年7月28日唐山地震时，实测该大坝坝基顺河向最大地震加速度53Gal，坝顶最大地震反应加速度128Gal，地震历时114s，地震导致大坝坝顶沉降5.9cm，水平位移2.8cm。由于在设计过程中未认真考虑地震过程中饱和松砂液化问题，地震过程中该坝上游坝坡发生滑坡，滑坡面积达6万m^2，滑坡方量15万m^3。

1.4.3　马凤庵水库土坝

该水库大坝建成于1977年，为均质土坝，最大坝高13.1m，坝顶长152m，坝顶宽4.0m。大坝上游边坡从坝顶至坝脚平均坡度为1∶2.0，坡面无防浪护坡，下游边坡从坝顶至坝脚平均坡度为1∶2.5，坡面为天然草皮护坡，大坝剖面如图1.30所示。大坝坝体施工质量较差，渗漏严重，排水体单薄，正常蓄水位时风浪淘蚀较严重。

该坝在2008年汶川地震中受到严重损伤，如图1.30～图1.33所示，主要表现为[21]：

（1）大坝多处出现裂缝。坝顶中部的①号裂缝长约100m，裂缝最大宽度30cm，最大可探深度1.5m，缝两侧已形成约10cm错台，靠上游部分坝体下沉约25cm。坝后坡的②号裂缝长约75m，裂缝最大宽度3cm，该缝5月12日主震后开裂，余震导致裂缝继续发展，如图1.30和图1.31所示。坝后坡的③号裂缝长约85m，裂缝最大宽度1.5cm；坝前坡的④号裂缝长约75m，裂缝最大宽度也在1.5cm左右；坝顶及上、下游坝坡发现数条横向裂缝，其中⑤裂缝最大宽度2.0cm，最大深度超过1m，裂缝横切贯穿坝顶，在坝后坡与③号裂缝相交，坝前坡沿坡面向坡脚方向延伸3.5m。

（2）震后大坝坝体、坝肩和坝基渗流量未发现明显变化，溢洪道和坝下输水管涵也未受到明显损伤。

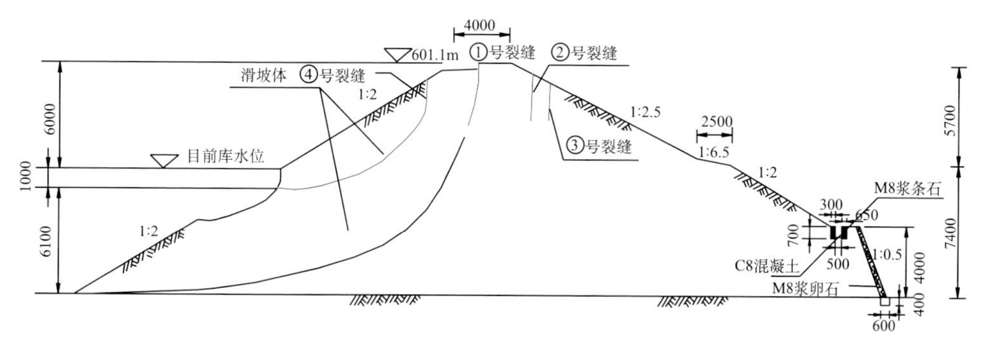

图1.30　马凤庵大坝典型剖面（mm）

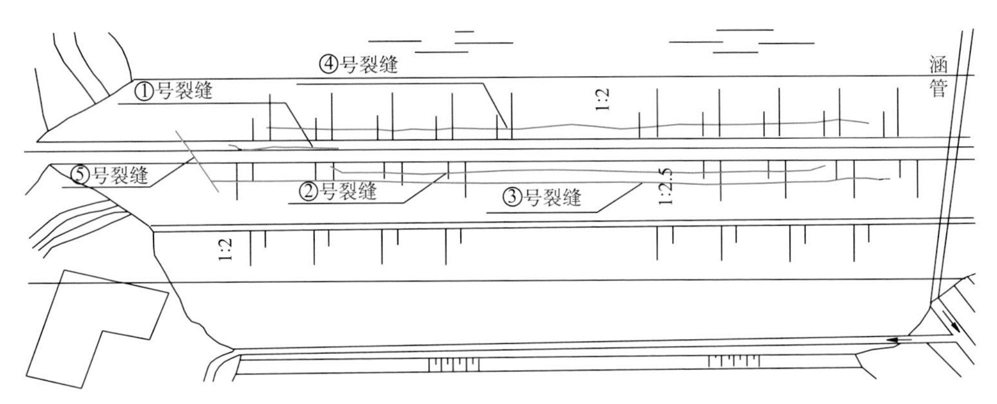

图 1.31　马凤庵大坝主要裂缝分布

图 1.32　坝顶错台并出现滑坡迹象

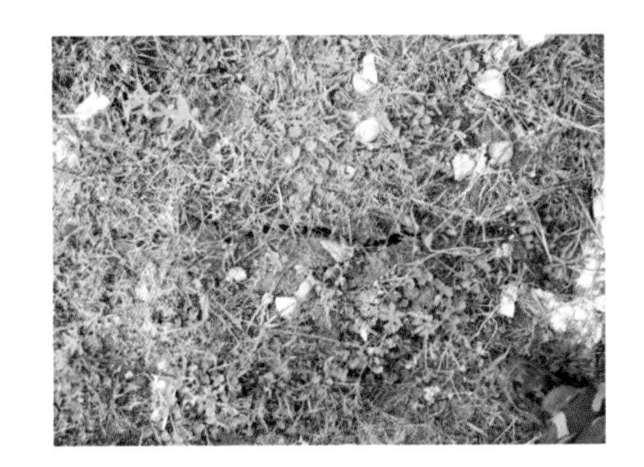

图 1.33　坝后坡②号裂缝

1.4.4　吴家大堰水库土坝

该水库大坝建成于 1978 年，主坝为均质土坝，最大坝高 8.0m，坝顶长 120.0m，坝顶宽 4.0m，大坝上游边坡从坝顶至坝脚平均坡度为 1∶1.5 和 1∶2.1,坡面无护坡。大坝下游边坡从坝顶至坝脚平均坡度为 1∶3.0，坡面为草皮护坡，坝脚无堆石反滤排水棱体，紧接耕地，主坝剖面如图 1.34 所示。Ⅰ号副坝为均质土坝，最大坝高 6.0m，坝顶长 90.0m，坝顶宽 5.0m，上游坝坡分别为 1∶1.5、1∶2.1，下游坝坡为 1∶1.5，大坝上下游坝坡均未衬护；Ⅱ号副坝也为均质土坝，最大坝高 6.0m，坝顶长 60.0m，坝顶宽 6.0m。上游坝坡分别为 1∶1.5、1∶2.1，下游坝坡为 1∶1.5，大坝上下游坝坡均未衬护。主坝坝体施工质量差，达不到设计干容重，下游未设排水棱体，造成主坝下游坡局部滑移，主副坝上游坡过陡，风浪淘刷现象严重。

在 2008 年汶川地震中，该大坝主要震损现象为[21]：

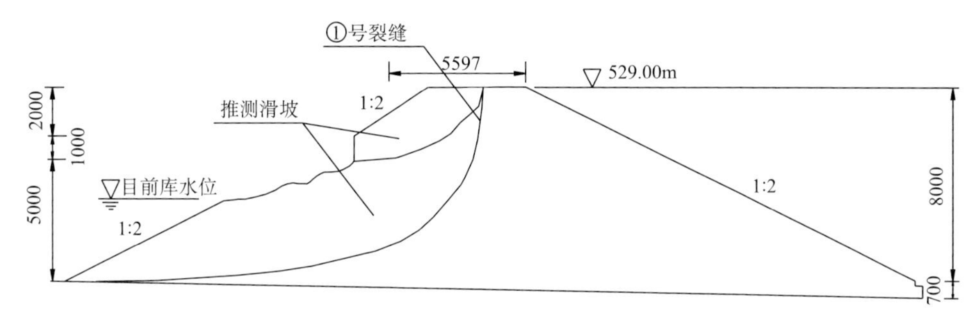

图 1.34　吴家大堰主坝典型剖面（mm）

(1) 主、副坝顶出现多条纵向裂缝。主坝坝顶的①号裂缝长约 85m，贯通整个坝体，裂缝最大宽度 4.0cm，最大可探深度 1m，坝顶中部裂缝两侧已形成约 10cm 的错台，靠上游部分坝体已明显下沉，如图 1.35 所示。Ⅰ号副坝坝顶裂缝长约 60m，裂缝最大宽度 3.0cm，裂缝端部向下游弯曲；Ⅱ号副坝坝顶裂缝延伸约 30m，裂缝最大宽度 2.5cm，深度超过 50cm。坝顶及上、下游坝坡发现数条横向裂缝，其中，位于主坝拐弯处的裂缝从下部排水沟一直延伸至坝顶，最大宽度 2.0cm，最大深度超过 50cm。

图 1.35　坝顶①号纵缝

(2) 主坝上游坝坡出现明显滑坡迹象，表现为坝顶的①号裂缝两侧已形成约 10cm 错台，靠上游部分坝体已明显下沉，坝顶①号裂缝应为滑坡体的后缘。

(3) 主坝右段坝顶靠下游坝坡出现两个局部表浅层滑坡：①号滑坡体前缘最大宽度 10m，前缘距坝顶垂直高度约 1m；②号滑坡体前缘最大宽度 10m，前缘距坝顶垂直高度约 1m，如图 1.36 所示。

(4) 震后大坝坝体、坝肩和坝基渗流量未发现明显变化，溢洪道和坝下输水管涵也未受到明显损伤。

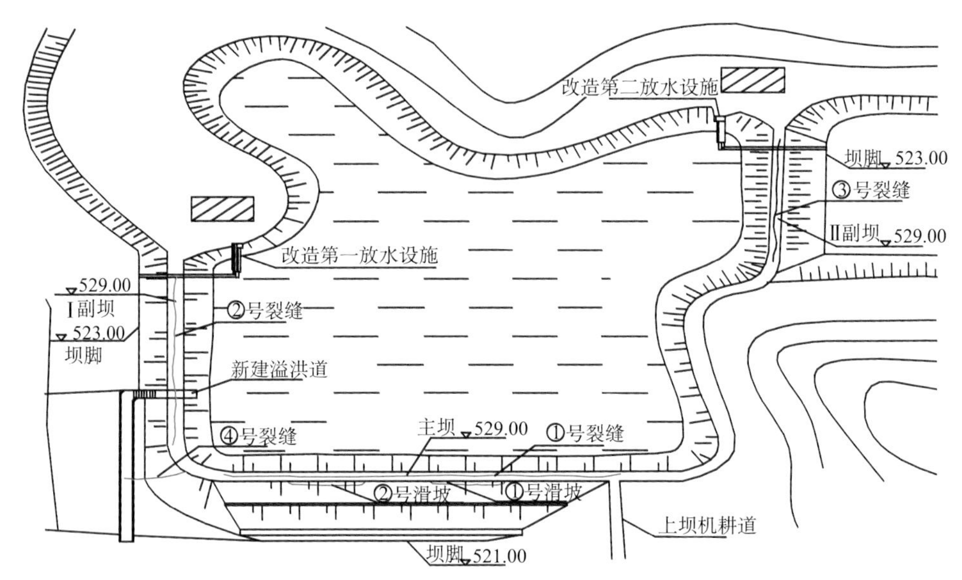

图 1.36　吴家大堰大坝主要裂缝和局部滑坡分布（m）

1.4.5　石道角水库土坝

石道角水库大坝建成于 20 世纪 60 年代中期，上游坝坡较陡，由于库区风力较大，上游坝坡浪蚀严重，2008 年“5·12”汶川地震前大坝上游坡已形成高 1.5m、宽 0.5m 的浪蚀凹槽，后经过抛石护坡，震前运行基本正常。

“5·12”汶川地震后，大坝坝顶出现纵向裂缝，5 月 25 日检查时，纵向裂缝贯穿整个坝顶，总长 67.8m，缝宽 10～20cm，中部偏右侧距贯穿缝上游约 0.9m 处见一条长约 10 多米的裂缝，明显向库内倾斜，裂缝范围内上游坝坡局部已往库内滑动。为探明裂缝深度，5 月 29 日在现场进行槽挖，槽深约 4m，裂缝仍未消失，竹钎插入深度超过 2m，估计裂缝深度超过 6m，此时裂缝宽度局部已达 40cm，说明震后裂缝深度仍有一定发展，如图 1.37 所示[16]。

图 1.37　石道角大坝震害

1.4.6 美国 Austrian 土坝

该坝于 1951 年建成，最大坝高 54.9m，大坝典型剖面如图 1.38 所示。1989 年10 月 17 日发生震级为 7.1 级的 Loma Prieta 地震，大坝距震中 11.5km，与 San Fernando 大断裂相距 600m，与该大断裂相关的 Sargent 活动断裂相距 210m 左右，地震持续时间为 10s，大坝基岩记录到的地震峰值加速度高达 0.575g。Loma Prieta 地震导致 Austrian 土坝遭受了较严重的损伤，主要表现为[16,22]：

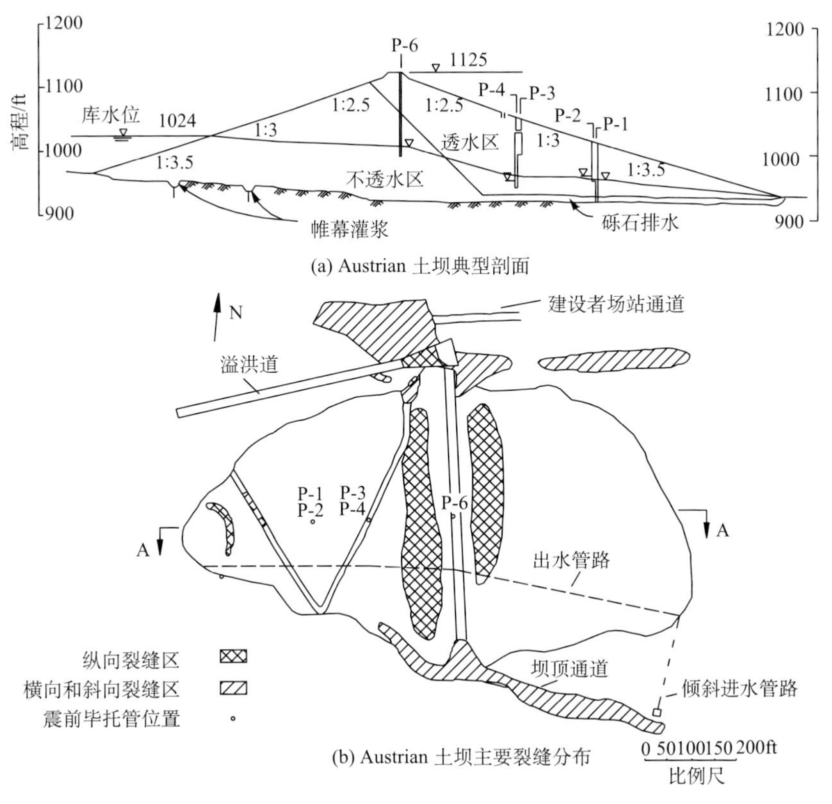

图 1.38 Austrian 土坝及震害

1ft=3.048×10⁻¹m

（1）地震导致大坝发生明显变形。大坝的最大沉降量为 85.34cm，最大水平位移为 33.53cm，发生在右坝肩靠近溢洪道部位，方向指向下游。

（2）上、下游坝坡上部 1/4 坝高度范围内均出现了最大深度达 4.27m 的纵向裂缝，下游坝面还出现了许多浅裂缝；两坝肩出现了横向裂缝，左坝肩建于风化碎裂岩石上，裂缝深度达 9.14m，右肩下游的溢洪道与大坝接触部位裂缝深度达 7m。

1.4.7 美国 Hebgen 土坝

该坝于 1914 年建成，最大坝高 27.4m，坝顶长 213m，上下游坝坡分别为 1∶3.0和 1∶2.25，是一座由含砾石黏土碾压土坝，坝中部设有钢筋混凝土防渗心墙，大坝在地震发生前工作状态良好。1959 年 8 月 17 日蒙大拿州发生里氏 7.6 级的强烈地震，发震主断层通过水库北岸，距右坝肩不足 210m。震后断层产生了 4.6～5.5m 的竖向位移，但水平位移较小，如图 1.39 所示。

(a) 美国Hebgen土坝

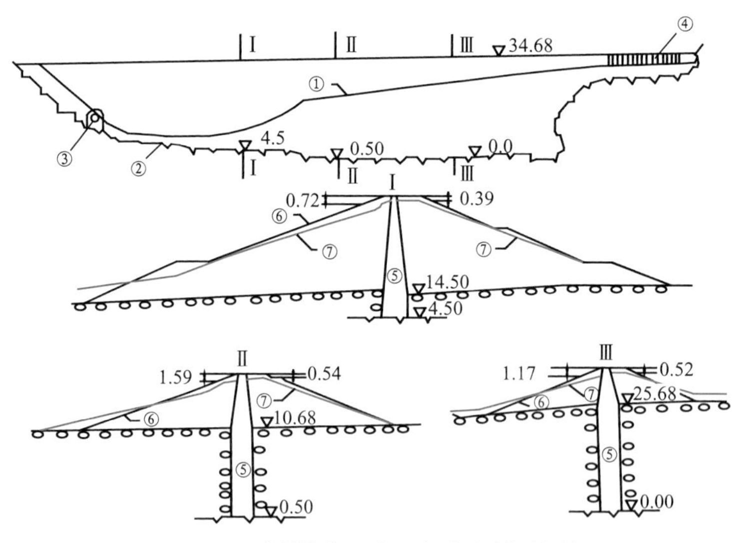

(b) Hebgen 土坝遭受1959年7.6级地震时的破坏情况(m)

①-地面线；②-基岩线；③-混凝土输水管；④-溢洪道；⑤-混凝土墙；⑥-原边坡；⑦-地震后边坡

图 1.39 美国 Hebgen 土坝及震害

地震对 Hebgen 坝造成的损伤主要为[9,23,24]：

（1）坝基附近发震断层位移，导致支承坝体的基岩下沉了 2.96m，同时水库整体下沉了 3.0m 以上；地震造成巨大涌浪，漫过坝顶的水头高达 1m。

（2）地震导致大坝发生明显的变形。大坝 3 个典型断面的变形如图1.39（b）所示，从图中可以看出，坝体上部明显向内收缩，大坝最大震陷发生在Ⅱ号断面上游坝顶，其值高达 1.59m，为该处坝高的 6.6%；从图 1.39 中还可以发现，大坝 3 个典型断面上游坝坡下部明显向外鼓出，呈现出明显的滑坡迹象。

（3）坝体中部的钢筋混凝土防渗心墙多处外露；右坝段靠近溢洪道处出现 4 条横向裂缝，缝距平均约 2.6m，缝最大宽度 7.5cm；坝顶上下游侧都出现严重的纵向裂缝，最宽的达到 30cm，平均 5～8cm，在坝头处比较严重，且延伸至全坝顶；下游坡面上，除右坝头附近基本没有裂缝，上游坡面在水位以上有多条严重的纵向裂缝，最宽达 15cm；混凝土心墙与坝体填土之间也出现张开裂缝，坝中部附近缝宽达 15cm。

（4）右坝肩附近发现渗水，但渗漏量不大；水库岸坡若干处发生坍岸；坝下游 11km 处，约 5000t 岩体坠落河床，阻水成湖，回水波及坝脚。

1.4.8 印度 Tapar 土坝

该坝位于 Sang 河上，建成于 1976 年，是一座黏土心墙土坝，最大坝高 15.9m，1990 年加高 2.5m，坝顶长 1350m，坝基覆盖层厚约 30m，其最大剖面如图 1.40 所示。

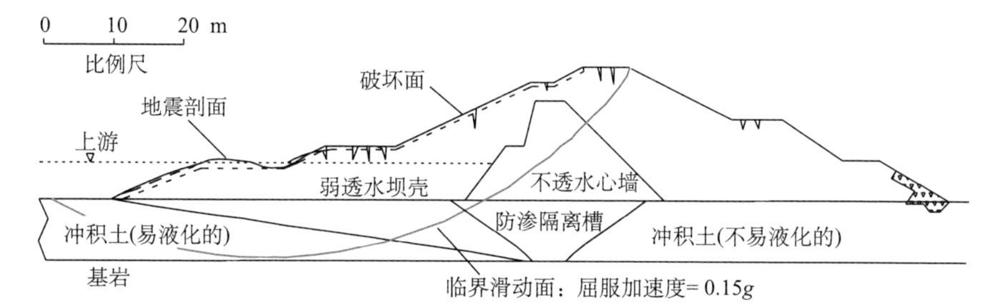

图 1.40 Tapar 土坝最大剖面及震害

2001 年 1 月 26 日印度 Bhuj 发生里氏 7.6 级地震，该坝距震中约 43km，记录到的基岩峰值加速度约 0.41g。地震发生时，库水位较低，约为库容的 10%。地震导致大坝产生了 80cm 的沉降和 50cm 的水平位移，大坝坝顶和上下游坝坡及两坝肩出现多条裂缝，位于坝顶偏下游的裂缝几乎贯穿整个坝体长度方向，最大缝宽约 15cm，并延伸至黏土心墙，如图 1.40 所示。坝址冲积层有液化现象发生，下游坝趾处堆石滑向下游。进水塔顶部破坏严重，上层完全坍塌[25,26]。

1.4.9 印度 Fategadh 土坝

该坝建成于 1979 年，是一座黏土心墙土坝，最大坝高 11.6m，坝长 4050m，大坝位于厚 2～5m 的松散至中密淤泥砂混合物覆盖层上，最大剖面如图 1.42 所示。

2001 年 1 月 26 日印度 Bhuj 发生里氏 7.6 级地震[25,26]，该坝距震中约 80km，记录到的基岩加速度峰值约 0.3g。地震持续时间 60s。地震引发上游坝脚处土体局部液化，造成上游坝坡发生浅层滑动；大坝坝顶和上下游坝坡及两坝肩出现多条裂缝，裂缝深度在 1.5～1.7m，缝宽约 60cm，如图 1.41 所示。

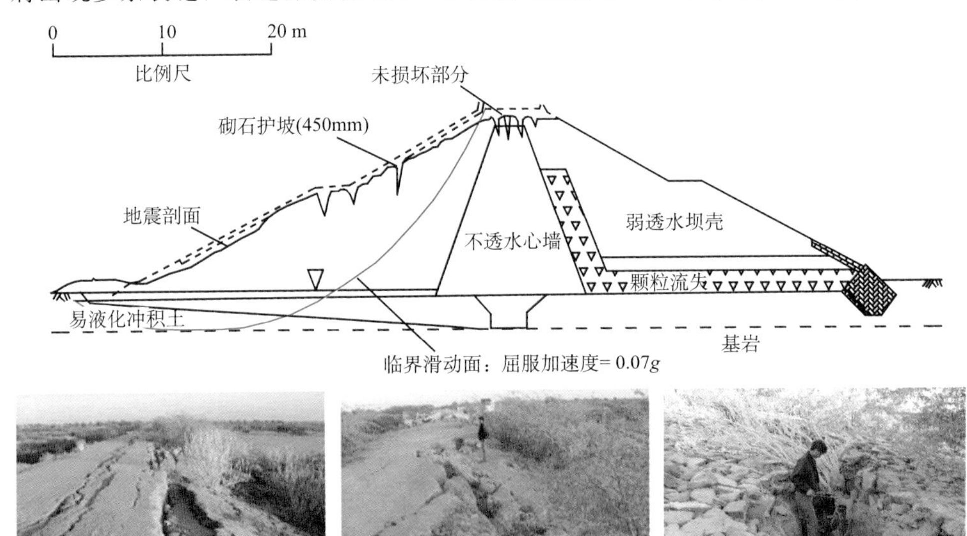

图 1.41 Fategadh 土坝最大剖面及震害

1.5 土石坝震害及其原因分析

从上述土石坝震害调查资料可以看出，地震将导致土石坝产生不可恢复的变形，如变形过大或变形不均匀将使得大坝发生如下震害：

(1) 坝顶震陷量过大，有可能导致大坝的安全超高不足，增加大坝水流漫顶和溃决的风险。

（2）坝体变形过大或坝体各部位变形不均匀，有可能导致坝体本身、坝体与河谷接触部位、心墙坝防渗心墙与坝壳接触部位产生裂缝，混凝土面板、堆石坝防渗面板与垫层料接触部位出现脱空，导致面板因其受力状态恶化而发生裂缝或挤压破坏；面板各类接缝变形过大可能会导致止水结构破坏。如果上述震害不能及时被发现并修复，很有可能会使大坝发生渗透破坏，并使溃决的风险增加。

（3）地震荷载可能导致坝体或坝基可液化土发生地震液化，引起其强度下降甚至丧失，造成坝体产生附加变形，甚至发生滑坡，从而危及大坝整体稳定安全。

下文将对土石坝震害原因、特点及其影响因素进行分析，并结合作者的研究实践，就高土石坝地震安全评价的研究和抗震设计工作提出相应建议。

1.5.1　土石坝地震残余变形

土石坝地震残余变形包括沉降（震陷）和水平位移，坝体的沉降一般大于水平位移，沉降和水平位移随坝体高程的增加而增大，最大断面处坝顶沉降量最大。但也有例外的情况，如美国 Hebgen 坝，地震导致的该坝最大沉降量并没有出现在坝体最大断面处，而是出现在坝基断层附近。心墙坝坝壳的沉降量一般大于心墙，上游坝壳的沉降量大于下游坝壳的沉降量；面板堆石坝体沿河向水平位移的方向指向下游，心墙坝下游坝壳的水平位移一般指向下游，上游坝壳水平位移一般指向上游，坝体左右两坝段纵向水平位移方向指向河谷中央。但也有例外的情况，如 2008 年“5·12”汶川地震导致碧口水库大坝下游坝壳上部的水平位移指向上游，下游坝壳下部的水平位移则指向下游，这主要与地震前的库水位有关。总体而言，土石坝遭受地震后，坝壳收缩，如图 1.42 所示。表 1.5 给出了 73 座土石坝震损程度、坝顶最大震陷量及最大震陷量与最大坝高的比值等数据[27]，从表中可以看出，大坝最大震陷量与震级、震中距、筑坝材料性质和坝高等因素密切相关，总

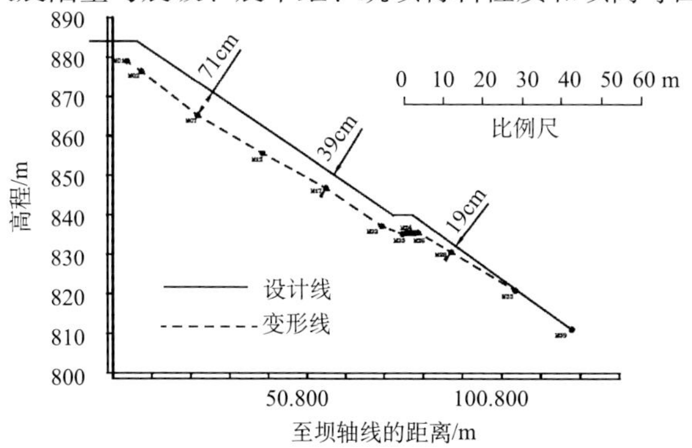

(a) 混凝土面板堆石坝DAM 0+124.0m断面下游概略体型图

图 1.42　紫坪铺面板堆石坝经受地震前后体型对比

（a）、（b）两图震后体型与震前体型位移量被放大 10 倍

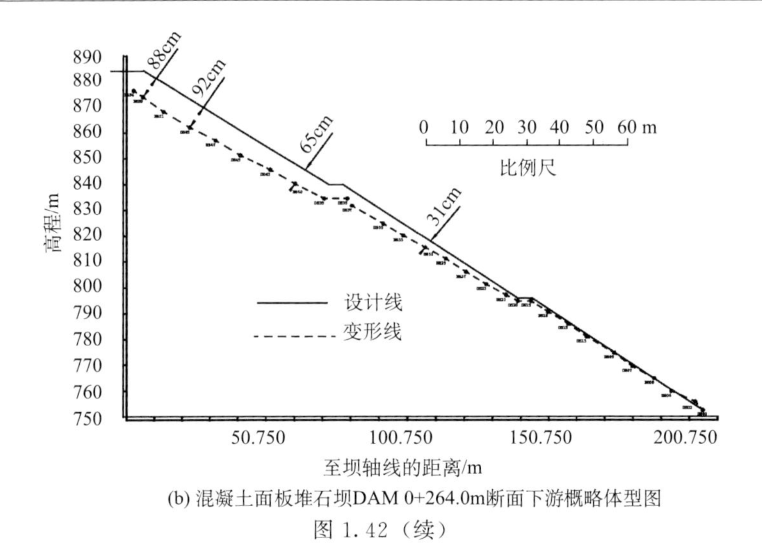

(b) 混凝土面板堆石坝DAM 0+264.0m断面下游概略体型图

图 1.42（续）

体来说，不同坝型坝顶最大震陷量和坝高的比值（坝顶震陷率）随地震峰值加速度的增大而增大（图 1.43）。

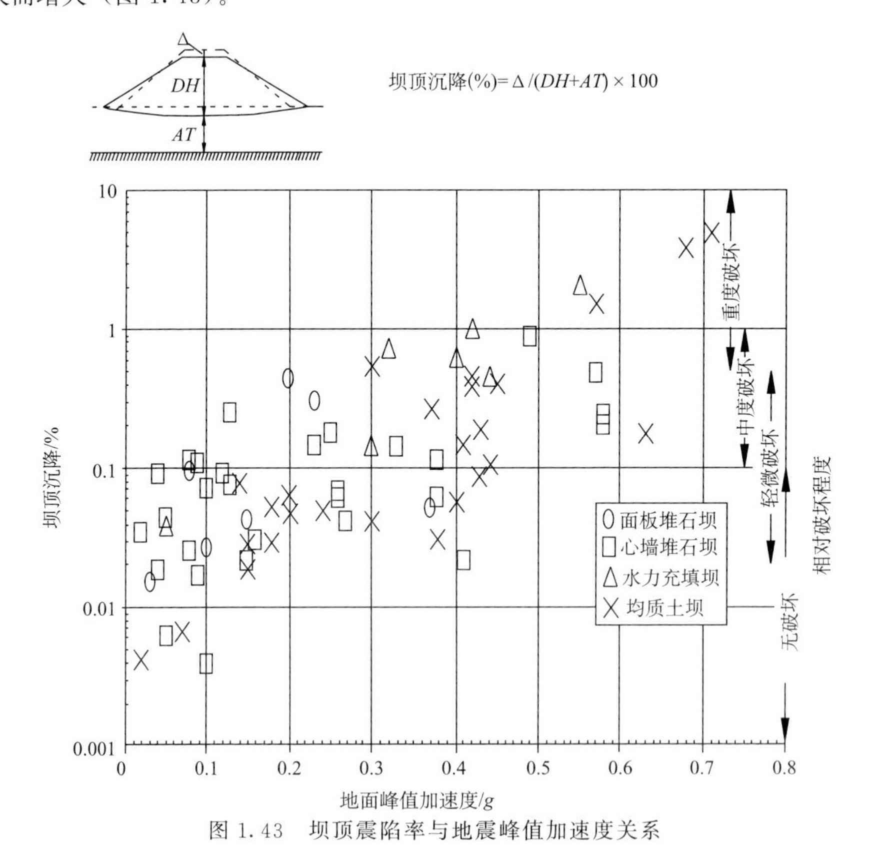

图 1.43　坝顶震陷率与地震峰值加速度关系

表 1.5　73座土石坝坝顶震陷观测值

序号	坝名	国别	坝型	DH/m	CL/m	地震日期	M	D/km	PGA/g	备注	震陷/m	震陷比/%	破坏程度
1	UPPER MURAYAMA	日本	E-HF	24	320	1923-9-1	8.2	18	0.32	e	0.20	0.74	中度
2	ONO	日本	E	41	309	1923-9-1	8.2	98	0.30	e	0.27	0.53	重度
3	CHATSWORTH NO.2	美国	HF	12	610	1930-8-30	5.3	1	0.40	e	0.08	0.63	中度
4	MALPASSO	秘鲁	ECRD	78	152	1938-10-10	6+	—	0.10	e	0.08	0.07	轻度
5	COGOTI	智利	CFRD	85	159	1943-4-6	7.9	89	0.20	e	0.38	0.44	轻度
6	SOUTH HAIWEE	美国	HF	25	457	1952-7-21	7.7	151	0.05	e	0.02	0.04	轻度
7	HEBGEN	美国	E	25	213	1959-8-17	7.6	0	0.71	e	1.59	6.63	重度
8	MIBORO	日本	ECRD	130	444	1961-8-19	7.0	20	0.15	e	0.03	0.02	轻度
9	MINASE	日本	CFRD	67	210	1964-6-16	7.5	145	0.08	e	0.06	0.09	轻度
10	UVAS	美国	E	32	335	1967-12-18	5.3	11	0.20	e	0.02	0.06	轻度
11	U. SAN FERNANDO	美国	HF	25	390	1971-2-9	6.6	2	0.55	e	0.91	2.11	重度
12	OROVILLE	美国	ECRD	235	1707	1975-8-1	5.9	7	0.10	r	0.01	0.004	无
13	LA VILLITA	墨西哥	ECRD	60	427	1975-11-15	7.2	20	0.04	r	0.02	0.02	无
14	EL INFIERNILLO	墨西哥	ECRD	146	340	1975-11-15	7.2	23	0.09	r	0.02	0.02	无
15	EL INFIERNILLO	墨西哥	ECRD	146	340	1975-10-15	5.9	79	0.08	r	0.04	0.03	无
16	TSENGWEN	中国	ECRD	131	—	1976-4-14	5.3	8	0.16	e	0.04	0.03	未知
17	EL INFIERNILLO	墨西哥	ECRD	146	340	1979-5-14	7.6	95	0.12	r	0.13	0.09	轻度
18	LA VILLITA	墨西哥	ECRD	60	427	1979-5-14	7.6	108	0.02	r	0.05	0.03	轻度
19	VERMILION	美国	E	50	1290	1980-5-27	6.3	22	0.24	r	0.05	0.05	无
20	LA VILLITA	墨西哥	ECRD	60	427	1981-10-25	7.3	31	0.09	r	0.14	0.11	无
21	EL INFIERNILLO	墨西哥	ECRD	146	340	1981-10-25	7.3	55	0.05	e	0.06	0.04	无

续表

序号	坝名	国别	坝型	DH/m	CL/m	地震时期	M	D/km	PGA/g	备注	震陷/m	震陷比/%	破坏程度
22	NAMIOKA	日本	ECRD	52	265	1983-5-26	7.7	145	0.08	r	0.06	0.11	无
23	COYOTE	美国	E	43	299	1984-4-24	6.2	0	0.63	e	0.08	0.18	轻度
24	LEROY ANDERSON	美国	ECRD	72	427	1984-4-24	6.2	2	0.41	r	0.02	0.02	轻度
25	ELMER J. CHESBRO	美国	E	29	220	1984-4-24	6.2	22	0.18	e	0.02	0.05	轻度
26	UVAS	美国	E	32	335	1984-4-24	6.2	29	0.14	e	0.02	0.08	轻度
27	MAKIO	日本	ECRD	77	264	1984-9-14	6.8	5	0.57	e	0.50	0.47	轻度
28	AROMOS	智利	ECRD	43	220	1985-3-3	7.8	45	0.25	e	0.09	0.177	轻度
29	EL INFIERNILLO	墨西哥	ECRD	146	340	1985-9-19	8.1	76	0.13	r	0.11	0.08	轻度
30	LA VILLITA	墨西哥	ECRD	60	427	1985-9-19	8.1	43	0.13	r	0.33	0.24	轻度
31	LA VILLITA	墨西哥	ECRD	60	427	1985-9-21	7.5	61	0.04	r	0.12	0.09	无
32	MATAHINA	新西兰	ECRD	86	400	1987-3-2	6.3	9	0.33	r	0.12	0.14	中度
33	NAGARA	日本	ECRD	52	—	1987-12-17	6.9	29	0.27	r	0.02	0.04	未知
34	AUSTRIAN	美国	E	56	213	1989-10-17	7.1	2	0.57	e	0.85	1.51	重度
35	LEXINGTON	美国	E	63	253	1989-10-17	7.1	3	0.45	r	0.26	0.41	轻度
36	UVAS	美国	E	32	335	1989-10-17	7.1	10	0.40	e	0.02	0.06	无
37	STEVENS CREEK	美国	E	37	305	1989-10-17	7.1	16	0.30	e	0.02	0.04	无
38	ALMADEN	美国	E	32	140	1989-10-17	7.1	9	0.44	e	0.03	0.10	轻度
39	CALERO	美国	E	30	256	1989-10-17	7.1	13	0.38	e	0.01	0.03	无
40	RINCONDA	美国	E	12	73	1989-10-17	7.1	9	0.41	e	0.02	0.15	轻度
41	GUADALUPE	美国	E	43	204	1989-10-17	7.1	10	0.42	e	0.20	0.45	轻度

续表

序号	坝名	国别	坝型	DH/m	CL/m	地震日期	M	D/km	PGA/g	备注	震陷/m	震陷比/%	破坏程度
42	ELMER J. CHESBRO	美国	E	29	220	1989-10-17	7.1	13	0.42	e	0.11	0.39	中度
43	VASONA	美国	E	10	149	1989-10-17	7.1	9	0.37	e	0.05	0.27	轻度
44	LEROY ANDERSON	美国	ECRD	72	427	1989-10-17	7.1	21	0.26	r	0.04	0.06	轻度
45	SAN JUSTO	美国	ECRD	40	340	1989-10-17	7.1	27	0.26	r	0.04	0.07	无
46	AMBUKLAO	菲律宾	ECRF	131	450	1990-7-16	7.7	10	0.49	e	1.10	0.880	重度
47	MASIWAY	菲律宾	E	25	427	1990-7-16	7.7	3	0.68	e	1.06	3.79	重度
48	PANTABANGAN	菲律宾	ECRD	114	732	1990-7-16	7.7	6	0.58	e	0.28	0.24	中度
49	AYA	菲律宾	ECRD	102	427	1990-7-16	7.7	6	0.58	e	0.20	0.20	轻度
50	DIAYO	菲律宾	ECRD	60	201	1990-7-16	7.7	18	0.38	e	0.07	0.11	轻度
51	CANILI	菲律宾	ECRD	70	351	1990-7-16	7.7	18	0.38	e	0.04	0.06	轻度
52	MAGAT	菲律宾	ECRD	100	1296	1990-7-16	7.7	81	0.05	e	0.01	0.006	无
53	COGSWELL	美国	CFRD	81	200	1991-6-28	5.8	7	0.37	e	0.04	0.051	轻度
54	ROBERT MATTHEWS	美国	E	46	192	1992-4-25	6.9	64	0.07	e	0.00	0.007	无
55	WIDE CANYON	美国	E	26	678	1992-6-28	7.5	30	0.20	e	0.01	0.048	轻度
56	YUCAIPA No. 1	美国	E	13	128	1992-6-28	6.6	28	0.15	e	0.01	0.028	轻度
57	YUCAIPA No. 2	美国	E	15	146	1992-6-28	6.6	28	0.15	e	0.00	0.019	轻度
58	UPPER LAKE MARY	美国	E	13	247	1993-4-29	5.5	77	0.02	e	0.00	0.004	无
59	U. SAN FERNANDO	美国	HF	25	390	1994-1-17	6.7	10	0.42	e	0.44	1.021	重度
60	L. SAN FERNANDO	美国	E-HF	38	537	1994-1-17	6.7	9	0.44	e	0.20	0.460	重度
61	LOS ANGELES	美国	E	47	671	1994-1-17	6.7	10	0.43	r	0.09	0.188	中度

续表

序号	坝名	国别	坝型	DH/m	CL/m	地震日期	M	D/km	PGA/g	备注	震陷/m	震陷比/%	破坏程度
62	NORTH DIKE [LA]	美国	E	36	427	1994-1-17	6.7	10	0.43	e	0.03	0.089	中度
63	LOWER FRANKLIN	美国	HF	31	152	1994-1-17	6.7	18	0.30	e	0.05	0.146	中度
64	SANTA FELICIA	美国	E	65	389	1994-1-17	6.7	33	0.18	e	0.02	0.030	轻度
65	COGSWELL	美国	CFRD	81	200	1994-1-17	6.7	53	0.10	e	0.02	0.026	轻度
66	PALOMA	智利	ECRD	82	1000	1997-10-14	7.6	45	0.23	e	0.14	0.141	轻度
67	COGOTI	智利	CFRD	83	160	1997-10-14	7.6	45	0.23	e	0.25	0.302	中度
68	SANTA JUANA	智利	CFRD	113	390	1997-10-14	7.6	260	0.03	r	0.02	0.015	无
69	TORATA	秘鲁	CFRD	120	600	2001-6-23	8.3	100	0.15	e	0.05	0.042	轻度
70	紫坪铺	中国	CFRD	156	634.8	2008-5-12	8.3	17.17	0.50	e	0.813	0.52	轻度
71	碧口	中国	ECRD	101.8	297	2008-5-12	8.3	260	—	—	0.242	0.238	轻度
72	水牛家	中国	ECRD	108	—	2008-5-12	8.3	210	—	—	—	—	轻度
73	密云水库白河主坝	中国	ECRD	66.4	960	1976-7-28	6	—	0.053	r	0.059	0.09	重度

注：DH-坝高，CL-坝顶长度，M-震级，D-震中距离，PGA-峰值加速度，e-估计值，r-实测值，HF-水力冲填，E-土坝，ECRD-心墙堆石坝，CFRD-面板堆石坝。

1.5.2　坝体裂缝

裂缝是土石坝最常见的震害之一，主要是由于坝体变形过大且分布不均匀所致。2008年5月12日汶川地震中，四川省内1997座震损大坝中有1425座大坝出现裂缝，约占震害的70%。

裂缝根据其走向可分为纵向裂缝和横向裂缝。纵向裂缝是沿坝轴方向的裂缝，数量与长度都远大于横向裂缝，且多位于坝顶和坝体上部，因为这些部位地震反应大，变形一般也比较大，纵向裂缝的走向近乎平行于大坝轴线。对于心墙坝，心墙与坝壳接触部位最容易出现纵向裂缝；横向裂缝，即垂直于坝轴线的裂缝，多出现于坝体两坝肩，即坝体与岸坡接触部位；另外，坝体与刚性水工建筑物接触部位也是最容易出现横向裂缝的部位。需要指出的是，土石坝在地震作用下发生变形几乎是不可避免的，因此设法减小土石坝的地震残余变形以及坝体各类接触部位的不均匀或不协调变形就成为防止裂缝发生的关键。对于高心墙堆石坝应采取适当措施尽可能减小心墙和坝壳间的不均匀沉降；混凝土面板坝应尽可能减小面板和垫层料间变形的不协调性，同时应确保面板各类接缝，特别是周边缝具有足够适应变形的能力，以降低由于堆石体变形导致其发生损伤甚至破坏的可能性；对于坝体和岸坡或刚性水工建筑物接触部位应采用较为平缓的边坡，以尽可能减小其不均匀沉降，提高变形的协调性。对于高土石坝，震害最明显的部位是大坝1/4坝高以上、最大坝高断面附近以及河谷地形突变处附近等，抗震设计时应予以重点关注。

1.5.3　坝体滑坡

大坝滑坡是严重的地震灾害，常常会危及大坝的整体安全。1975年海城地震发生后1小时20分，辽宁石门水库坝高46m黏土心墙坝右坝段175m范围内，有两处由水位以上2m开始向下滑坡，其长度分别为33m和26.3m，在坝高35m以下普遍滑动，滑动面积为15 000 m^2，方量约3万 m^3，滑坡最大垂直深度为4.7m（图1.44）。1976年唐山地震曾引起北京密云水库白河主坝上游发生严重滑坡；1959年美国蒙大拿州地震及印度Bhuj（普杰）地震也导致Hebgen土坝和Fategadh土坝出现明显滑坡迹象。“5·12”汶川地震发生后，也有多座土坝出现了潜在滑坡险情。滑坡主要发生在坝体的上游侧迎水坡，也有少数滑坡发生在坝体下游。

应该指出，地震中坝体滑坡主要发生在一些质量较差的低矮土坝，按现代土石坝设计和施工规范进行碾压的心墙堆石坝和面板堆石坝坝坡在地震过程中发生滑坡的可能性很小。堆石坝坝坡在地震过程中破坏形态主要表现为堆石的松动、滚落。

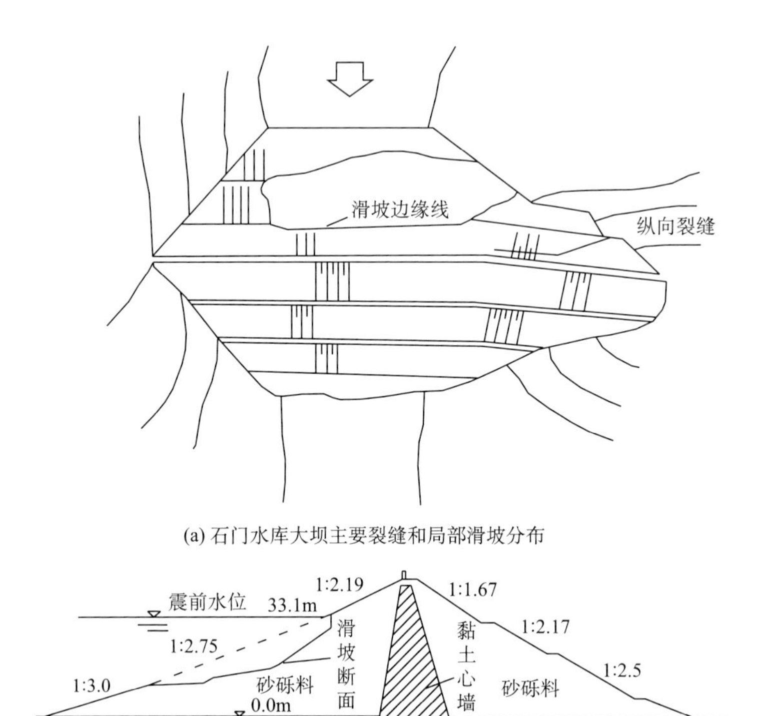

图 1.44　1975 年海城地震中辽宁石门水库大坝滑坡

1.5.4　地震液化

如果土石坝坝体和坝基含有易液化的砂土层或坝基防渗措施不当，地震时可能会发生喷水冒砂等液化现象，从而危及大坝安全。陡河土坝一级台地下有20m 厚的中细砂层，其相对密度较低，唐山大地震中，此段坝脚出现喷水冒砂液化现象；印度 Bhuj 地震中，Fategadh 土坝上游坝脚处土体因地震发生局部液化，造成上游坝坡发生浅层滑动。

地震引起坝基砂层液化，会使坝基沉陷，造成坝体破坏。坝体内反滤料的液化会造成大坝防渗系统的失效。坝基存在砂层的情况下，地震过程中即使不发生液化，由于振动导致孔隙水压力增大，有效应力降低，从而降低砂土的强度和变形模量，导致大坝产生大的变形甚至失稳，因此也需引起重视。

1.5.5　结构破坏

大量经受地震考验的土石坝震害资料表明，地震过程中大坝防浪墙容易损坏，表现多为防浪墙断裂、施工缝张开或挤压破碎，少数会出现局部倾覆或脱落。防浪墙出现不同程度的破坏，究其成因主要是防浪墙刚性变形与坝体变形不协调所致，防浪墙位于坝顶突出部位，地震时动位移较大，所以容易出现破坏。

混凝土面板堆石坝的面板及接缝止水结构在地震中也易受到不同程度的损坏。面板破坏主要表现为垂直缝挤压破碎以及混凝土面板拉裂，根据面板的地震动力反应，混凝土面板拉裂区域主要位于面板顶部及两岸坡附近，混凝土面板垂直缝压碎区域主要发生在大坝最大断面附近的混凝土面板垂直缝，设计中应考虑压型垂直缝填缝材料特性，使之能吸收部分能量，改善垂直缝压应力状态。周边缝止水结构破坏主要诱因是坝体的地震残余变形；另外，地震过程中的过大动位移也可能导致接缝止水结构破坏。

地震可能引起土石坝发生严重震损，但地震直接引发溃坝的现象却鲜有发生。少有的地震溃坝仅发生于早期建设的低坝，如新疆喀什西克尔水库，该坝最大坝高7m左右，且建在砂层地基上。2002年地震导致坝基砂土液化，造成大坝溃决。需要指出的是，尽管地震直接引发土石坝溃坝的案例很少，但地震发生后，必须迅速查明土石坝的震害，特别是淹没在库水位以下的震害，并及时予以修复，否则震害极易逐步发展，最终导致土石坝溃决。

参考文献

[1] 胡聿贤. 地震工程学［M］. 北京：地震出版社，2006.

[2] 陈生水，霍家平，章为民. “5・12”汶川地震对紫坪铺混凝土面板坝的影响及原因分析［J］. 岩土工程学报，2008，30（6）：795-801.

[3] Xu Z P. Performance of Zipingpu CFRD during the strong earthquake［C］// Proceedings of the 10th International Symposium on Landslides and Engineering Slopes，Xi'an，2008.

[4] 孔宪京，邹德高. 紫坪铺面板堆石坝震害分析与数值模拟［M］. 北京：科学出版社，2014.

[5] 关志诚. 紫坪铺水利枢纽工程“5・12”震害调查与安全状态评述［J］. 中国科学E辑，2009，39（7）：1291-1303.

[6] Arrau L，Ibarra I，Noguera G. Performance of Cogoti dam under seismic loading［C］// Concrete Face Rockfill Dams-Design，Construction and Performance，1985：1-14.

[7] 刘小生，王钟宁，汪小刚. 面板坝大型振动台模型试验与动力分析［M］. 北京：中国水利水电出版社，2005.

[8] 聂广明，何雷霆，谢霄易. 碧口水电站大坝“5・12”地震后的应急检查概况［J］. 大坝与安全，2008，3：3-6.

[9] 顾淦臣，沈长松，岑威钧. 土石坝地震工程学［M］. 北京：中国水利水电出版社，2009.

[10] 晏志勇. 汶川地震灾区大中型水电工程震损调查与分析［M］. 北京：中国水利水电出版社，2009.

[11] The Federal Commission of Electricity of Mexico. Effects of the September 1985 Earthquake on Dams Built on the Balsas River［R］. 1987.

[12] 陈生水，沈珠江. 堆石坝地震永久变形分析［J］. 水利水运科学研究，1990，3：277-286.

[13] Elagmal A W. Three-dimensional seismic analysis of La Villita Dam [J]. Journal of Geotechnical Engineering. 1992, 118 (2): 1937-1958.

[14] Harder L F. Performance of earth dams during Loma Prieta Earthquake [C] // Proceedings of the 2nd International Conference on Recent Advances in Geotechnical Earthquake Engineering and Soil Dynamics, St. Louis: University of Missouri, 1991: 1613-1620.

[15] Nagayama I, Yamaguchi Y, Sasaki T. Damage to dams due to three large earthquakes occurred in 2003, in Japan [R]. 36th Joint Meeting, Panel on Wind and Seismic Effects, US-Japan Natural Resources Development Program, 2004.

[16] 朱晟. 土石坝震害与抗震安全 [J]. 水力发电学报, 2011, 30 (6): 40-51.

[17] Tani S. Behavior of large fill dams during earthquake and earthquake damage [J]. Soil Dynamics and Earthquake Engineering, 2000, 20 (1-4): 223-229.

[18] Swaisgood J R. Embankment dam deformations caused by earthquakes [C] // Proceedings of 2003 Pacific Conference on Earthquake Engineering, New Zealand, 2003.

[19] 陈靖甫. 唐山陡河水库土坝震害 [J]. 人民长江, 1991, 22 (2): 37-41.

[20] 密云水库抗震防汛指挥部设计处. 白河主坝地震滑坡的震害分析及抗震加固 [J]. 清华大学学报, 1979, 2: 18-34.

[21] 景立平, 陈国兴, 李永强. 汶川地震中江油市水坝震害调查与分析 [J]. 世界地震工程, 2009, 25 (2): 1-10.

[22] Rodda K V, Harlan R D, Pardini R J. Performance of Austrian dam during the October 17, 1989, Loma Prieta earthquake [J]. USCOLD Newsletter, Issue No. 91, March, 1990.

[23] 陈生水, 李国英, 傅中志. 高土石坝地震安全控制标准与极限抗震能力研究 [J]. 岩土工程学报, 2013, 35 (1): 1-8.

[24] Benson S, Brien T O, Witek B. Hebgen Dam-a history of earthquake hazards and analyses [C] //21st Century Dam Design-Advances and Adaptations. San Diego, California, 2011.

[25] Krinitzsky E L, Mary E H. The Bhuj, India, earthquake: lessons learned for earthquake safety of dams on alluvium [J]. Engineering Geology, 2002, 66: 163-196.

[26] 杨玉生, 温彦峰, 刘小生. 水利工程震害中土工结构低应力破坏实例分析 [J]. 水利学报, 2012, 33 (9): 2729-2742.

[27] 刘君, 刘博, 孔宪京. 地震作用下土石坝坝顶沉降估算 [J]. 水利发电学报, 2012, 31 (2): 183-191.

[28] 陈生水, 方绪顺, 钱亚俊. 高土石坝地震安全评价及抗震设计思考 [J]. 水利水运工程学报, 2011, 1: 17-21.

第2章　高土石坝筑坝堆石料静动力强度与变形特性

2.1　概　　述

堆石料是高土石坝的主要筑坝材料，其静动力强度与变形特性对高土石坝的安全具有重要影响。然而，由于试验仪器发展水平限制，早期测定高土石坝筑坝堆石料静动力强度变形指标的试验只能在试样直径小于100mm的小型或中型三轴仪上进行，需要对原型开挖料进行人工破碎。为减小试样缩尺效应对试验结果的影响，20世纪90年代中期，中国水利水电科学研究院和黄河水利科学研究院研制了国内仅有的2台试样直径为300mm的大型振动三轴仪。但由于该两台试验仪器加压系统稳定性较差，影响了试验结果的可靠性；同时，该两台试验仪器能够施加的最大围压仅1.0MPa左右，难以适应100m级以上高土石坝建设的需求。更为重要的是，该试验系统无法量测地震等循环荷载作用下试样的动态体积变形发展过程，很难正确揭示堆石料在地震等循环荷载作用下的剪胀（缩）特性变化规律及其影响因素，使其试验结果的实用价值受到限制。2003年，作者研究团队针对上述问题，成功研制了首台可测量堆石料试样动态体积变形变化过程的液压式高压静动力大型三轴试验系统，有效减小了缩尺效应对试验结果的影响，解决了宽围压、长稳压以及动态加载和试样动态体积变形变化过程测量等问题，特别适用于高土石坝筑坝堆石料在地震等循环荷载作用下的强度和变形特性及其变化规律研究。10多年来，该试验系统已成功应用于国内外76座重要高土石坝工程筑坝堆石料试验研究。本章介绍该试验仪器的主要性能以及由其揭示的高土石坝筑坝堆石料静动力强度与变形特性及其变化规律。

2.2　堆石料静动力学试验仪器

图2.1为粗颗粒料静动力学试验仪器NS1500的实物图，该试验系统主要由机架、压力室、油压控制系统、围压加压系统、轴向激振器以及荷载和位移传感器等部件组成，其主要性能指标如表2.1所列。为提高该系统的通用性，在主机上设计了适用于不同试样尺寸的可转换底座。试验时，可根据试样规格不同，选取与其尺寸相应的压盘，用6件高强不锈钢螺钉将下压盘固定在压力室底座上，试样上压盘利用自身外螺纹旋入加载杆内螺纹。制作上、下压盘时考虑了试样高

度不同造成的试验空间变化，使装样和试验操作方便易行，而且不同规格试样上、下压盘具有良好的互换性，能够满足各种不同规格试样的试验需求，因此可在同一台试验仪器上研究试样缩尺效应，减小了仪器系统误差。

图 2.1　粗颗粒料静动力学试验设备 NS1500 实物图

表 2.1　粗颗粒料静动力学试验仪器的主要性能指标

项目	性能指标
试样尺寸	直径：300mm；高度：700mm
最大轴向出力	静力：1500kN；动力：±500kN
最大轴向行程	210mm
最大围压	0.05～4.0MPa
反压力要求	0.5MPa，可分级施加，精度 1%
振动频率	0.01～5.0Hz
量测精度	力值和位移值均为 1%，分辨率 0.1%

为进一步增强该仪器功能，提高其量测精度，研发了围压稳定技术、试样动态体积应变量测技术、长期保载技术和试样外体变量测技术等，使得该设备的粗颗粒土石料循环加载试验结果更加稳定，且能够用于堆石料的流变和湿化试验研究[1-3]。下面分别阐述以上关键技术的基本原理。

2.2.1　围压稳定技术

目前，我国土石坝高度已达 300m 级，坝体中最大压应力高达数兆帕（MPa）；

另外，高土石坝震害调查表明，其地震破坏的部位多位于坝顶和坝坡等浅层低应力区[4]，故静动力三轴试验系统必须能同时适应高围压和低围压应力状态下的试验要求。该仪器通过将围压分成高、中、低 3 档测控，显著提高了低围压条件下的试验结果精度。围压稳定技术主要解决轴向加压系统活塞动作时的围压波动问题，特别是在低围压试验以及动力试验时的围压波动问题。NS1500 静动三轴仪中主要采用了压力水体积自平衡技术和压力水动态补偿技术，其技术原理如图 2.2 所示。

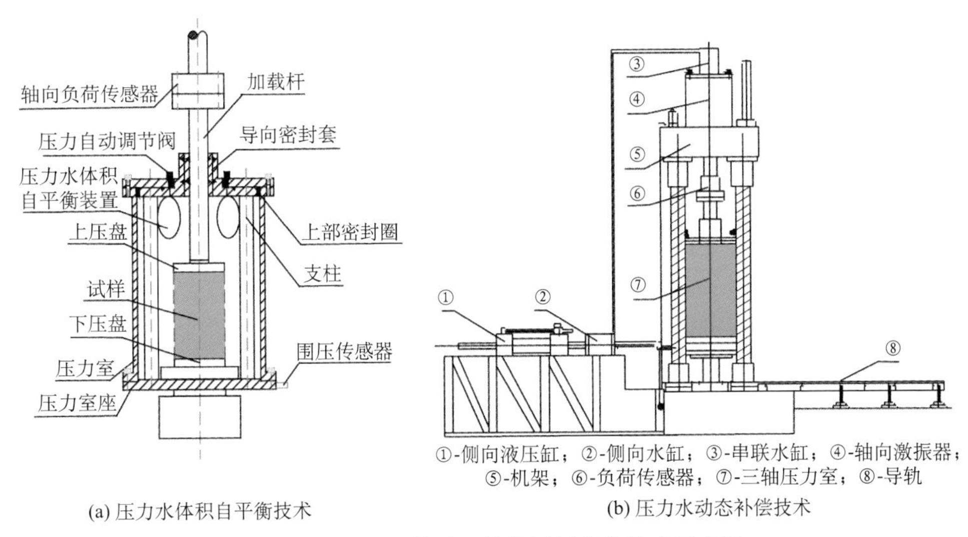

(a) 压力水体积自平衡技术　　(b) 压力水动态补偿技术

图 2.2　NS1500 静动三轴仪围压稳定技术示意图

压力水体积自平衡技术即在压力室中设置气囊，气囊内压力与所设定的围压保持一致，由于气体的压缩性远大于水体，故试验时活塞运动产生的水体压缩效应被气囊吸收，极大地降低了活塞运动过程中的围压波动。压力水动态补偿技术原理如图 2.2(b) 所示，机架中设有三轴压力室⑦，其上方为负荷传感器⑥，负荷传感器上端设有轴向激振器④，三轴压力室侧面设有围压加压系统，该系统中设有侧向水缸②，通过液压系统推动侧向水缸向压力室补水来控制试验过程中围压的恒定。在试验过程中，由于动荷载需要保持一定的频率振动，传力轴在压力室往返运动必将导致围压波动，由于振动频率高、传力轴行程大，围压液压系统调级赶不上轴向振动引起的围压波动，常使波动范围达到围压值的 10%左右，远超过试验要求的精度范围。为解决这一问题，在设备顶部设置与轴向油缸活塞同轴相连的串联水缸③，水缸活塞直径与进入压力室的连杆直径相等，通过传力轴与进入压力室的连杆相连，在串联水缸上部用空心钢管与侧向水缸连接，这样通过压力室—侧向水缸—空心钢管—串联水缸—传力轴—压力室几部分相连接，形成内部循环自平衡装置，当循环动荷载使试样受压时，传力轴向下运动并带动串联水缸活塞向下运动，压力室内的水通过侧向水缸及钢管流向串连水缸上部正好填充串联水缸活塞向下运动而腾出的相同的体积空间，使得围压保持不变。当循环动荷载使试样受拉时，活塞向上运动，此时水流方向相反，同样可以保证围压水压力保持不变。通过上述措施，控制围压在动力试验过程中波动幅度不超过围压值的1%，为动力试验成果的稳定性提供了重要保障。

2.2.2　动态应力应变测量技术

三轴试验仪器所量测的试样变形常包含因系统刚度不足、密封胶条和机械转动机构间隙等引起的系统变形，特别是当围压和轴向压力较大时，显著的系统变形将严重影响试验结果的可靠性[5]。为解决该问题，在压力室底座上设置刚性连杆；在体变缸中引入磁致液位移传感器，实现了高频循环荷载作用下堆石料试样轴向变形和体积变形动态变化过程的测量（图2.3）。通过量测活塞相对于连杆的动位移，基本消除了因系统刚度不足、密封胶条和机械转动机构间隙等引起的系统变形，显著提高了试验仪器在高频循环荷载作用下堆石料试样轴向变形和体积变形动态变化过程的测量精度。

由于NS1500静动三轴仪围压范围大，故试验时将轴压与围压分为低、中、高三档分别测控，进一步提升了低应力状态试验的测控精度，使该系统具备了不更换加载设备就能适应200～300m级高土石坝不同部位堆石料围压变化的功能。

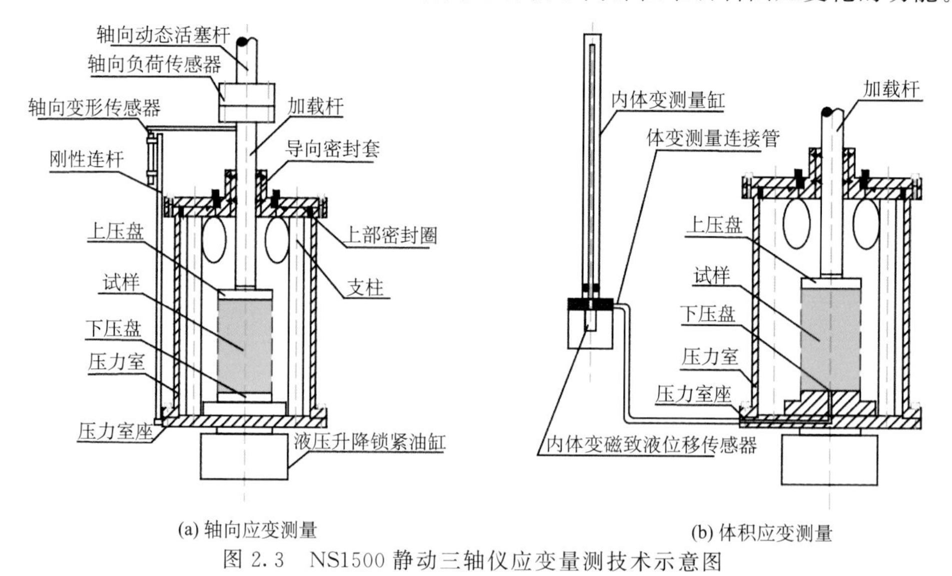

图2.3　NS1500静动三轴仪应变量测技术示意图

2.2.3　长期保载技术

高土石坝蓄水后大多会产生明显的后期变形，一般历经数年才能稳定[6,7]；心墙堆石坝遇水后上游坝壳料大多会产生一定量值的湿化变形，且随着干湿循环次数增加而不断累积[8]。上述堆石料的流变和湿化变形都将对防渗体系的应力变形性状产生影响，进而对大坝安全造成不利影响。因此，恒定应力状态下堆石料的流变与湿化特性是土石坝工程界极为关注的课题，并对三轴试验系统的长期保载性能提出了要求。

为提升 NS1500 三轴试验设备的长期保载性能，在液压系统中增设了高精度伺服电机、同步带传动轮、滚珠丝杠及串联液压缸保载系统，如图 2.4 所示。当系统需要长期保载时，图中⑬、⑭项两截止阀关闭，伺服电机通过同步带轮使得滚珠丝杠推动串联液压缸活塞，将串联液压缸内液压油直接供给液压缸，保持液压缸荷载稳定，此时可停止油泵电机组供油。通过伺服电机控制液压缸荷载的加载、保持及卸载，可保证液压源压力以维持系统长期运行，从而确保堆石料试样压力的长期稳定性，同时解决系统长时间工作发热量过大的问题，实现了在恒压时间内，间歇停泵、节省电力及延长系统寿命的目的。

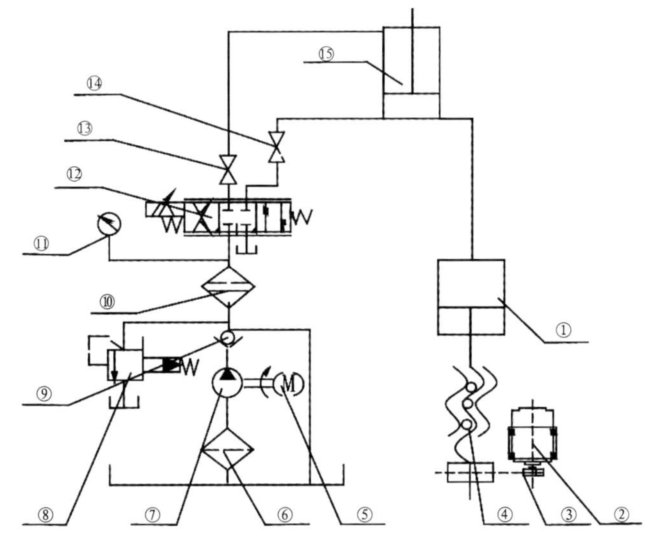

图 2.4 NS1500 静动三轴仪长期保载技术示意图

①-串联液压缸；②-伺服电机；③-同步带传动轮；④-滚珠丝杠；⑤-电机；⑥-自封式吸油滤油器；⑦-定量液压泵；⑧-手动溢流阀；⑨-单向阀；⑩-高压滤油器；⑪-压力表；⑫-伺服阀；⑬-截止阀 1；⑭-截止阀 2；⑮-液压缸

2.2.4 外体变量测技术

开展堆石料湿化变形试验的关键在于试验过程中试样内、外体积变形的测量。其中，试样内体变的测量可采用 2.2.2 节所述技术；试样外体变的测量是非饱和土三轴试验的关键技术[9-11]，可通过图 2.5 所示方案得以实现，即连接压力室与围压加压水缸，在试验过程中保持试样围压恒定不变，利用小量程高精度位移传感器量测试样外体积变形。

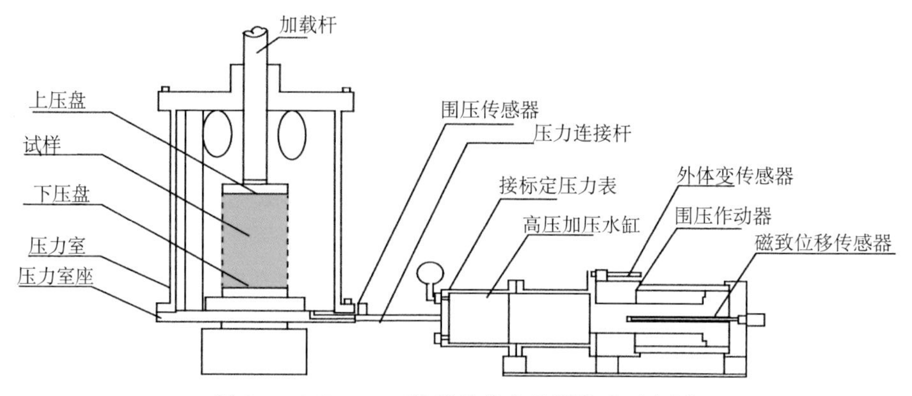

图 2.5　NS1500 三轴仪外体变量测技术示意图

因本章主要关注堆石料的动力应力变形特性，故此处仅阐述振动三轴试验的一般过程。首先输入设定的围压值，伺服液压阀控制侧向液压缸活塞向压力室内补水，当达到设定值时，装在压力室外部的围压传感器控制伺服液压阀停止工作。如需进行偏应力固结应力比下的试验，则根据固结应力比计算轴向需施加的荷载值，当达到设定值时，轴压传感器控制伺服液压阀停止工作。试样在设定的应力状态下进行固结，当固结完成后，根据试验要求输入振动波形、振动频率、振动次数及振动力值，然后开始试验。动力测试一般都包括激振和测振两个部分，激振的基本要求是向试样施加某种动载荷，使其尽可能地模拟实际的动力作用，室内动力试验采用的激振方法主要有四种：机械激振、电磁激振、电液激振、气动激振。NS1500 设备采用电液激振方式施加动应力，通过伺服液压阀控制液压系统推拉传力轴，传力轴的下端与试样顶端试样帽相连接，传力轴的连杆上设有负荷传感器，通过负荷传感器测试的数值反馈给伺服液压阀控制液压系统的出力。测振部分则主要由负荷传感器、激光位移传感器和体积变形传感器分别记录试验过程的动荷载和变形量。

2.3　堆石料强度与变形特性试验研究

静动力条件下堆石料的强度与变形特性及其变化规律是建立堆石料本构模型，预测高土石坝应力变形规律，评价其安全性状的基础，国内外已围绕这一问题开展了大量卓有成效的研究工作[12-16]，为高土石坝的建设和安全运行提供了重要技术支撑。为深入研究堆石料的静动力强度与变形特性变化规律，选择某典型堆石料的试验结果进行分析，图 2.6 是该筑坝堆石料的级配曲线。

2.3.1　堆石料的强度与剪胀特性

大量试验资料表明，堆石料的峰值摩擦角 φ_f 随着围压 σ_3 地增加而降低，且

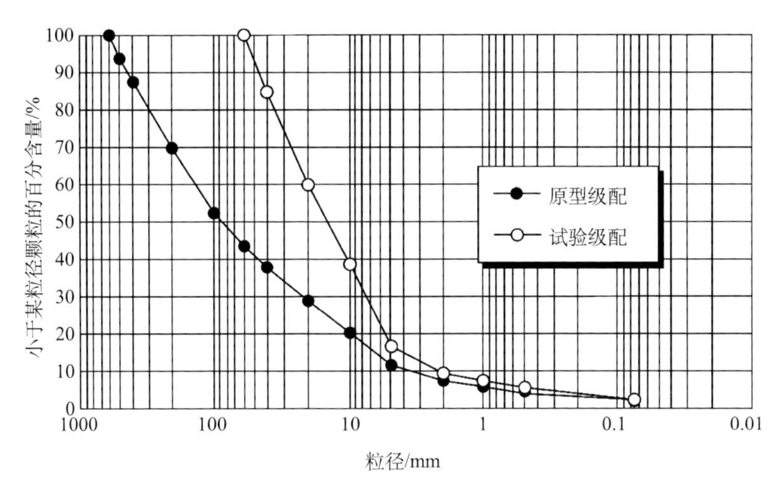

图 2.6　筑坝堆石料的原型级配及其试验级配

在半对数图中符合良好的线性关系[17]，即

$$\varphi_{\mathrm{f}}=\varphi_0-\Delta\varphi\lg\left(\frac{\sigma_3}{p_{\mathrm{a}}}\right) \tag{2.1}$$

式中：p_{a} 是大气压力（≈101.325kPa）；φ_0 和 $\Delta\varphi$ 是两个参数，分别表示 $\sigma_3=p_{\mathrm{a}}$ 时的峰值摩擦角以及 σ_3 增加一个数量级时峰值摩擦角降低的幅度。峰值摩擦角随围压增加而降低的特性不仅在粗颗粒堆石材料中存在，对于颗粒较细的砂土同样存在。Lade 等[18]认为，这一特性主要与高围压下粒状体材料的颗粒破碎有关。经典土力学中，粒状体材料的强度主要由摩擦分量和剪胀分量组成[19]。其中，摩擦分量即由颗粒的滑动和滚动摩擦提供的剪阻力；剪胀分量则是由颗粒间咬合作用引起的剪阻力。高围压下显著的颗粒破碎削弱了剪胀分量，从而导致峰值强度降低。

通过整理分析作者研究团队所完成的国内外 76 座高土石坝筑坝堆石料三轴试验成果发现，若按图 2.7 所示，定义体变曲线由剪缩变为剪胀时对应的摩擦角为临胀摩擦角，并将其绘制于半对数图中，可以看出，临胀摩擦角与峰值摩擦角类似，亦随着围压地增加而降低，如图 2.8 所示，且可用与式（2.1）相似的关系式描述[17]，即

$$\psi_{\mathrm{c}}=\psi_0-\Delta\psi\lg\left(\frac{\sigma_3}{p_{\mathrm{a}}}\right) \tag{2.2}$$

式中：ψ_0 和 $\Delta\psi$ 是两个参数，分别表示 $\sigma_3=p_{\mathrm{a}}$ 时的临胀摩擦角和 σ_3 增加一个数量级时临胀摩擦角降低的幅度。

从图 2.8 中还可以看出，低围压时，临胀摩擦角始终低于峰值摩擦角，故低

围压时剪胀分量对强度的贡献较为显著。随着围压增加，峰值摩擦角与临胀摩擦角之间的差值减小，可见剪胀分量对强度的贡献减小。此外，低围压强剪胀时堆石料呈现应变软化特性；高围压时堆石料颗粒破碎使其剪胀性受到抑制，应力应变曲线呈现硬化特点，如图 2.7 所示。

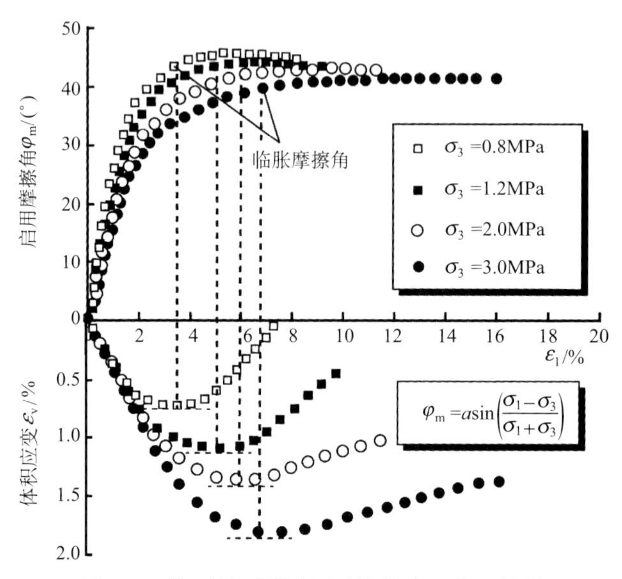

图 2.7　堆石料不同围压下的剪胀（缩）特性

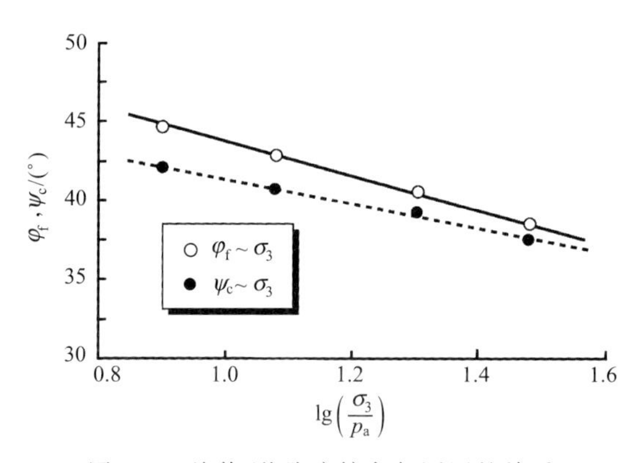

图 2.8　峰值/临胀摩擦角与围压的关系

2.3.2　堆石料的循环硬化特性

图 2.9 中是典型堆石料在两种动应力 σ_d 作用下轴向应变 ε_a 和体积应变 ε_v 与

振次 N 的关系，可以看出，随着振动次数增加，堆石料的残余轴向应变和体积应变均不断增加，且动应力和围压之比越大，残余变形越大。此外，循环荷载作用的最初几周内，堆石料的残余变形增加显著，随着循环荷载周数增加，残余变形积累的速度不断减小，可见循环荷载作用下堆石料趋于硬化[20]。另一方面，不论是何种岩质和级配的堆石料，循环加载过程中均表现为体积收缩，坝料不断振密，这不仅解释了循环荷载作用下堆石料硬化的原因，也从单元尺度上说明了高土石坝在强地震过后坝体断面整体向内收缩的本质。

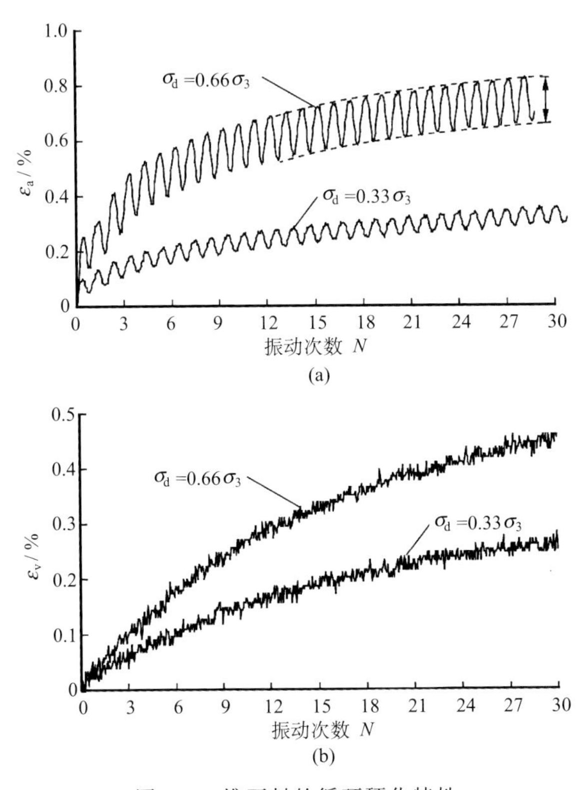

图 2.9　堆石料的循环硬化特性

2.3.3　堆石料的应力应变滞回特性

从图 2.9(a) 中可以看出，循环荷载作用下，堆石料轴向应变在总趋势上不断增加，体现为残余变形的积累，但该过程中应变亦呈现出周期性波动，体现为循环应变。图 2.10(a) 和图 2.10(b) 中给出了典型堆石料另一组振动三轴试验（围压：1200kPa；应力比：1.5；动应力：0.91σ_3）的应变过程和动应力过程；图 2.10(c)和图 2.10(d) 中分别绘制了该条件下残余应变和循环应变部分，可以

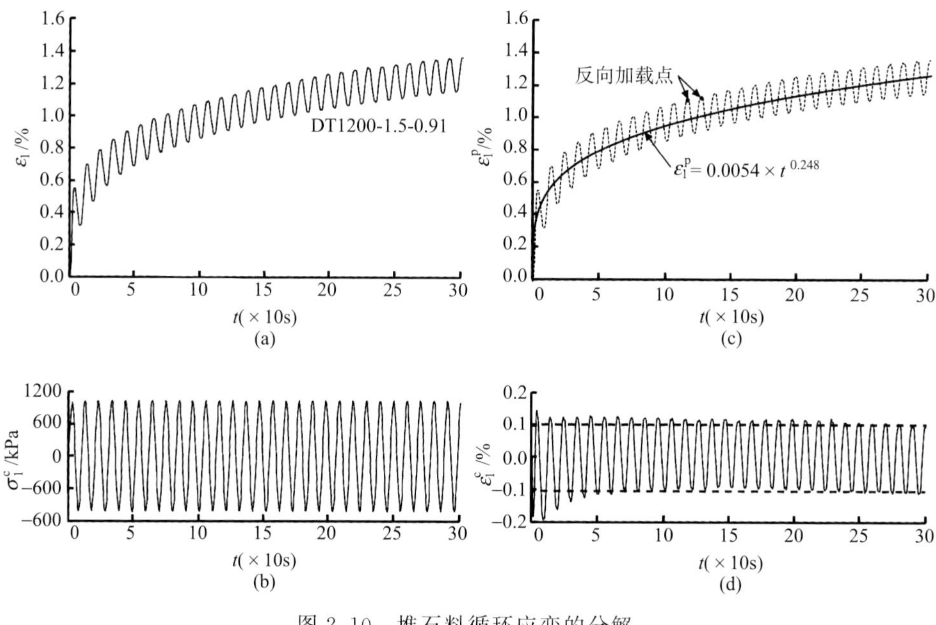

图 2.10　堆石料循环应变的分解

看出循环应变部分在初始时刻变化较大，但少数几个周期后即趋于稳定。更为重要的是，若将动应力和循环应变绘制于同一图中，将得到循环荷载作用下的应力应变滞回圈，如图 2.11 所示。在不同的固结应力比和动应力比条件下，滞回圈均大体呈现为倾斜的椭圆，这为利用黏弹性模型模拟堆石料在地震等循环荷载作用下的力学行为奠定了基础。

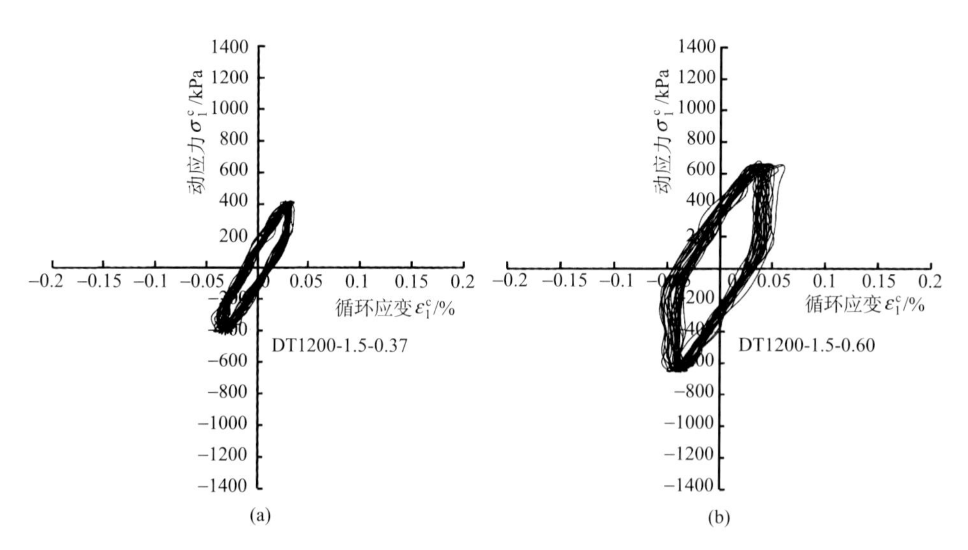

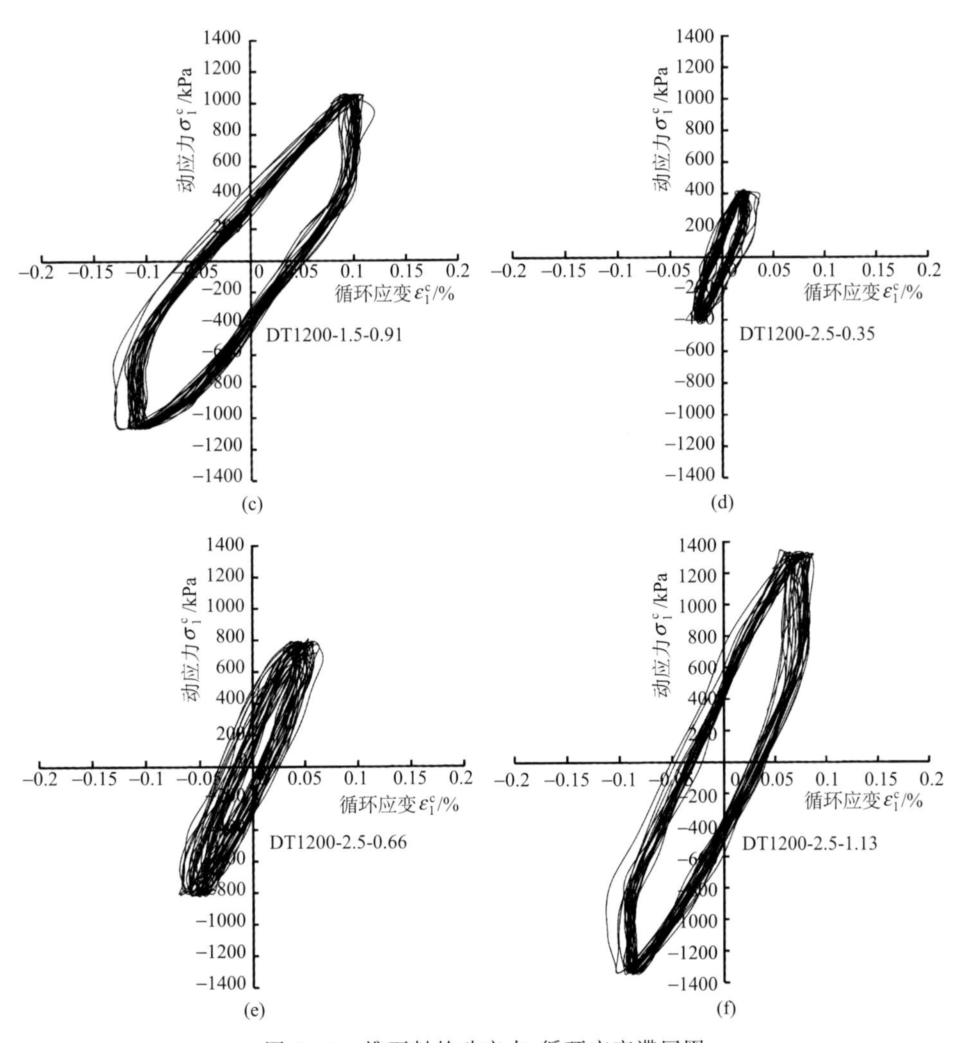

图 2.11　堆石料的动应力-循环应变滞回圈

等效黏弹性模型描述滞回特性的两个关键指标是动剪切模量 G 和阻尼比 λ，两者都是初始应力状态和循环应变幅值的函数。其中，在假定动力泊松比 v（通常取 0.25～0.35）的基础上，动剪切模量亦可以与动弹性模量建立联系。图 2.12(a)中绘制了不同动应力 σ_1^c 时的循环应变幅度 ε_1^c，两者之间可以用双曲线函数拟合[21]，即

$$\sigma_1^c = \frac{\varepsilon_1^c}{a + b\varepsilon_1^c} \tag{2.3}$$

式中：a 和 b 的物理意义分别为

$$a=\frac{1}{\lim\limits_{\varepsilon_1^c\to 0}\sigma_1^c/\varepsilon_1^c}\triangleq\frac{1}{E_{\max}};\quad b=\frac{1}{\lim\limits_{\varepsilon_1^c\to\infty}\sigma_1^c}\tag{2.4}$$

将图 2.12（a）中的数据点重新绘制于 $\varepsilon_1^c/\sigma_1^c\sim\varepsilon_1^c$ 坐标系中可以得到一系列近乎直线分布的数据点，如图 2.12（b）所示，这些直线在纵坐标轴上的截距就是 a 的值。可以看出，围压越大，a 的值越小，故最大动弹性模量 $E_{\max}$ 的值越大。图 2.13中进一步绘制了 $E_{\max}$ 与初始平均应力 p_0 的关系，在双对数图中 $E_{\max}/p_a$ 和 p_0/p_a 呈良好的线性分布规律，故可采用下式描述：

$$E_{\max}=k\cdot p_a\cdot(p_0/p_a)^n\tag{2.5}$$

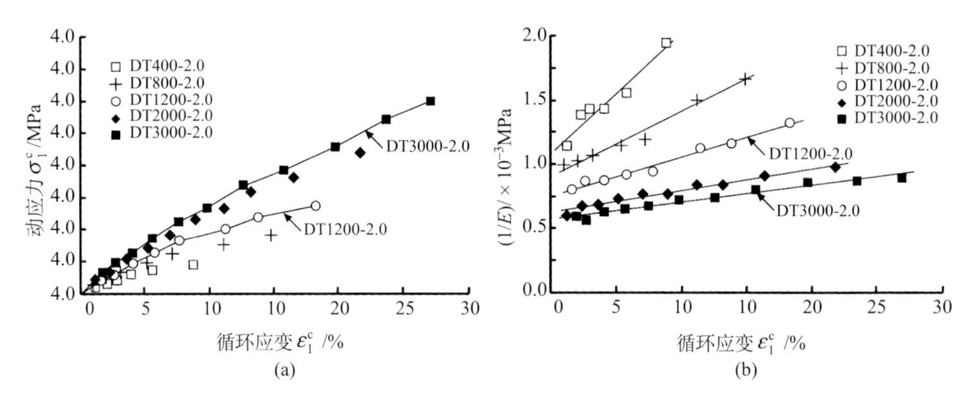

图 2.12　动应力/动弹性模量与循环应变幅的关系

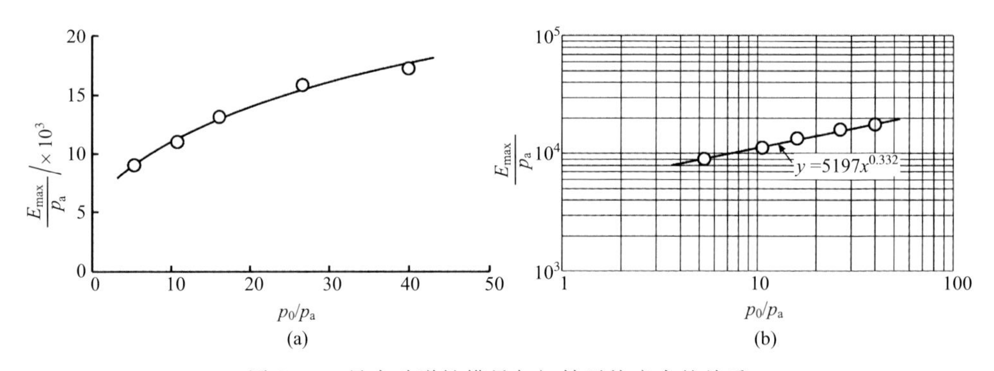

图 2.13　最大动弹性模量与初始平均应力的关系

式中：k 和 n 是两个参数。若将式(2.5) 代入式(2.3) 中可得

$$\frac{E}{E_{\max}}=\frac{1}{1+\bar{k}\cdot\overline{\varepsilon_1^c}}\tag{2.6}$$

式中：

$$\overline{\varepsilon_1^c}=\frac{\varepsilon_1^c}{(p_0/p_a)^{1-n}};\qquad \bar{k}=k\cdot b\cdot p_0 \tag{2.7}$$

图 2.14（a）中点绘了不同平均应力时$\bar{k}$的值，尽管 p_0 变化范围较大，但不同平均应力时$\bar{k}$值波动的幅度较小，故$\bar{k}$亦可以作为一个参数对待。图 2.14（b）中进一步给出了根据式（2.6）确定$\bar{k}$值的方法。$\bar{k}$值不随 p_0 显著变化可作如下解释：b 值具有动强度倒数的物理意义，其值大体上应与平均应力 p_0 呈反比，故式（2.7）中 $b\cdot p_0$ 的值受 p_0 的影响大为减小[21]。

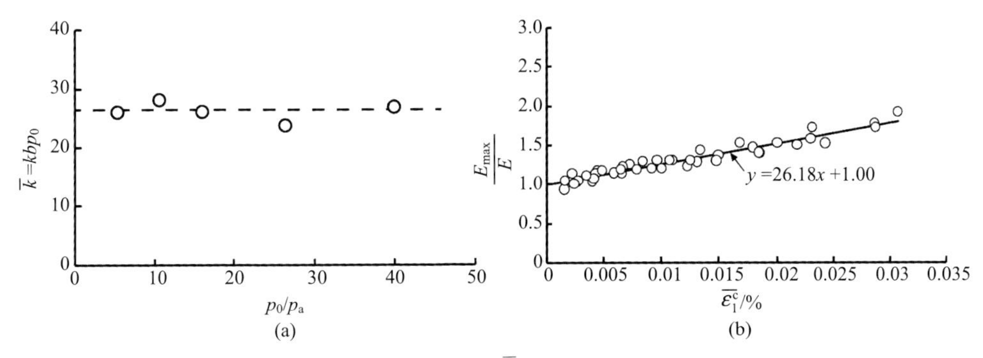

图 2.14　参数$\bar{k}$的确定方法

在动三轴试验中，循环剪切应变可以表示为

$$\gamma^c=\frac{2}{3}(\varepsilon_1^c-\varepsilon_3^c)=\varepsilon_1^c-\frac{1}{3}\varepsilon_v^c \tag{2.8}$$

因此，式（2.6）也可以写成动剪切模量的形式，即

$$\frac{G}{G_{max}}=\frac{1}{1+\overline{k'}\,\overline{\gamma^c}} \tag{2.9}$$

其中，最大剪切模量和归一化的循环剪切应变幅值分别为

$$G_{max}=k'p_a\left(\frac{p_0}{p_a}\right)^n \tag{2.10}$$

$$\overline{\gamma^c}=\frac{\gamma^c}{\left(\frac{p_0}{p_a}\right)^{1-n}} \tag{2.11}$$

式（2.9）和式（2.10）中的两个参数可通过下面的关系式由 k 和$\bar{k}$换算

$$k'=\frac{k}{2(1+v)};\qquad \bar{k}'=\frac{3\bar{k}}{2(1+v)} \tag{2.12}$$

式中：v 为泊松比。

动剪切模量描述了初始应力和动剪应变幅值对滞回圈倾斜度的影响，滞回圈的形状和大小则需通过阻尼比这一物理量控制。由于阻尼比计算通常需要人工计算滞回圈面积，且滞回圈形状往往具有较大的差异，故阻尼比数据的离散性往往比动模量更显著，如图2.15所示。鉴于上述原因，为方便起见，工程界多采用下述关系式计算阻尼比[22]：

$$\lambda = \lambda_{max}\left(1 - \frac{G}{G_{max}}\right) \tag{2.13}$$

式中：λ_{max}是$G\to 0$时的阻尼比，即最大阻尼比。

图2.15（b）中点绘了试验得到的阻尼比数据，绝大多数试验点都位于直线$\lambda/\lambda_{max}+G/G_{max}=1$之上，可见式（2.13）存在低估堆石料阻尼比的可能性。另外，高土石坝动力响应分析可能因低估坝料阻尼比而给出偏于保守的结果，故在试验数据规律性较差时，应用式（2.13）计算阻尼比仍是可行的。

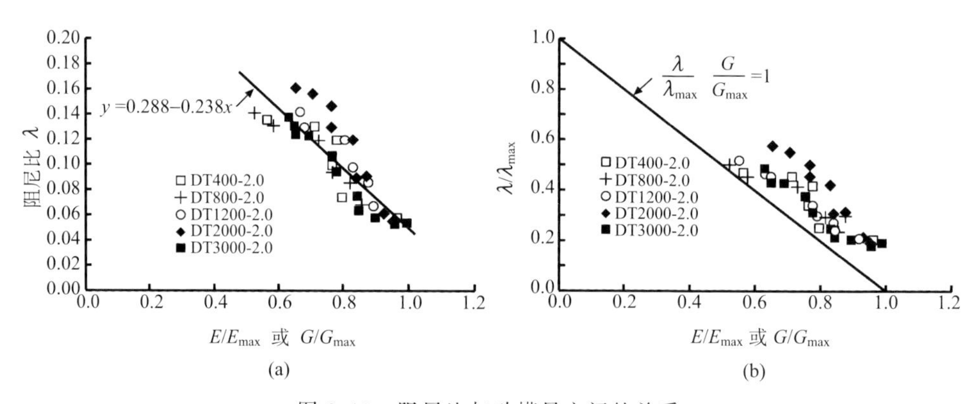

图2.15　阻尼比与动模量之间的关系

2.3.4　堆石料的残余变形特性

堆石料的残余体积应变ε_v^p和剪切应变γ^p与振动次数N的函数关系在土石坝地震残余变形计算中具有重要作用，沈珠江曾在土石料振动三轴试验基础上提出下述对数关系式[21]：

$$\varepsilon_v^p = c_{vr}\ln(1+N) \tag{2.14}$$

$$\gamma^p = c_{dr}\ln(1+N) \tag{2.15}$$

式中：体积应变与剪应变的上标p表示残余应变；c_{vr}和c_{dr}是动应力比和固结应力比的函数，可用动剪应变幅值γ_d代替动应力比；用应力水平S_l代替固结应力比，沈珠江提出了以下两个表达式：

$$c_{vr} = c_1\gamma_d^{c_2}\exp(-c_3 S_l^2) \tag{2.16}$$

$$c_{\mathrm{dr}}=c_4\gamma_{\mathrm{d}}^{c_5}S_1 \tag{2.17}$$

式中：$c_1\sim c_5$ 为 5 个动力残余变形计算参数。

式（2.14）和式（2.15）存在两个主要问题：对于地震残余剪切变形，作者团队近年来积累的循环荷载作用下堆石料的试验资料表明，半对数公式不能很好拟合其变化规律，对于体积变形，半对数公式不收敛，即随着循环荷载次数的增加，体积变形可无限增加，与实际情况不符；5 个动力残余变形计算参数不能直接从试验资料获得。图 2.16 中绘制了相同围压（1200kPa）、不同固结应力比（1.5 和 2.5）和不同动应力条件下堆石料残余剪切应变与循环荷载次数的关系，两者在双对数图中呈现出良好的线性关系，故可用下述幂函数表示

$$\gamma^{\mathrm{p}}=\gamma_1^{\mathrm{p}}\cdot N^{n_\gamma} \tag{2.18}$$

式中：γ_1^{p} 和 n_γ 与初始应力状态和动剪应变有关，其中 γ_1^{p} 的物理意义是堆石料经历第一个循环荷载后的残余剪切应变。

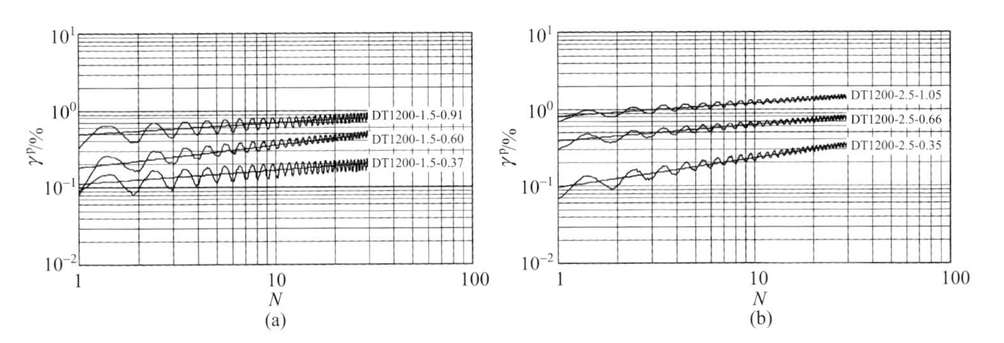

图 2.16　堆石料的残余剪切应变与振次的关系

图 2.17 中绘制了 γ_1^{p} 与动剪应变 γ^{c} 的关系，可以看出，初始应力状态对 γ_1^{p} 值具有显著影响，相同围压下，固结应力比越大，γ_1^{p} 值越大；相同固结应力比时，围压越大，γ_1^{p} 值越小。因图 2.17（a）中数据较为分散，为建立数学关系，宜将其归一化。通过一系列尝试后，发现双对数图中 $\gamma_1^{\mathrm{p}}/\dfrac{\eta_0}{\sqrt{p_0/p_{\mathrm{a}}}}$ 与 γ^{c} 具有良好的线性关系，故用下述函数表达式：

$$\gamma_1^{\mathrm{p}}=c_\gamma\cdot(\gamma^{\mathrm{c}})^{\alpha_\gamma}\cdot\frac{\eta_0}{\sqrt{p_0/p_{\mathrm{a}}}} \tag{2.19}$$

式中：c_γ 和 α_γ 是两个参数；p_0 和 η_0 分别是初始平均应力和初始应力比。

图 2.18 中绘制了 n^γ 与动剪应变 γ^{c} 的关系，在双对数图中 $n^\gamma/\sqrt{p_0/p_{\mathrm{a}}}$ 与 γ^{c} 具有良好的线性关系，且受初始应力比影响较小，故可用下式表示：

$$n^\gamma=d_\gamma\cdot(\gamma^{\mathrm{c}})^{-\beta_\gamma}\cdot\sqrt{p_0/p_{\mathrm{a}}} \tag{2.20}$$

式中：d_γ 和 β_γ 是两个参数。

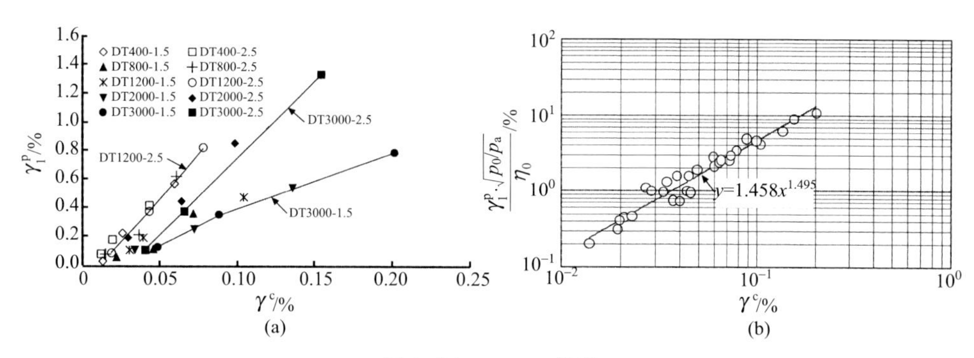

图 2.17 $\gamma_1^p \sim \gamma^c$ 关系

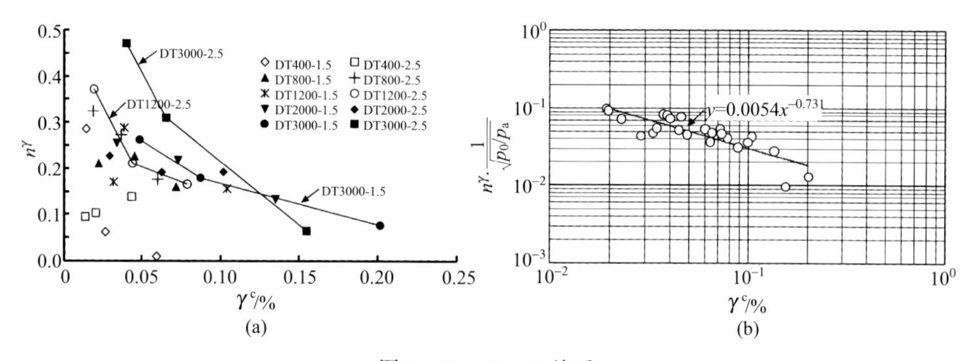

图 2.18 $n^\gamma \sim \gamma^c$ 关系

图 2.19 中绘制了相同围压（1200kPa）、不同固结应力比（1.5 和 2.5）和不同动应力条件下堆石料残余体积应变与循环荷载次数的关系，绝大多数情况下，体积应变曲线均可采用下述指数函数近似描述：

$$\varepsilon_v^p = \varepsilon_v^f \left[1 - \exp\left(-\frac{N}{N_v} \right) \right] \tag{2.21}$$

式中：ε_v^f 表示 $N \to \infty$ 时的体积应变；N_v 控制体积应变增加的速率，这两个物理量均与初始应力状态和动剪应变有关。图 2.20 和图 2.21 中分别绘制了 ε_v^f 和 N_v 与 γ^c 的关系，可以看出在双对数图中 ε_v^f 与 γ^c 呈良好的线性关系，受初始平均应力和初始应力比影响不大，故可用下式描述：

$$\varepsilon_v^f = c_v (\gamma^c)^{\alpha_v} \tag{2.22}$$

式中：c_v 与 α_v 是两个参数。

在图 2.21（a）所示常规坐标系中 N_v 与 γ^c 分布较为离散，但在双对数图中

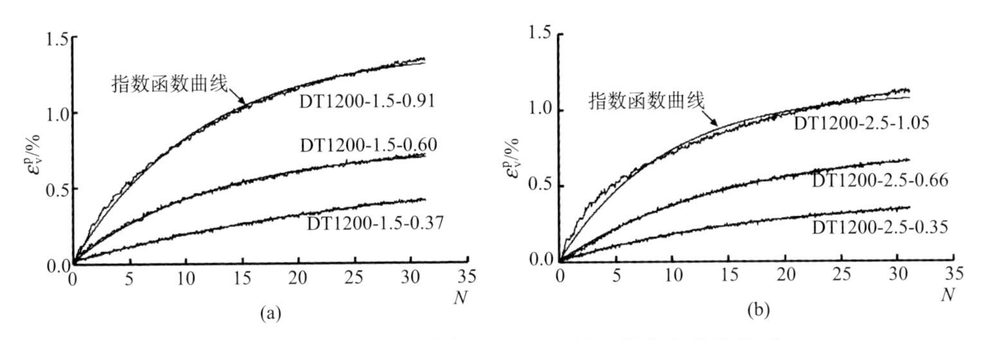

图 2.19　堆石料的残余体积变形与循环荷载次数的关系

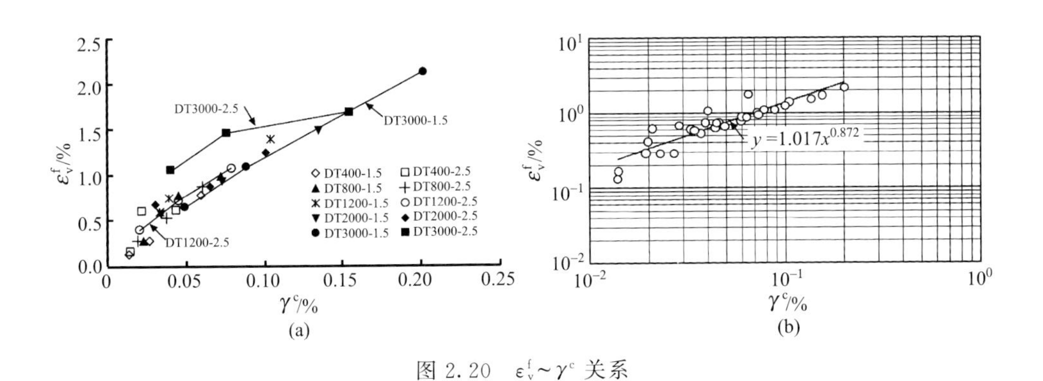

图 2.20　$\varepsilon_v^f \sim \gamma^c$ 关系

$N_v/\sqrt{p_0/p_a}$ 与 γ^c 大体分布在一直线附近，故采用下式模拟：

$$N_v = d_v (\gamma^c)^{-\beta_v} \sqrt{p_0/p_a} \tag{2.23}$$

式中：d_v 与 β_v 亦是两个参数。

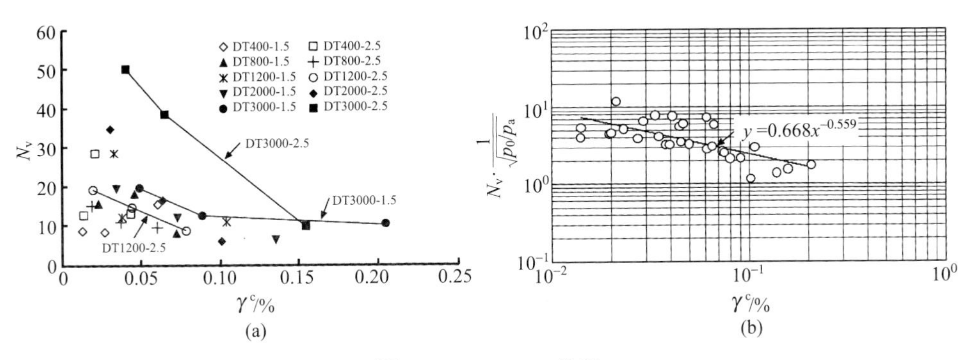

图 2.21　$N_v \sim \gamma^c$ 关系

2.4 堆石料的颗粒破碎特性及其影响因素研究

早在土力学研究初期，Terzaghi 和 Casagrande 就认识到土的结构对其强度及变形特性的重要影响，并提出土体微观结构的概念。Blackwelder 和 Terzaghi 等通过一系列试验研究发现砂土即使在高达 8.5MPa 的荷载条件下破碎量都是很小的，因此在相当长的一段时间内土体颗粒破碎并未引起足够重视[23]。近年来，随着堆石料在高土石坝工程中的应用，高应力状态下堆石料所表现出的不同于一般土体的特性，引起了人们对土石料颗粒破碎特性及其影响因素的关注。

Nakata[24]通过单向固结试验研究了粒径、初始孔隙比、颗粒磨圆度、矿物成分等对压缩曲线、屈服应力及峰值压缩指数的影响，以及初始级配曲线对压缩曲线曲率和坡度的影响，并界定了 5 个层次的颗粒破损。试验结果显示：均一级配土体，颗粒破碎数量与颗粒粒径成正比；良好级配土体的颗粒破碎数量与颗粒粒径成反比。这是因为在级配良好的土体中，粒径大的颗粒被相对较小的小颗粒所包围，颗粒本身的接触点相对较多，颗粒所处的应力状态较好，而小颗粒与其他颗粒的接触点相对较少，承受的应力相对较大，故更易于破碎。刘汉龙[16]通过试验并结合现有资料归纳出一个三轴压缩峰值摩擦角与破碎量的函数关系式，反映出颗粒破碎越显著、峰值摩擦角越小的特性，这和郭庆国[25]对标准砂进行高围压（6MPa）三轴压缩试验得出的结论基本一致。吴京平在对人工钙质砂进行三轴试验后也指出：颗粒破碎的发生使钙质砂的剪胀性减小[26]，压缩体积应变增加，峰值强度降低。魏松[27]为研究粗粒料湿化变形，进行了大量的颗粒破碎试验，得到了干湿两态颗粒料破碎的基本规律，从能量的角度对颗粒破碎与外力塑性功、颗粒破碎能进行了深入的研究。

下文将以典型筑坝堆石料为研究对象，采用 NS1500 型大型三轴仪研究堆石料在静动力条件下的颗粒破碎特性，特别是母岩性质、初始级配、应力状态等对颗粒破碎的影响。

2.4.1 颗粒破碎的度量指标

颗粒破碎主要取决于颗粒的应力状态和颗粒本身的抗破裂强度，对于土石料颗粒应力状态主要取决于土体承受的荷载和土体内部颗粒的接触情况，宏观上体现为土体应力水平、土体密实度、土体级配和土颗粒形状等对颗粒破碎的影响。颗粒本身的抗破裂强度取决于颗粒的岩性、风化程度和粒径大小。为了描述土体颗粒破碎程度，首先需定义合适的破碎参量。

Marsal[13]通过计算试验前后各粒组的百分含量差值，并将其中差值为正值的部分累加，定义了颗粒材料的破碎参量 B_g。破碎参量 B_g 的最小值为 0，即没有颗粒破碎发生；最大值为100%，即土体颗粒破碎后的粒径小于试验前土体的最小粒径。根据Marsal的定义，若设试验前、后各粒组的含量差值为ΔW，则破碎参量B_g可由下式计算：

$$B_g = \sum_{\Delta W_k > 0} \Delta W_k \tag{2.24}$$

式中：$\Delta W_k = W_{kf} - W_{ki}$，$W_{ki}$和$W_{kf}$分别为试验前、后级配曲线上$k$级粒组的含量。

Lee[28]在进行土石坝反滤料渗流研究时发现，颗粒破碎能够有效减小土坝渗流量，于是Lee进行了一系列砂土等比例压缩试验，研究了砂土的颗粒破碎现象，并且提出把试验前后土体级配曲线颗粒含量为15%的颗粒粒径的比值作为破碎参量。Lee采用该指标的原因在于，这一粒径对砂土的渗流特性影响很大。Lee定义的破碎参量的最小值为1，最大值为正无穷。

Hardin[29]通过分析粗粒土试验结果发现，粒径小于0.074mm的土颗粒很难破碎。因此，将级配曲线与0.074mm线围成的面积定义为土体的破碎势B_p，如图2.22所示，将土体试验前后破碎势的变化值定义为整体破碎参量B_t，即

$$B_t = B_{pi} - B_{pf} \tag{2.25}$$

式中：B_{pi}和B_{pf}分别为土体试验前、后级配曲线与0.074mm竖线以及100%水平线所围成的面积，B_t为试验前、后级配曲线以及100%水平线所围成的面积。

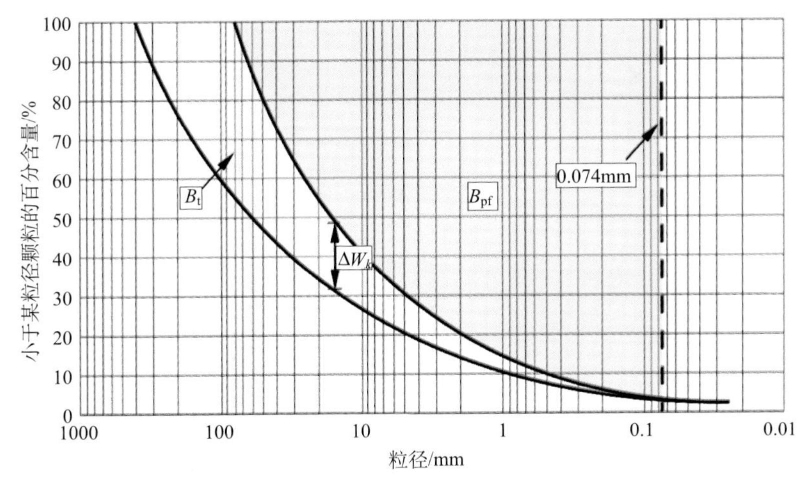

图2.22 Hardin破碎势的定义

为了消除初始级配曲线对破碎参量的影响，Hardin进一步定义了相对破碎参量B_r：

$$B_{\mathrm{r}}=\frac{B_{\mathrm{t}}}{B_{\mathrm{pi}}} \tag{2.26}$$

相对破碎参量最小值为 0，最大值为 1，即试验后的土体颗粒粒径全部小于 0.074mm，土体完全破碎。

Hardin 以原始级配曲线和当前级配曲线的位置关系建立破碎度量指标的方法给 Wood 和 Einav 等人以启发，后者进一步假定存在一个极限级配曲线，并服从分形分布，根据当前级配曲线、极限级配曲线和原始级配曲线的位置关系定义了一个表征颗粒破碎量的标量因子，并比较了该标量因子与 Hardin 相对破碎率的优劣[30-32]。但是，具有分形分布的极限级配曲线目前还仅仅是概念上的推演，尚未得到试验的验证，同时，该级配曲线与围压的关系也尚未引起关注。

建立破碎指标的主要目的是研究土石料级配曲线的演变规律，故基于整条级配曲线的破碎指标要优于基于某一粒组百分含量变化的破碎指标，但前者计算一般较为复杂，且级配曲线之间所围面积只有几何上的意义，并无明确的物理意义；而后者计算简便易行，故本节仅采用 Marsal 的破碎指标。

2.4.2 静、动力条件下颗粒破碎试验

选用某水电站堆石坝弱风化—微风化玄武质熔结角砾岩堆石料以及某抽水蓄能电站上水库微新—弱风化花岗岩堆石料试验后的颗粒破碎情况进行研究。试样级配曲线和制备干密度如图 2.23 所示。本次试验中试样均采用振动器振实，振动器底板静压为 14kPa，振动频率为 40Hz，电机功率为 112kW。试样均处于自然风干状态，分 60～40mm，40～20mm，20～10mm，10～5mm，5～0mm 5 种粒径范围进行称取，试验结束后对试样进行风干、筛分，筛分结果反映了粗颗粒土试验过

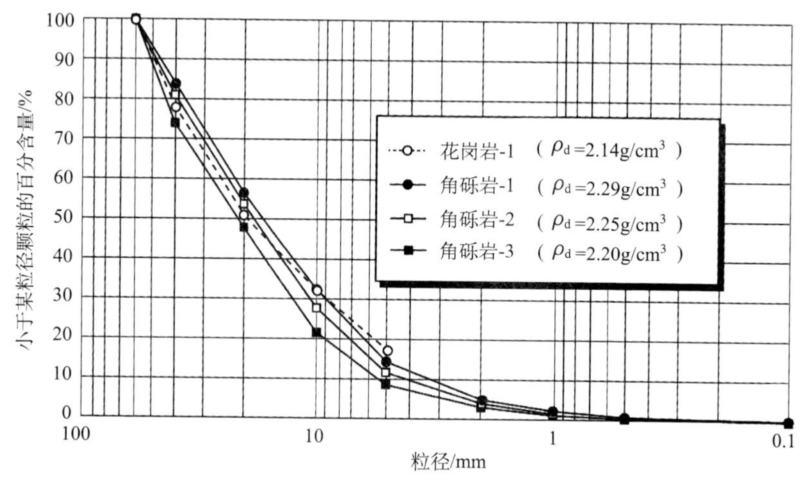

图 2.23 颗粒破碎试验材料的级配曲线

程中的颗粒破碎状况。静力三轴试验前后颗粒级配对比见表2.2，各粒组百分含量变化柱状图及Marsal破碎率如图2.24所示。振动三轴剪切试验前后颗粒级配对比见表2.3，各粒组百分含量变化及Marsal破碎率如图2.25所示。

表2.2 角砾岩静力三轴试验前后颗粒级配对比

试样编号	状态	围压/kPa	各粒组百分含量/%				
			60～40mm	40～20mm	20～10mm	10～5mm	5～0mm
角砾岩-1	试验前	—	15.8	27.4	24.5	17.3	15.0
	试验后	400	13.3	24.8	25.0	17.7	19.3
		800	12.9	23.6	23.4	17.8	22.2
		1500	11.8	23.2	22.0	18.2	24.9
		2200	10.9	22.6	20.6	19.2	26.7
角砾岩-2	试验前	—	19.0	27.5	25.4	16.4	11.8
	试验后	400	16.2	26.0	23.8	16.5	17.5
		800	15.6	24.1	22.9	18.6	18.9
		1500	14.9	23.6	22.3	17.7	21.4
		2200	13.3	21.0	23.1	18.3	24.2
角砾岩-3	试验前	—	26.1	26.1	26.1	13.1	8.5
	试验后	400	20.1	26.0	26.6	15.1	12.2
		800	19.5	25.0	24.6	16.0	14.9
		1500	18.8	24.5	23.3	16.3	17.1
		2200	16.3	24.1	21.1	15.2	23.3

表2.3 花岗岩振动三轴试验前后颗粒级配对比

试样编号	状态	围压/kPa	各粒组百分含量/%				
			60～40mm	40～20mm	20～10mm	10～5mm	5～0mm
花岗岩-1	试验前	—	21.30	26.10	19.80	15.80	17.00
	固结后	300	20.93	24.75	19.69	16.04	18.60
	振动后		18.94	23.97	19.61	17.11	20.37
	固结后	600	19.81	24.33	19.88	16.34	19.64
	振动后		18.14	23.60	20.32	17.05	20.89
	固结后	1000	19.01	23.44	19.91	16.19	21.46
	振动后		18.00	22.52	19.81	16.33	23.34
	固结后	1500	17.74	25.54	19.16	14.11	23.45
	振动后		16.47	23.31	19.37	16.20	24.65

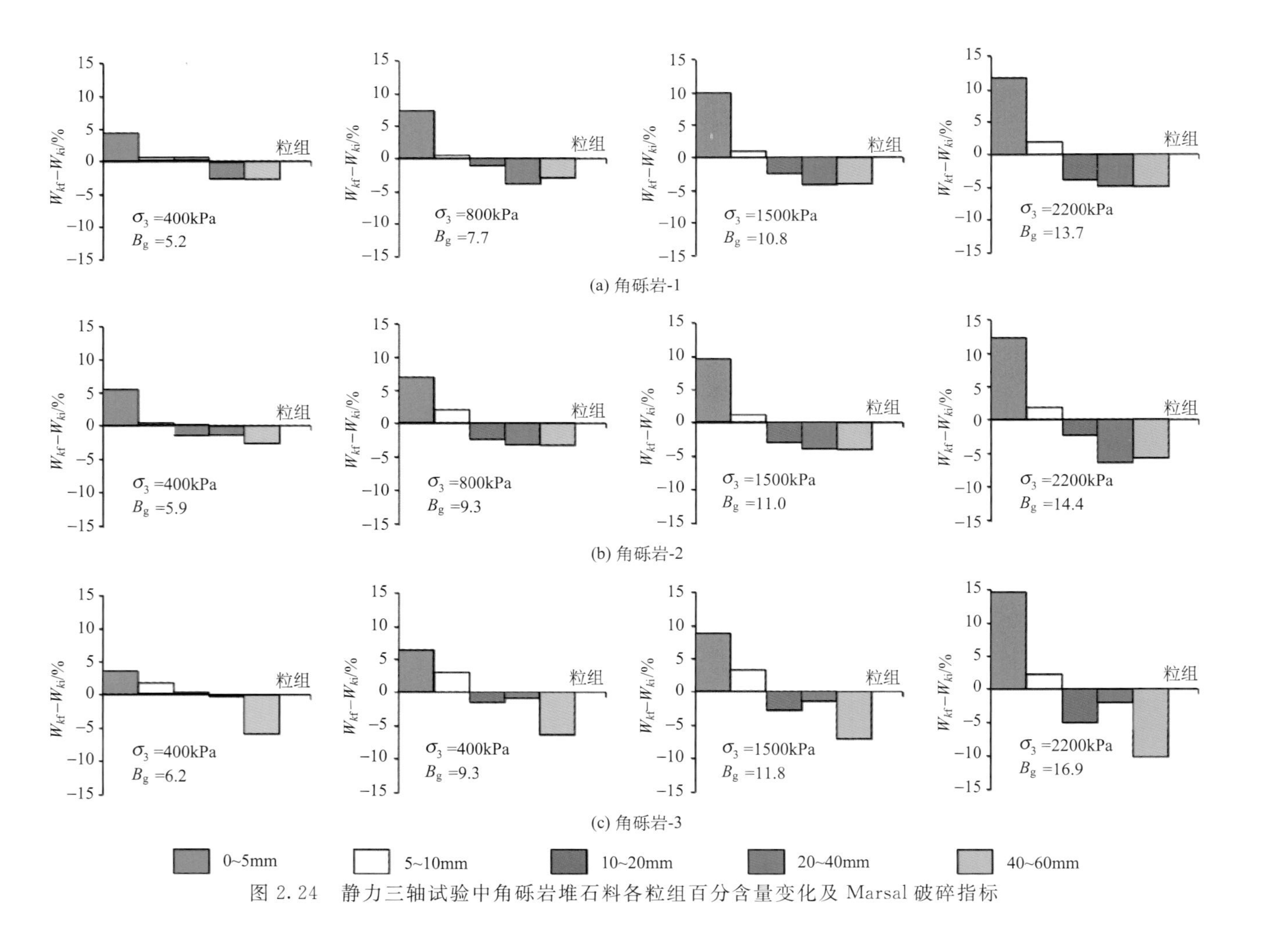

图 2.24　静力三轴试验中角砾岩堆石料各粒组百分含量变化及 Marsal 破碎指标

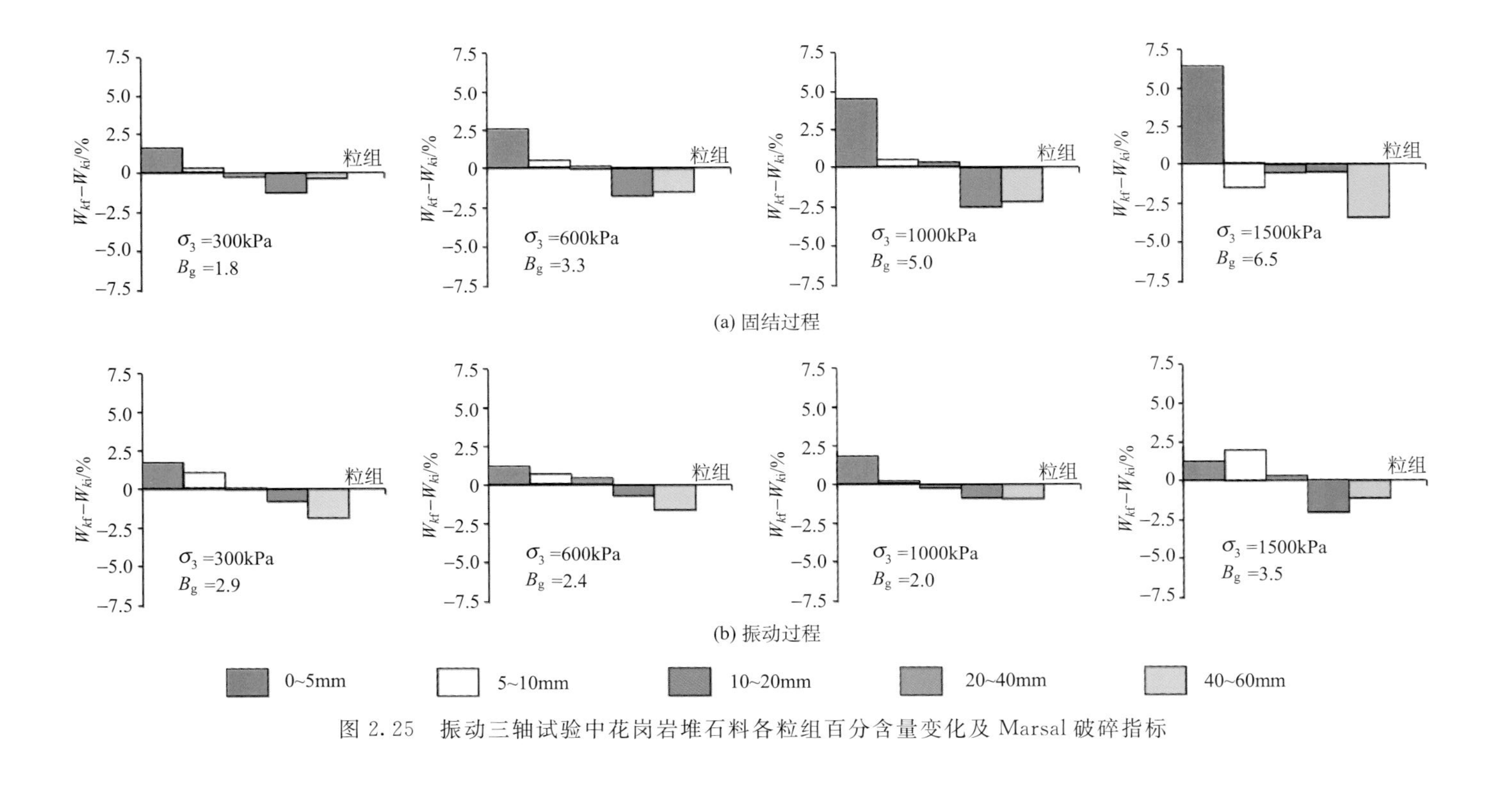

图 2.25　振动三轴试验中花岗岩堆石料各粒组百分含量变化及 Marsal 破碎指标

从图表中列出的试验结果可以看出，堆石料在不等向固结、静力三轴剪切和振动三轴试验过程中均产生了明显的颗粒破碎，颗粒破碎率的大小与堆石料的母岩性质、级配、围压、密度以及颗粒形状等因素相关。围压增大，静力三轴剪切引起的颗粒破碎率随之增大，颗粒破碎最显著的结果是 0～5mm 的细颗粒含量显著增加，而 40～60mm 粗颗粒含量显著降低，这说明颗粒破碎既有边角部位的应力集中压碎，又有颗粒的整体断裂。从图 2.25 中还可以看出，振动过程中颗粒破碎也较为显著，但与围压之间的关系不及固结过程明显。

2.4.3 颗粒破碎的影响因素研究

为了研究母岩性质对颗粒破碎的影响，选用级配曲线相同的片麻岩混合料和掺和比例为 1∶1 的砂岩与板岩混合料进行了试验。其中，片麻岩饱和抗压强度为 71.6～73.4MPa；砂岩饱和抗压强度为 52.7～66.8MPa，板岩饱和抗压强度 24.5～37.3MPa，母岩强度存在一定差异，不同母岩强度的粗颗粒土颗粒破碎对比如表 2.4 所示。

表 2.4 母岩强度对颗粒破碎的影响

母岩	状态	围压/kPa	各粒径组百分含量/%					B_g/%
			60～40mm	40～20mm	20～10mm	10～5mm	5～0mm	
片麻岩	试验前	—	17.7	26.2	24.0	17.6	14.5	—
	试验后	300	14.4	24.0	24.2	17.7	19.7	5.5
		800	14.0	22.5	23.1	18.4	22.0	8.3
		1200	12.9	21.3	22.3	19.1	24.4	11.3
		1600	10.2	19.9	24.0	18.5	27.4	13.8
砂板岩	试验前	—	17.7	26.2	24.0	17.6	14.5	—
	试验后	300	13.5	23.8	24.4	17.8	20.5	6.6
		800	13.1	21.7	23.5	18.2	23.5	9.6
		1200	10.4	20.5	23.1	18.9	27.1	13.9
		1600	9.9	18.5	22.5	19.6	29.4	17.0

为了研究颗粒形状对颗粒破碎的影响，选用常规爆破产生的砂岩粗颗粒料及磨圆度较好的砂砾料进行了试验。其中，砂岩母岩饱和状态下的抗压强度为 97.3～102.0MPa；砂砾料母岩饱和状态下的抗压强度为 104.0～108.0MPa，两者强度指标较接近，但在颗粒形状上存在明显的差异，后者磨圆度明显优于前者。不同颗粒形状的粗颗粒土颗粒破碎对比如表 2.5 所示。

从试验结果可知：粗颗粒土的母岩强度越高，颗粒破碎率越小；磨圆度较好的粗颗粒混合料的颗粒破碎率明显低于棱角丰富的粗颗粒混合料，而且破碎率的差别均随围压增大呈明显增大趋势。

表 2.5　颗粒性状对粗粒料颗粒破碎的影响

母岩名称	状态	围压/kPa	各粒径组百分含量/%					B_g/%
			60～40mm	40～20mm	20～10mm	10～5mm	5～0mm	
砂砾岩	试验前	—	17.8	25.5	27.8	14.4	14.5	—
	试验后	300	16.4	26.5	26.2	15.6	15.3	3.0
		700	16.0	26.7	25.9	15.5	15.9	3.7
		1200	15.6	26.5	25.6	16.0	16.3	4.4
砂岩料	试验前	—	17.8	25.5	27.8	14.4	14.5	—
	试验后	300	11.5	23.2	27.1	16.1	22.1	9.5
		700	11.1	21.4	25.1	19.0	23.4	13.5
		1200	9.0	21.4	22.8	19.6	27.2	17.9

为研究材料级配对颗粒破碎的影响，选用 2 组不同级配的弱风化片麻岩进行了试验，试验结果如表 2.6 所示。细颗粒含量高的混合料颗粒破碎率明显低于细颗粒含量低的混合料，这是因为粗颗粒混合料中的细颗粒含量较高时，粗颗粒的骨架作用逐渐被细颗粒隔离，粗颗粒棱角受到细颗粒保护，破碎较少。随着细颗粒含量减小，混合料主要因粗颗粒棱角的相互咬合而产生骨架作用，在剪切应力的作用下，粗颗粒棱角容易产生应力集中，故而颗粒破碎更加明显。

材料密度对颗粒破碎的影响可由表 2.2 以及图 2.24 看出，各围压下角砾岩制样密度越小，颗粒破碎率越大。这是因为试验密度较小时，颗粒之间的接触点数较少，颗粒应力状态较差，容易发生颗粒破碎。随着密度增加，颗粒之间的接触点数增加，颗粒应力状态改善，使得颗粒破碎率降低。

表 2.6　级配对弱风化片麻岩颗粒破碎的影响

级配名称	状态	围压/kPa	各粒径组百分含量/%					B_g/%
			60～40mm	40～20mm	20～10mm	10～5mm	5～0mm	
级配 1	试验前	—	13.0	16.0	14.5	11.5	45.0	—
	试验后	300	11.0	16.2	15.4	11.7	45.7	2.0
		800	10.3	15.4	14.9	11.7	47.7	3.3
		1200	10.1	15.2	15.3	10.9	48.5	4.3
		1600	9.6	14.5	15.1	11.5	49.3	4.9

续表

级配名称	状态	围压/kPa	各粒径组百分含量/%					B_g/%
			60～40mm	40～20mm	20～10mm	10～5mm	5～0mm	
级配 2	试验前	—	17.8	25.5	27.8	14.4	14.5	—
	试验后	300	14.4	24.0	24.2	17.7	19.7	5.5
		800	14.0	22.5	23.1	18.4	22.0	8.3
		1200	12.9	21.3	22.3	19.1	24.4	11.3
		1600	10.2	19.9	24.0	18.5	27.4	13.8

颗粒破碎的影响因素错综复杂，不仅受材料自身性质的影响，也受外界荷载和环境等因素综合作用，是堆石料与一般土体表现出不尽相同的力学性质的内在原因，如强度和剪胀性对于围压的非线性依赖性、湿化和流变、堆石料的循环硬化特性以及地震残余变形特性等。因此，在厘清颗粒破碎影响因素的基础上，建立合理反映堆石料颗粒破碎对其应力应变特征影响的本构模型一直是近年来学术界研究的热点，本书第 4 章也将基于上述试验研究成果介绍一个直接反映颗粒破碎对其应力变形特性影响的堆石料静动力统一弹塑性本构模型。

2.5 砂砾石料抗震液化能力试验研究

我国超过 20%的陆地被第四系砂砾石层覆盖，砂砾石层广泛分布在华北平原、东北平原、河西走廊、塔里木盆地等地区。由于砂砾石料压实后具有较高的变形模量，故在料源丰富的地区，其常被用作土石坝筑坝材料。一般认为，砂砾石颗粒粗，透水性强，地震中孔隙水压力不至于上升到使其液化的程度，故多将砂砾石料视为非液化土料。但汪闻韶等在分析唐山地震和海城地震的震害调查资料后，指出含细颗粒较多的砂砾石层同样存在地震液化的可能性[33]，最典型的案例是密云水库白河主坝库水位以下砂砾石料（防渗斜墙的保护料）在唐山地震中发生液化，并导致砂砾石料保护层发生了大面积的滑坡[34]。2008 年，汶川大地震后的现场调查以及相关水文、地质资料分析也表明，该次地震导致多处砂砾石层发生了液化[35,36]。

从 20 世纪 70 年代起，国内外学者就开始关注砂砾石料的地震液化问题，研究的焦点主要是砂砾石料抗液化能力的影响因素以及液化判别方法。刘令瑶和汪闻韶等[33,37]对密云水库白河主坝保护层砂砾石料开展了圆筒振动台试验，研究了含砾量对液化度的影响。试验结果表明，当砂砾石料的含砾量小于 70%时，其渗透系数低，可液化度较高；当含砾量大于 70%时，渗透系数迅速增大，可液化度明显降低。只有当砂砾石料的含砾量大于界限含砾量时，砂砾石料的抗地震液化强度才会明显提高。此外，砂砾石料固结不排水循环三轴试验结果表明，含砾量、围压、侧压力系数等对抗液化强度均有显著影响。Lin等[38]对1999年台湾集集地震中台中县雾峰乡福田桥附近河漫滩上的砂砾石料液化场地进行了钻孔取样试验，并进行了大型动三轴试验，试样最大直径15cm，在相对密度一致的条件下，研究了不同含砾量对抗液化强度的影响，建立了抗液化应力比与相对密度、含砾量的对应关系。

为研究1995年阪神地震中Port人工岛的砂砾石料液化问题，Hatanaka[39]通过冷冻法获得了扰动较小的试样，并进行了大型动三轴试验，给出了达到应变幅值2%、5%、7%时所需要的应力比与振动次数的关系，说明Port人工岛尽管砾石含量较高，但砂砾石料抗液化能力较低，振动次数为15次时的循环应力比为0.15～0.23。Hatanaka还整理了日本砂石料现场试验与室内试验的结果，发现重塑砂砾石料的抗液化强度将会明显降低，如Port人工岛以人工填筑砂砾石层的抗液化强度较自然沉积的砂砾石料低，从而导致大范围的液化现象。Suzuki采用冷冻法从现场取出4个高质量的原状砂砾石料试样，进行了动三轴试验，试样直径30cm，高60cm，定义双向剪应变幅达到2.5%时为液化。结果表明，砂砾石料的抗液化强度与贯入击数具有良好的对应关系，并随着贯入击数的增加而提高；当标准贯入击数大于30击时，直接套用砂土的抗液化强度与标准贯入击数的对应关系时会高估砂砾石料的抗液化能力。

现场试验确定砂砾石料抗液化强度多采用贝克贯入试验（Becker penetration test，BPT），建立贝克贯入击数与标准贯入击数的对应关系，再根据基于标准贯入击数的砂土液化判别方法对砂砾石料液化进行评价[41]。贝克贯入试验于20世纪50年代末期起源于加拿大，依靠柴油桩锤的能量将一较大直径的套管打入地层之中，记录每贯入30cm的锤击数。由于发生过砂砾石料液化的场地十分有限，目前还没有通过现场测试直接建立抗液化强度与贝克贯入试验（BPT）指标的砂砾石料液化判别公式。

与砂土液化问题相比，目前砂砾石料的地震液化判别方法尚不成熟，其根本原因是砂砾石料地震液化资料的严重匮乏。另外，由于砂砾石颗粒较大，几乎没有黏聚力，很难在现场取到高质量的原状土样，即使采用日本推荐的氮气冷冻法，原状砂砾石料取回之后由于应力条件改变和试验费用高等原因，很难推广使用。虽然BPT方法是以现场测试指标为基础，但其要将贝克贯入击数转换成标准贯入击数，再根据转换的标准贯入击数对砂砾石料地震液化可能性进行评价。目前，基于标贯击数的液化评价方法主要用于砂土，砂砾石料与砂土差异显著，故直接套用这种做法存在很多不确定因素。此外，常规的砂砾石料液化试验中，因设备条件限制，通常需把实际砂砾石料中的大颗粒剔除，这显然人为降低了砂砾石料的含砾量，其结果能否真实反映砂砾石料的抗液化能力值得商榷。因此，砂砾石料液化判别方法需同时从室内试验和现场试验方法两个方面取得突破。

本节结合砂砾石料的级配特征，研究缩尺效应对砂砾石料抗液化能力的影响，并提出了一种适用于砂砾石料的液化判别方法。

2.5.1 试验过程与试验结果

为研究砂砾石料的地震液化特性，分析缩尺效应对试验结果的影响，分别采用 1500kN 大型动静三轴仪（Φ300mm×H700mm）及 GDS 动三轴试验系统（Φ100mm×H200mm）开展了试验。试样固结比取 1.5，围压分别为 300kPa 和 500kPa，振动频率为 0.33Hz，输入波形均采用正弦波。试验为不排水轴向振动试验，过程参照《土工试验规程》（SL237—1999）进行。砂砾石料取自西部某工程，其基本物理性质指标见表 2.7，试验级配见图 2.26。其中，大型三轴试样级配为现场筛分级配，GDS 试样级配由大型三轴试样级配采用相似级配法缩制。

取试样 5%应变为破坏标准，得到砂砾石料在不同围压下的动应力比与破坏振次关系曲线。图 2.27 给出了大型三轴及 GDS 试验得出的动应力 $\sigma_{d'}$、动剪应力比 $\sigma_{d'}/2\sigma_{0'}$ 和动孔隙水压力比 $u_d/\sigma_{0'}$ 与破坏振次 N_f 的关系曲线，其中 $\sigma_{0'}$ 为振前试样 45°面上的有效法向应力，即 $\sigma_{0'}=(1+K_c)\sigma_3/2$，$K_c$ 为固结比。

表 2.7 砂砾石料基本物理性质指标

按照土粒组成或塑性指数类定名	比重 G_s	不均匀系数 C_u	最小干密度 /(g/cm³)	最大干密度 /(g/cm³)	试验干密度 /(g/cm³)	试验相对密度 D_r
角砾	2.72	14.6	1.62	2.05	1.93	0.77

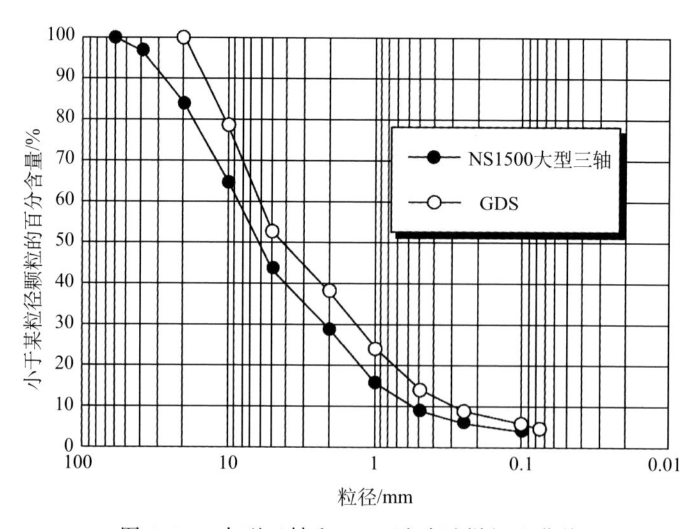

图 2.26 大型三轴和 GDS 试验试样级配曲线

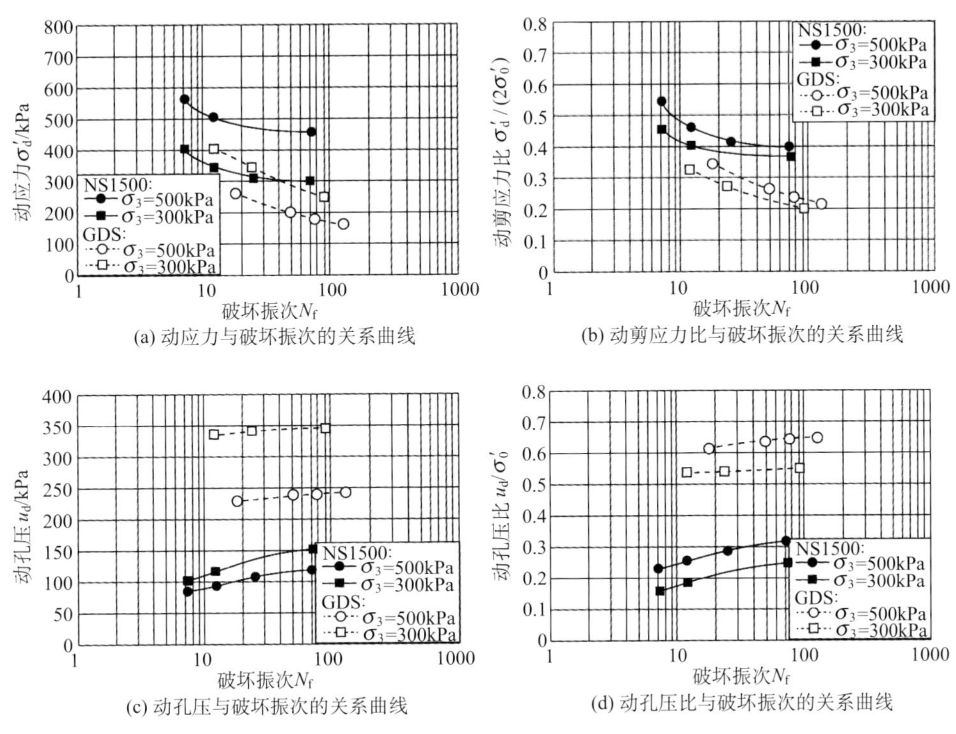

(a) 动应力与破坏振次的关系曲线

(b) 动剪应力比与破坏振次的关系曲线

(c) 动孔压与破坏振次的关系曲线

(d) 动孔压比与破坏振次的关系曲线

图 2.27　大型三轴（NS1500）和 GDS 动力强度试验结果

由图 2.27 可以看出，砂砾石料粒径变化对其动强度的影响明显，在达到预定破坏动应变时，颗粒粗的材料动孔隙水压力相对颗粒较细的材料有较大幅度的降低。在本次试验中，不同围压下，采用大型动三轴试验得出的孔隙水压力相对采用 GDS 试验得出的孔隙水压力降低幅度达到 50%～60%；另外，随着破坏振次降低，采用大型振动三轴试验得出的动剪应力比相对 GDS 得出的动剪应力比有趋向一致的走势。但随破坏振次增加，粒径变化的影响显著增强，颗粒越细的材料累积动应变越容易达到破坏动应变，这说明随着地震烈度的提高，颗粒越细的材料越易液化，粗颗粒材料则不易液化。因此在采用室内试验研究砂砾石料液化问题时，应综合考虑缩尺效应对试验结果的影响，宜采用全级配砂砾石料的试验结果研究砂砾石料抗液化能力，否则将低估砂砾石料的抗地震液化能力，容易得出偏于保守的结果，从而造成不必要的浪费。

2.5.2　Seed 地震液化判别方法对砂砾石料的适用性

Seed 等[42,43]提出的评估砂土液化势的抗液化剪应力法曾被广泛运用，该方法的基本出发点是把地震作用看做一种由基岩垂直向上传播的水平剪切波，当地震引起的基岩振动输入到被视为具有内部黏滞阻尼的弹性系统，即覆盖的沉积层时，沿着土体的不同深度上必将引起一种随时间变化的地震动剪应力。如果将这种不规则变化的地震剪应力概化为一定循环次数的均匀剪应力，则可以用同样的应力循环数对土样进行振动三轴试验，测定出引起液化所需的动剪应力，或称抗液化剪应力。如果这个抗液化剪应力大于实际的地震剪应力，则不会出现砂土液化，否则，将会导致砂土液化。

将不规则变化的地震剪应力概化为一定循环次数的均匀剪应力是 Seed 抗液化剪应力法的基础。取地基内任一深度上地震剪应力随时间的变化关系，并设其最大剪应力为 τ_{max}。将实际地震波型用一个等效的均匀波型代替需要确定两个参数，即等效振次（应力循环数）N_{eq} 和等效均匀剪应力 τ_{av}。Seed 根据对一系列强震记录的分析，建议等效均匀剪应力取 0.65 倍的最大动剪应力，即

$$\tau_{av}=0.65\tau_{max} \tag{2.27}$$

等效振次 N_{eq} 则根据震级确定，对于 7 级、7.5 级和 8 级地震分别取 10 次、20 次和 30 次。

在求最大动剪应力时，将土体视为刚体，地震时地面运动的最大加速度为 a_{max}，则在任一深度 h 处的最大剪应力为

$$\tau_{max}=\gamma h\frac{a_{max}}{g} \tag{2.28}$$

式中：γ 和 g 分别为土体容重和重力加速度。考虑到土体实际为变形体，剪应力将随深度的增加而减小，故式（2.28）需适当折减，且该剪应力折减系数 γ_d 取决于土体的密度和深度。当深度较小时（10m 左右），密度的影响相对较小，可只按深度取平均值，如表 2.8 所列，此时：

$$\tau_{max}=\gamma_d\gamma h\frac{a_{max}}{g} \tag{2.29}$$

表 2.8　Seed 应力折减系数 γ_d 随深度变化值

深度 h/m	0.0	1.5	3.0	4.5	6.0	7.5	9.0	10.5	12.0
系数 γ_d	1.000	0.985	0.975	0.965	0.955	0.935	0.915	0.895	0.850

至于抗液化剪应力，通常用动单剪仪或动三轴仪来测定。地震作用被视为由基岩向上传递剪切波时，由于地面近于水平，故地震前地基内任一水平面上只有法向应力 σ_0，没有剪应力 τ_0 作用，地震作用将引起一个反复循环的动剪应力 $\pm\tau_d$，而法向应力保持不变。上述应力状态，在动单剪仪中能够很好地得以实现。在动三轴仪中，也可以用 45°平面上的应力变化来模拟。此时，震前应力状态相当于在试样上施加一等向固结压力，即 $\sigma_{1c}=\sigma_{3c}=\sigma_0$。地震时，当动荷作用在压

半周时，相当于在试样的轴向增加了一个应力 $\sigma_d/2$，在径向减小一个应力 $\sigma_d/2$；当动荷作用在拉半周时，相当于在试样的轴向减小一个应力 $\sigma_d/2$，在径向增加一个应力 $\sigma_d/2$，上述两种情况下，45°平面上的法向应力保持不变，但在该面上产生了一个循环作用的剪应力 $\tau_d=\pm\sigma_d/2$。因此，利用双向振动三轴仪，只需将幅值为 $\sigma_d/2$ 的动应力按 180°的相位差反复施加于试样的轴向和径向。

需要指出的是，由于动三轴试验与现场条件之间仍然存在不少差异，例如，三轴试验时 $K_0=1$，而现场仅为 0.4 左右；再如三轴试验中主应力方向在每个应力循环都要转过 90°，而现场土单元主应力方向相对于垂直轴的最大偏转角只达 40°。上述这些因素都有可能使动三轴试验得出的砂土抗液化能力大于实际值。因此，在将动三轴试验结果应用于实际问题时需要进行必要的校正，即

$$\left(\frac{\tau}{\sigma'}\right)_{\text{field}}=C_r\left(\frac{\tau_d}{\sigma'_0}\right)_{\text{lab}} \tag{2.30}$$

式中：C_r 为考虑现场条件与室内外试验条件之间差别的一个应力校正系数。Seed 等[42]曾利用动单剪试验对不同密度状态的砂土进行了研究，得出图 2.28 所示结果，由此可以得出地面以下深度 h 处砂土的抗液化剪应力 τ_l 为

$$\tau_l=C_r\sigma'\left(\frac{\tau_d}{\sigma'_0}\right)_{\text{lab}} \tag{2.31}$$

或者写成

$$\tau_l=C_r\gamma' h\left(\frac{\sigma_d}{2\sigma'_0}\right)_{\text{lab}} \tag{2.32}$$

式中：$(\sigma_d/2\sigma'_0)$ 为动三轴试验得出的液化应力比；σ'_0 为固结压力；σ' 为初始有效土重压力，饱和状态下可由浮容重 γ' 计算，即 $\sigma'=\gamma' h$。

比较式（2.31）或式（2.32）以及式（2.27）的结果，如果 $\tau_l\leqslant\tau_{av}$，则发

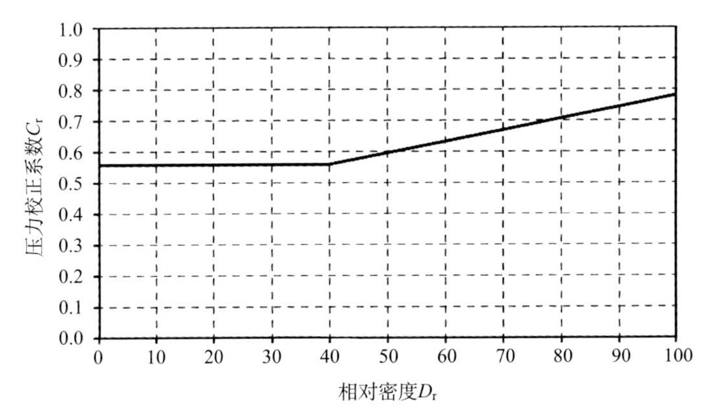

图 2.28　砂土应力校正系数 C_r 与相对密度 D_r 关系

生液化；如果 $\tau_1 > \tau_{av}$，则不发生液化。

由室内动三轴试验结果，借用 Seed 砂土液化简化判别方法，将不同埋深饱和砂砾石料等效地震应力及其抗液化应力的计算结果对比列于表 2.9 中。从表中可以看出，随着深度增加，砂砾石料的抗地震液化能力逐渐提高，根据 GDS 试验结果，砂砾石料在 7 度地震作用下不会发生地震液化，在 8 度地震作用下，埋深小于 12m 砂砾石料将发生地震液化；而大型动三轴动力试验结果则表明，砂砾石料在 7 度和 8 度地震作用下都不会发生液化。这说明，砂砾石料的缩尺效应对其抗地震液化能力具有显著影响，Seed 评价砂土液化的简化判别方法不宜直接用于评价砂砾石料抗地震液化能力，有必要考虑砂土与砂砾石料的级配差异性对其进行修正。对于砂砾石料，至少应考虑砂砾石料的含砾量、级配、最大颗粒粒径及相对密度等因素的影响。

表 2.9　等效地震应力与不同试验仪器得出的砂砾石料抗地震液化能力比较

深度/m	7 度			8 度		
	τ_1		τ_{av}	τ_1		τ_{av}
	NS1500	GDS		NS1500	GDS	
12	4.03	3.22	1.47	3.88	2.93	2.94
15	4.97	3.93	1.64	4.81	3.58	3.29
20	6.34	4.79	1.76	6.20	4.38	3.52

2.5.3　砂砾石料地震液化简化判别方法

Seed 的砂土液化简化判别方法主要思路是对比地基下某深度处的等效地震应力和抗液化剪应力。等效地震应力由总上覆压力乘以地震动峰值加速度，再乘以随深度变化的应力折减系数得出，其中应力折减系数主要与深度有关，若不予以修正，则地震后的现场调查结果表明基于砂土所建立的地震等效应力将低估地震对砂砾石料的破坏力。抗液化应力由上覆有效应力乘以动力试验得出的液化应力比再乘以考虑相对密度的应力校正系数得出，其中液化应力比随含砾量及试样粒径的增大而增大，显然室内试验所用级配、含砾量及最大粒径与现场条件越接近，得出的抗液化应力比也就越接近现场砂砾石料的真实抗液化应力比，若不对砂砾石料抗液化应力修正系数进行修正，那么基于砂砾石料试验结果所得出的抗液化能力与真实砂砾石料的抗液化应力也就越接近，而与砂土抗液化能力的差异也就越明显。由此可以看出，Seed 建立的砂土液化评价体系计算砂砾石料抗液化剪应力和等效地震应力的计算条件并不一致。如果基于上述计算结果对砂砾石料进行抗地震液化能力评价，无疑将高估抗地震液化应力，却低估砂砾石料的等效地震应力，从而得出偏于危险的结果。因此用 Seed 砂土液化简化判别方法对砂砾石料抗地震液化能力进行判别时，应对其地震等效应力和抗液化应力进行修正。

可行的修正方式有三种，最理想的方式是将地震等效应力和抗液化应力向真值折减，进而建立新的砂砾石料地震液化评价方法，但该途径难度较大，研究基础并不扎实，需要具有与现场条件（如最大粒径、级配、含砾量等）较好匹配的试验手段和试验工具。其次，可以采用与现场同样级配、含砾量及最大粒径的砂砾石料进行试验，以取得与真实的砂砾石料抗液化应力相接近的结果，修正随深度折减应力系数以取得合理的地震等效应力，但该方法同样需要具有与现场条件较好匹配的试验手段和试验工具，目前推广应用难度也较大。此外，还可以保持地震等效应力计算结果不变而根据所采用的试验手段将砂砾石料的抗液化应力向砂土折减，该途径的优势在于可以在现有试验条件下研究砂砾石料的抗液化能力，便于推广应用。本书采用第三种修正方式，对相对密度有关的 Seed 应力折减系数进行修正。

与砂土不同，考虑现场条件与室内外试验条件之间差别的应力校正系数不仅与相对密度有关，还与级配、最大颗粒粒径及砂砾料的含砾量有关，用 Seed 砂土液化简化判别方法对砂砾石料抗地震液化能力进行判别时，需综合考虑上述因素后对反映室内试验与现场条件之间差异的应力校正系数 C_r 进一步修正。在保持地震等效应力计算结果不变的前提下，将砂砾石料的抗液化应力向砂土折减，以保证等效地震应力与抗液化应力是基于相近似的标准得出的，这样在计算砂砾石料抗液化应力时，随着试验级配、含砾量及试样最大粒径增大，室内试验得出的抗液化应力比也就越大，向砂土折减的幅度也就越大。

研究表明[33,35]，砂砾石料大于 5mm 的颗粒含量对其液化特性影响显著，故以大于 5mm 粒径含量 P_5 代表砂砾石含砾量，以级配曲线的曲率代表级配特性，由此得出如下关系式：

$$C_{rg}=C_rF\left[(P_5)_f,(P_5)_l,(P_5)_s,(C_u)_f,(C_u)_l,(d_{max})_f,(d_{max})_l\right] \tag{2.33}$$

式中：C_{rg}为砂砾石料的应力校正系数；$(P_5)_f$ 为现场含砾量，$(P_5)_l$ 为室内试验含砾量；$(P_5)_s$ 为砂土含砾量；$(C_u)_f$ 为现场砂砾石料级配不均匀系数；$(C_u)_l$ 为室内试验砂砾石料级配不均匀系数；$(d_{max})_f$ 为现场砂砾石料的最大粒径，$(d_{max})_l$ 为室内试验所用颗粒最大粒径；C_r 为砂土的应力校正系数。

反映因室内试验制样缩尺导致的砂砾石料含砾量与现场含砾量差异的应力校正系数 C_{rg}可由如下关系式表示：

$$C_{rg}=C_r\cdot\frac{(P_5)_l+1}{(P_5)_f+1}\cdot F'\left[(P_5)_l,\ (P_5)_s,\ (C_u)_f,\ (C_u)_l,\ (d_{max})_f,\ (d_{max})_l\right] \tag{2.34}$$

需要指出的是，在用 Seed 砂土液化简化判别方法对砂砾石料抗地震液化能力进行判别时，还应根据 Seed 建立砂土液化简化判别方法时所对应的砂土含砾量对砂砾石料的应力校正系数再次进行折减，从而有

$$C_{rg}=C_r\cdot\frac{(P_5)_1+1}{(P_5)_f+1}\cdot\frac{(P_5)_s+1}{(P_5)_f+1}\cdot F''[(C_u)_f,(C_u)_1,(d_{max})_f,(d_{max})_1] \tag{2.35}$$

由于砂土含砾量一般可假定为 0，故式（2.35）可简化为

$$C_{rg}=C_r\cdot\frac{(P_5)_1+1}{[(P_5)_f+1]^2}\cdot F''[(C_u)_f,(C_u)_1,(d_{max})_f,(d_{max})_1] \tag{2.36}$$

为考虑室内试验级配和最大粒径与现场真实情况的差异，建议采用下述公式：

$$F''[(C_u)_f,(C_u)_1,(d_{max})_f,(d_{max})_1]=\sqrt{\left[\frac{(C_u)_1}{(C_u)_f}\right]^{\left[\frac{(d_{max})_f}{(d_{max})_1}\right]}} \tag{2.37}$$

故砂砾石料的应力校正系数可以最终表示为

$$C_{rg}=C_r\cdot\frac{(P_5)_1+1}{[(P_5)_f+1]^2}\cdot\sqrt{\left[\frac{(C_u)_1}{(C_u)_f}\right]^{\left[\frac{(d_{max})_f}{(d_{max})_1}\right]}} \tag{2.38}$$

显然，当判别对象为砂土时，$P_5=0$，$(C_u)_f=(C_u)_1$，$(d_{max})_f=(d_{max})_1$，式（2.38)退化为 $C_{rg}=C_r$。

根据图 2.26 给出的级配曲线，由式（2.38）可分别计算出上述大型三轴试验及 GDS 试验所对应的砂砾石料应力校正系数 C_{rg}，即

$$(C_{rg})_{NS1500}=0.6376C_r \tag{2.39}$$

$$(C_{rg})_{GDS}=0.8458C_r \tag{2.40}$$

式（2.39）和式（2.40）表明，在用 Seed 砂土液化简化判别方法对砂砾石料抗地震液化能力进行判别时，随着含砾量及试样最大粒径增大，应力修正系数反而越小。采用修正后的应力校正系数 C_{rg}，根据大型三轴试验及 GDS 试验结果，对砂砾石料抗地震液化能力进行了重新计算，结果见表 2.10。

表 2.10 采用 C_{rg}进行修正的砂砾石料抗地震液化能力比较

深度/m	7 度			8 度		
	τ_l		τ_{av}	τ_l		τ_{av}
	NS1500	GDS		NS1500	GDS	
12	2.57	2.72	1.47	2.47	2.48	2.94
15	3.17	3.32	1.64	3.07	3.03	3.29
20	4.04	4.05	1.76	3.95	3.70	3.52

由表2.10可以看出，采用修正后的应力校正系数C_{rg}，根据大型三轴试验及GDS试验结果计算得出的相对密度为0.77的砂砾石料在8度地震烈度条件下，埋深15m以上部位都有可能发生地震液化，这与汶川地震后的震害调查结果相近，表明建议的砂砾石料地震液化简化判别方法是合理的。

2.6 先期振动对堆石料变形特性的影响

我国已建和在建的百米以上高土石坝大多位于高地震烈度区，确保这些高坝大库的地震安全至关重要。调查表明，破坏性地震呈现明显的周期性，即在一次主震后往往伴随数量众多的余震。墨西哥的La Villita和Infiernillo黏土心墙堆石坝建成后1975～1981年经历多次地震作用[44,45]；我国2008年汶川“5·12”特大地震，主震达8.0级，主震后又发生6级以上余震5次、4级以上余震数百次，位于震中附近坝高为156m的紫坪铺混凝土面板堆石坝的原型观测资料表明，主震导致该大坝坝顶产生684mm沉降，但各次余震产生的沉降量仅在60mm左右[46]。智利的Cogoti坝1938年建成，曾经历过4次地震，其中以1943年地震（8.3级地震）影响最大[47]。日本的皆濑坝1963年建成，至1983年共经历过6次地震，在1964年男鹿地震中坝体沉降为0.7cm，新潟地震使面板接缝轻微损伤、坝顶路面开裂，坝体沉降6.1cm，水平变位4cm，渗流量由地震前的90L/s增加到220L/s；而在此之后的几次地震中，均未发生明显的影响[48]。从以上案例可以发现，先期地震对土石坝的变形特性具有明显的影响。

汪闻韶[49]是国内外较早开展先期振动对砂土强度变形特性影响研究的学者，他将饱和砂样预振动一定时间，并排除任何剩余孔隙水压力后，在不排水条件下施加同样强度的振动，记录其最终稳定孔隙水压力。试验结果表明，饱和砂土在振动作用下产生的孔隙水压力与它的密度并不成单一关系，而是受到先期振动的影响。先期振动改变了砂土颗粒的排列形式，使砂土骨架结构趋于更加稳定的状态，使其强度与抵抗变形的能力得到提高。赵冬等[50]的试验结果也表明，对应于与先期振动强度完全相同的后期振动，经历过先期振动试样的后期振动孔压增量随先期振动孔压的增加而减小。石原研而[51]通过双向振动三轴循环剪切试验研究了饱和砂土经受先期振动后抗液化能力的变化。试验结果表明，饱和砂土经受先期循环荷载作用后，再经受循环荷载作用的抗液化能力明显得到提高，其提高的程度不仅与先期振动的幅值有关，也与先期振动的方向有关。

早期土动力学界对于先期振动影响的研究主要集中在砂土抗液化能力的变化方面[50,51]，汶川地震中紫坪铺面板堆石坝在遭受主震和历次余震后的变形观测资料表明，先期地震对于土石坝筑坝材料的抵抗变形能力也具有十分显著的影响，本节分别采用大型振动三轴仪对经历先期循环荷载作用的砂砾石料及花岗岩料再次经受循环荷载作用的变形特性进行试验研究，以期深入揭示先期振动对土石料变形特性的影响机理与影响因素，从而为土石坝的震后加固修复及地震安全评价提供技术支持。

2.6.1　试验材料与试验过程

粗颗粒料的动力特性试验在大型振动三轴试验仪器上完成，试样尺寸为Φ300mm×700mm。根据试验要求的干密度、试样的尺寸和级配曲线（图2.29）计算所需试样，分60～40mm、40～20mm、20～10mm、10～5mm、5～0mm五种粒径范围称取试样，将备好的试样分成五等份，混合均匀。将透水板放在试样底座上，打开进水阀，使试样底座透水板充水至无气泡溢出，关闭阀门。在底座上扎好橡皮膜，安装成型筒，将橡皮膜外翻在成型筒上，在成型筒外抽气，使橡皮膜紧贴成型筒内壁。装入第1层试样，均匀抚平表面，用振动器进行振实，振动器底板静压为14kPa，振动频率为40Hz，电机功率为1.2kW，根据试样要求的干容重控制振动时间，再以同样方法填入第2层土样，如此继续，共分5层装入成型筒内，整平表面，加上透水板和试样帽，扎紧橡皮膜，去掉成型筒，安装压力室，开压力室排气孔，向压力室注满水后，关闭排气孔。打开排水阀，先对试样施加35kPa的侧压力，然后逐级施加侧向压力和轴向压力，直到侧向压力和轴向压力达到预定压力。

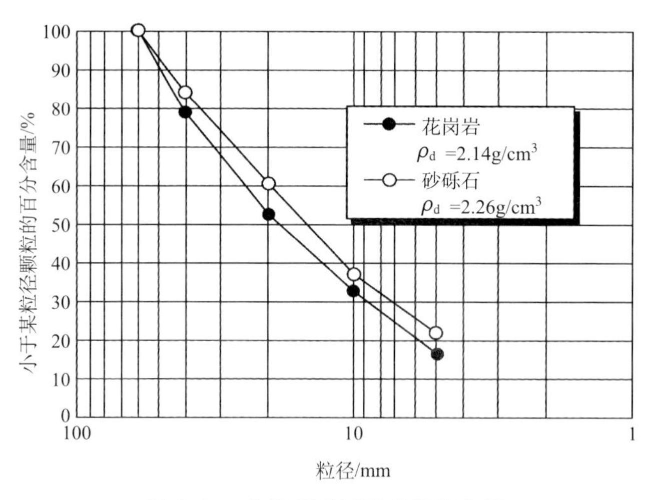

图2.29　先期振动试验的级配曲线

试样固结比分别取为1.5和2.5，固结比1.5试样动应力取0.4倍围压动应力为初级动应力，0.8倍围压为增大一级动应力；固结比2.5试样动应力取0.5

倍围压动应力为初级动应力，1.0 倍围压为增大一级动应力。试验围压分别采用 300kPa、600kPa、1000kPa 及 1500kPa。试样固结稳定后，在排水条件下分别对试样施加动应力（振动频率 0.1Hz，输入波形采用正弦波），直至预定振次（30 次）停止振动，以模拟坝体经受的先期地震作用。为模拟地震作用后的土石坝所对应的应力状态，控制试样围压、初始应力水平不变，使经受一次动力作用后的试样进一步固结，待固结稳定后再在排水条件下对试样施加动应力。

2.6.2 试验结果分析

本次试验的典型结果如图 2.30 所示，图中标记的含义为：①排水条件下，固结比分别为 1.5 和 2.5 的粗颗粒料在不同围压下，直接经历 0.8 或 1.0 倍围压动应力的动力变形试验，图中标记为 0，模拟大坝蓄水后堆石体在地震作用下的动力变形特性；②排水条件下，固结比分别为 1.5 和 2.5 的粗颗粒料在不同围压

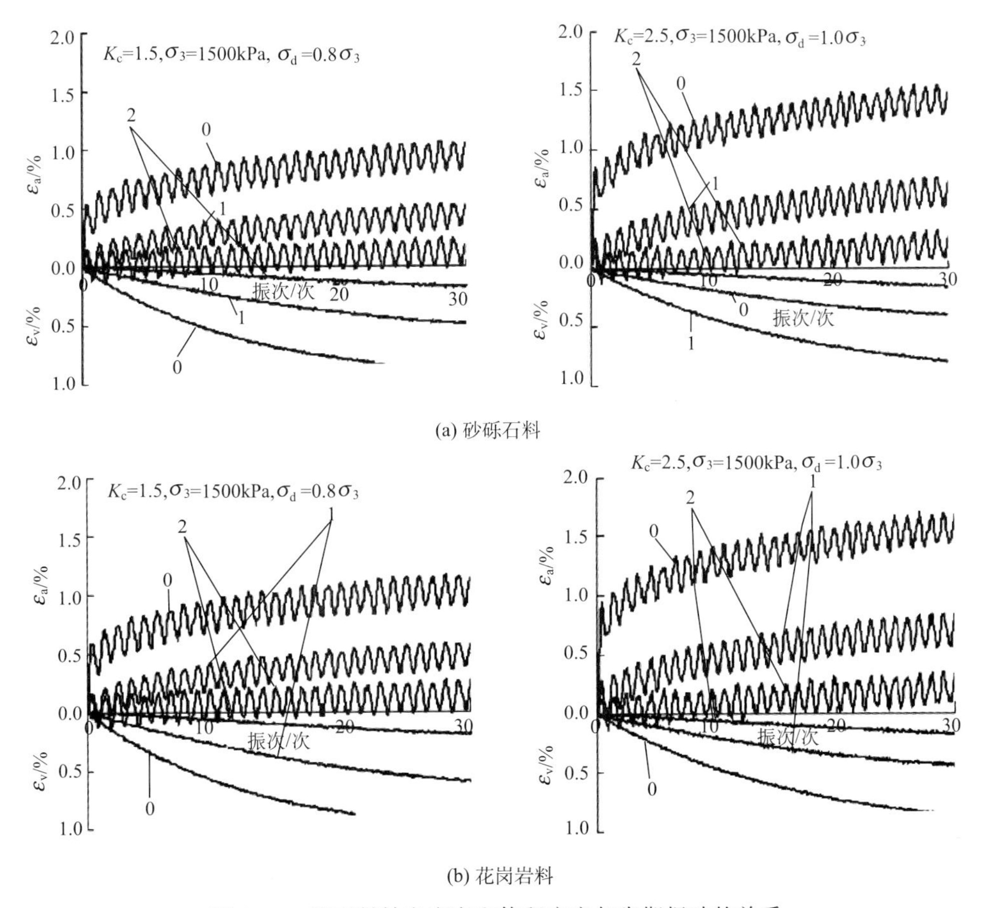

图 2.30　堆石料轴向应变和体积应变与先期振动的关系

下经历一次 0.4 或 0.5 倍围压动应力作用变形稳定后，再经历 0.8 或 1.0 倍围压动应力的动力变形试验，图中标记为 1，以模拟粗颗粒在经历一次低一级地震后在高一级地震作用下的动力变形特性；③排水条件下，固结比分别为 1.5 和 2.5 的粗颗粒料在不同围压下经历一次 0.8 或 1.0 倍围压动应力作用变形稳定后，再经历 0.8 或 1.0 倍围压动应力的动力变形试验，图中标记为 2，以模拟粗颗粒在经历一次地震后再次承受相同级别地震的动力变形特性。表 2.11 列出了砂砾石料及花岗岩料在不同固结比、不同围压、不同初始动应力作用下的最大轴向应变及最大体积应变，并给出了不同先期动应力条件下最大轴向动应变及最大体积应变的降幅。

表 2.11　不同动应力和先期振动条件时堆石料轴向应变和体积应变

坝料	固结比	围压/kPa	轴向应变					体积应变				
			(0)/%	(1)/%	(2)/%	1 降幅/%	2 降幅/%	(0)/%	(1)/%	(2)/%	1 降幅/%	2 降幅/%
砂砾石料	1.5	300	0.45	0.25	0.11	45	76	0.40	0.24	0.07	39	82
		1000	0.68	0.43	0.20	36	71	0.64	0.44	0.13	31	79
		1500	1.07	0.54	0.25	49	76	0.93	0.49	0.18	47	81
	2.5	300	0.76	0.38	0.17	50	78	0.38	0.20	0.09	49	77
		600	0.99	0.52	0.20	47	80	0.50	0.33	0.10	35	80
		1000	1.13	0.70	0.28	38	75	0.63	0.39	0.13	38	80
		1500	1.55	0.77	0.32	50	79	0.80	0.41	0.17	49	79
花岗岩料	1.5	300	0.17	0.06	0.09	48	64	0.28	0.07	0.14	49	75
		600	0.41	0.14	0.23	45	67	0.50	0.09	0.24	52	82
		1000	0.68	0.20	0.43	36	71	0.52	0.13	0.27	49	75
		1500	1.07	0.25	0.54	49	76	0.93	0.18	0.54	42	81
	2.5	300	0.76	0.17	0.38	50	78	0.38	0.09	0.20	49	77
		600	0.99	0.20	0.52	47	80	0.50	0.10	0.27	45	80
		1000	1.13	0.28	0.70	38	75	0.70	0.13	0.39	45	82
		1500	1.55	0.32	0.77	50	79	0.80	0.17	0.41	49	79

注：(0) 代表初次动应力为 0 倍围压，(1) 代表初次动应力为 0.4 或 0.5 倍围压，(2) 代表初次动应力为 0.8 或 1.0 倍围压。1 降幅=((0)−(1))/(0)×100；2 降幅=((0)−(2))/(0)×100

从上述结果可以发现：①经受过先期动应力作用的土石料，再次经受动应力作用时，其抵抗变形的能力明显提高，抵抗变形能力提高的幅值与土石料本身的性质、再次经受的动应力与先期动应力的比值等因素有关。②砂砾石料和花岗岩料再次承受 2 倍于先期动应力的更大动应力作用，其抵抗变形能力的提高幅度均超过 30%，经先期动应力作用后，砂砾石料和花岗岩料如再次承受与先期动应力大小相同的动应力，其抵抗变形能力的提高幅度则超过 70%。土石料经受先期振动后抵抗变形的能力提高的主要原因是，在初始动应力作用下，土石料颗粒破碎及试样内部重定向排列大部分已经完成，密实度明显提高，再次经受动应力作用时，土石料颗粒破碎的程度将降低，试样内部重定向排列得难度将加大，从而使得其变形量减小，抵抗变形的能力提高。后期动应力与先期动应力越接近，后期动应力再次导致土石料颗粒破碎和使得试样内部重定向排列的能力越低。

2.6.3　先期振动作用后粗粒土石料的变形规律

前述研究表明粗粒料在先期振动作用下再次遭遇地震荷载作用时，抵抗变形能力的增加量与先后期振动荷载的大小有关，后期振动荷载较先期振动荷载增大，抵抗变形能力的增加量降低，后期振动导致的粗粒料振动残余变形增量将愈大；后期振动荷载较先期地震荷载愈接近（甚至小于先期地震荷载），抵抗变形能力增幅愈大，后期振动导致的粗粒料振动残余变形增量将减小。前文分别得出了后期振动为 1 倍及 2 倍前期振动的试验结果，为进一步研究后期振动小于先期振动条件下粗粒料的变形特性，针对砂砾石料进行了后期振动荷载是 0.5 倍先期振动荷载的动力试验，以研究粗粒料在先期地震主震作用下变形稳定后，再经受较小余震作用时的变形特性。表 2.12 中列出了不同动应力比值时的后期变形与先期变形的比值。

表 2.12　不同先期动应力比作用下粗粒料变形降幅

后期动应力/先期动应力 $\sigma_d^{(2)}/\sigma_d^{(1)}$	0.0	0.5	1.0	2.0
后期变形/先期变形 $\varepsilon_v^{(2)}/\varepsilon_v^{(1)}$	0.00	0.05	0.24	0.55

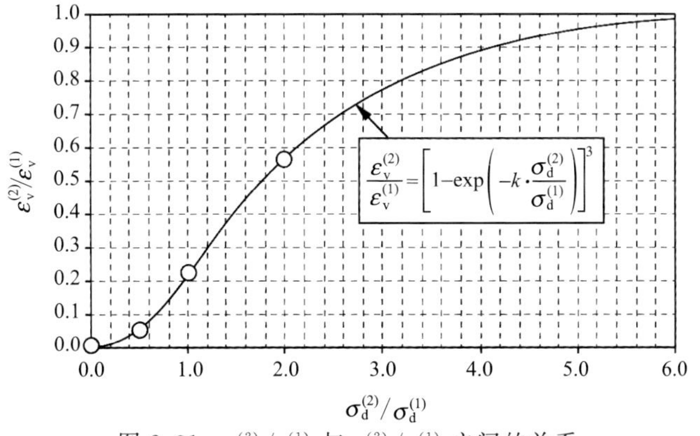

图 2.31　$\varepsilon_v^{(2)}/\varepsilon_v^{(1)}$ 与 $\sigma_d^{(2)}/\sigma_d^{(1)}$ 之间的关系

为描述先期振动对堆石料变形规律的影响，可引入下述函数拟合动应力比 $\sigma_d^{(2)}/\sigma_d^{(1)}$ 和变形比 $\varepsilon_v^{(2)}/\varepsilon_v^{(1)}$ 之间的关系：

$$\frac{\varepsilon_v^{(2)}}{\varepsilon_v^{(1)}}=\left[1-\exp\left(-k\,\frac{\sigma_d^{(2)}}{\sigma_d^{(1)}}\right)\right]^3 \tag{2.41}$$

式中：k 是一参数，反映堆石料经先期动应力后，再次经受动应力作用时，其内部颗粒重定向排列以及颗粒破碎的难易程度。根据表 2.12 中的数据可拟合出 k 值，即 $k=0.876$，图 2.31 中对比了式（2.40）和试验结果，可以看出建议的先期振动对堆石料抵抗变形能力影响的表达式是大体合理的。

参考文献

[1] 陈生水，张建卫，蔡正银. 2014. 高土石坝堆石料抗震特性多功能试验仪 [P]：中国，ZL 2013 1 0699956. 0.

[2] 陈生水，杨德明，李国英. 2014. 堆石料劣化大型三轴剪切试验仪 [P]：中国，ZL 2013 1 0700062. 9.

[3] 陈生水，章为民，傅华. 高土石坝试验新技术及工程应用 [R]. 南京水利科学研究院，2013.

[4] 陈生水，霍家平，章为民. "5·12" 汶川地震对紫坪铺混凝土面板坝的影响及原因分析 [J]. 岩土工程学报，2008，30（6）：795-801.

[5] Gajo A. The influence of system compliance on collapse of triaxial sand samples [J]. Canadian Geotechnical Journal，2004，41：257-273.

[6] Zhow W，Chang X L，Zhow C B. Creep analysis of high concrete-faced rockfill dam [J]. International Journal for Numerical Methods in Biomedical Engineering，2010，26（11）：1477-1492.

[7] Clements R P. Post-construction deformation of rockfill dams [J]. Journal of Geotechnical Engineering，1984，110：821-840.

[8] Nobari E S，Duncan J M. Effect of reservoir filling on stresses and movements in earth and rockfill dams [R]. Berkeley：Department of Civil Engineering，University of California. TE-72-1，1972.

[9] Watts K S. A device for automatic logging of volume change in large scale triaxial tests [J]. Geotechnical Testing Journal，1980，3（1）：41-44.

[10] Gachet P，Geiser F，Laloui L. Automatic digital image processing for volume change measurement in triaxial cells [J]. Geotechnical Testing Journal，2007，30（2）：1-6.

[11] Yin J H. A double cell triaxial system for continuous measurement of volume changes of an unsaturated or saturated soil specimen in triaxial testing [J]. Geotechnical Testing Journal，2003，26（3）：1-6.

[12] 陈生水，韩华强，傅华. 循环荷载作用下堆石料应力变形特性研究 [J]. 岩土工程学报，2010，32（8）：1151-1157.

[13] Marsal R J. Large scale testing of rockfill materials [J]. Journal of the soil mechanics and foundations division, ASCE, 1967, 93 (2): 27-43.

[14] 程展林，丁红顺，吴良平. 粗粒土试验研究 [J]. 岩土工程学报，2007，29 (8): 1151-1158.

[15] Hardin B O. Crushing of soil particles [J]. Journal of Geotechnical Engineering, 1985, 111 (10): 1177-1192.

[16] 刘汉龙，秦红玉，高玉峰. 堆石粗粒料颗粒破碎试验研究 [J]. 岩土力学，2005，26 (4): 562-566.

[17] 陈生水，傅中志，韩华强. 一个考虑颗粒破碎的堆石料弹塑性本构模型 [J]. 岩土工程学报，2011，33 (10): 1489-1495.

[18] Lade P V. Assessment of test data for selection of 3-D failure criterion for sand [J]. International Journal for Numerical and Analytical Methods in Geomechanics, 2006, 30: 307-333.

[19] Taylor D W. Fundamentals of soil mechanics [M]. New York: John & Wiley, 1948.

[20] Fu Z Z, Chen S S, Peng C. Modeling cyclic behavior of rockfill materials in a framework of generalized plasticity [J]. International Journal of Geomechanics, 2014, 14 (2): 191-204.

[21] 沈珠江，徐刚. 堆石料的动力变形特性 [J]. 水利水运科学研究，1996，(2): 143-150.

[22] 顾淦臣，沈长松，岑威钧. 土石坝地震工程学 [M]. 北京：中国水利水电出版社，2009.

[23] 韩华强. 高土石坝坝体及坝基土石料强度变形特性研究 [D]. 博士学位论文，南京水利科学研究院，2012.

[24] Nakata Y, Hyodo M. Microscopic particle crushing of sand subjected to high pressure one-dimensional compression [J]. Soils and Foundations, 2001, 41 (1): 69-82.

[25] 郭庆国. 粗粒土的抗剪强度特性及其参数. 中国土木工程学会第六届土力学及基础工程学术会议论文集 [C]. 上海：同济大学出版社，1991: 29-36.

[26] 吴京平. 颗粒破碎对钙质砂变形及强度特性的影响 [J]. 岩土工程学报，1997，19 (5): 49-55.

[27] 魏松，朱俊高. 粗粒料三轴湿化颗粒破碎试验研究 [J]. 岩石力学与工程学报，2006，25 (6): 1252-1258.

[28] Lee K L, Farhoomand I. Compressibility and crushing of granular soil in anisotropic triaxial compression [D]. Canadian Geotechnical Journal, 1967, 4: 69-86.

[29] Hardin B O. Crushing of soil particles [J]. Journal of Geotechnical Engineering, 1985, 111 (10): 1177-1192.

[30] Einav I. Breakage mechanics-Part Ⅰ: Theory [J]. Journal of the Mechanics and Physics of Solids, 2007, 55: 1274-1297.

[31] Einav I. Breakage mechanics-Part Ⅱ: Modeling granular materials [J]. Journal of the Mechanics and Physics of Solids, 2007, 55: 1298-1320.

[32] Wood D M, Maeda K. Changing grading of soil: effect on critical state [J]. Acta Geotechnica. 2008, 3 (3): 3-14.

[33] 汪闻韶，常亚屏，左秀泓. 饱和砂砾料在振动和往返加荷下的液化特性 [C]. 水利水电科

学研究院论文集第 23 集. 北京：中国水利水电出版社，1986：195-203.
[34] 朱晟. 土石坝震害与抗震安全 [J]. 水力发电学报，2011，30 (6)：40-51.
[35] 徐斌. 饱和砂砾石料液化及液化后特性试验研究 [D]. 博士学位论文. 大连理工大学，2007.
[36] 袁晓铭，曹振中，孙锐. 汶川 8.0 级地震液化特征初步研究 [J]. 岩石力学与工程学报，2009，28 (6)：1288-1296.
[37] 刘令瑶，李桂芬，丙东屏. 密云水库白河主坝保护层地震破坏及砂料振动液化特性 [C]. 水利水电科学研究院论文集第 8 集. 北京：中国水利水电出版社，1986：46-54.
[38] Lin Ping-Sien, Chang Chi-Wen, Chang Wen-Jong. Characterization of liquefaction resistance in gravelly soil: Large hammer penetration test and shear wave velocity approach [J]. Soil Dynamics and Earthquake Engineering, 2004, 24: 675-687.
[39] Hatanaka M, Uchida A, Oh-oka H. Correlation between the liquefaction strengths of saturated sands obtained by in-situ freezing method and rotary-type triple tube method [J]. Soils and Foundations, 1995, 35 (2): 67-75.
[40] Suzuki T, Topki S. Effects of preshearing on liquefaction characteristics of saturated sand subjected to cyclic loading [J]. Soils and Foundations, 1984, 24 (5): 16-28.
[41] Harder J L F. Application of the Becker penetration test for evaluating the liquefaction potential of gravelly soils [R]. National Center for Earthquake Engineering Research (NCEER), 1997.
[42] Seed H B. Idriss I M. Simplified procedure for evaluating soil liquefaction potential [J]. Journal of the Soil Mechanics and Foundations Division, ASCE, 1971, 107 (SM9): 1249-1273.
[43] Seed H B. Consideration in the earthquake resistance design of earth and rockfill dams [J]. Géotechnique, 1979, 3: 215-263.
[44] 陈生水，沈珠江. 堆石坝地震永久变形分析 [J]. 水利水运科学研究，1990，3：277-286.
[45] Elagmal A W. Three-dimensional seismic analysis of La Villita Dam [J]. Journal of Geotechnical Engineering, 1992, 118 (2): 1937-1958.
[46] 陈生水，霍家平，章为民. "5·12" 汶川地震对紫坪铺混凝土面板坝的影响及原因分析 [J]. 岩土工程学报，2008，30 (6)：795-801.
[47] Arrau L, Ibarra I, Noguera G. Performance of Cogoti dam under seismic loading [C] // Concrete Face Rockfill Dams-Design, Construction and Performance, 1985: 1-14.
[48] 刘小生，王钟宁，汪小刚. 面板坝大型振动台模型试验与动力分析 [M]. 北京：中国水利水电出版社，2005.
[49] 汪闻韶. 饱和砂土振动孔隙水压力试验研究 [J]. 水利学报，1962，2：37-47.
[50] 赵冬. 地震期间饱和砂孔隙水压力增长规律估测方法和先期振动影响 [J]. 水利学报，1988：54-57.
[51] Ishihara K, Okada S. Effects of large preshearing on cyclic behavior of sand [J]. Soils and Foundations, 1982, 22 (3): 109-125.

第3章 土石坝地震响应与破坏机理离心模型试验方法与应用

3.1 概 述

土石坝在强震作用下不可避免将出现损伤，甚至发生危及坝体安全的严重破坏，因此深入研究其地震响应特点和破坏机理，以及土石坝在地震作用下容易损伤或破坏的部位及其原因，不仅有助于进一步提高土石坝的抗震设计与施工水平，也可为采取有效的抗震措施以及制定震后应急抢险预案提供重要依据。

目前，研究土石坝地震响应和破坏机理主要有三条途径：一是震害调查，通过大坝地震破坏现象研究分析其地震破坏机理。我国在1975年海城地震、1976年唐山地震以及2008年汶川地震等历次大地震后均针对土石坝震害开展了全面的调查，积累了丰富的土石坝震害资料与数据[1,2]。但由于地震难以预测，更无法控制，故这类研究通常比较表观，且不能重复，难以获取有效的震害监测数据，大多仅为定性描述和判断。二是数值模拟与理论分析[3,4]，即根据室内单元土体的试验结果，找出规律和提出假定，在此基础上建立土体的本构模型并确定其参数，采用有限单元法等数值方法模拟坝体结构的整体力学行为。数值计算方法自20世纪60年代以来发展极为迅速，业已成为工程界研究结构动力学特性的主要手段之一。第三条途径是模型试验方法[5]，主要包括振动台模型试验和离心机振动台模型试验方法。振动台模型试验主要应用于结构力学问题，在研究土工问题时，由于不能满足模型与原型应力水平相差过大，试验结果有时与实际相差甚远[6]。如两河口高土石坝振动台模型试验（1g重力场）表明，坝体表面各监测点的竖向沉降和水平位移都较小，且水平位移明显大于竖向沉降[7]，但国内外高土石坝震害调查资料表明，强震作用下高土石坝一般会发生明显的沉降和水平位移，且竖向沉降多数明显大于水平位移，试验结果与实际明显不符[8]。

为了克服常规振动台模型试验应力水平和原型相差过大的不足，近年来国内外部分学者开始在离心机中安装振动台来研究高土石坝的地震响应与破坏机理[9-16]。2008年，日本学者Iwashira[16]利用离心机振动台模型试验研究了心墙堆石坝（模型堆石坝高40cm，上游坝坡率1∶2.0，下游坝坡率1∶1.7，堆石最大粒径9.75mm）的地震响应与破坏机理。试验在50g的离心机加速度场中进行，上游库水位为坝高的90%。振动台加速度从5g（原型加速度0.1g）开始分6级施加至30g（原型加速度0.6g），以50Hz（原型频率1Hz）的正弦波振动

20 周。试验结果表明，振动加速度从 $5g\sim15g$ 时，堆石体没有发生明显变形；当振动台加速度达 $20g$ 时，上游坝坡顶部堆石体部分石块开始向下滚落，心墙向上游发生明显偏斜；当振动台加速度达到 $30g$ 时，上、下游坝顶部位的堆石均松动滑落，心墙倾向于上游的变形进一步加剧。试验结束后，坝体初始轮廓明显向内收缩，如图 3.1 所示。上述试验结果与我们掌握的心墙堆石坝震害现象极为接近，这表明离心机振动台模型试验结果可以很好地再现土石坝结构的地震响应与破坏机理。值得指出的是，Iwashira 虽给出了心墙堆石坝的地震残余变形发展过程和变形分布规律，但由于试验分析方法的限制，未能给出坝体地震残余变形的数值。

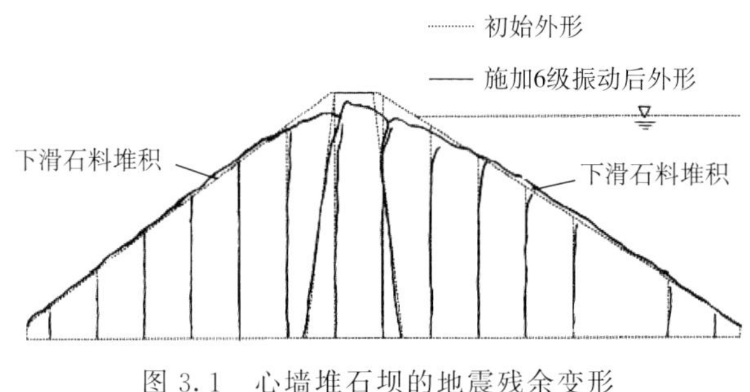

图 3.1　心墙堆石坝的地震残余变形

2001 年，南京水利科学研究院研制成功了我国首台大型离心机振动台模型试验系统，并创建了通过一组不同几何与重力比尺的土石坝小尺度振动台离心模型试验结果推求高土石坝原型地震响应的外延分析方法，使小尺度的振动台离心模型试验技术能应用于高土石坝震害机理及抗震措施有效性验证等问题研究，不仅较好再现了高土石坝的地震动力响应，正确揭示了其破坏机理，而且实现了高土石坝地震动力响应模型试验研究从定性描述到定量分析的跨越。

3.2　土石坝地震响应与破坏机理离心模型试验技术

本节主要介绍国内外离心模型试验技术的发展概况，以及 NHRI-400gt 大型离心机振动台模型试验系统和利用振动台离心模型试验结果推求高土石坝原型地震响应的外延分析方法。

3.2.1　国内外离心模型试验技术的发展概况

早在 1869 年，英籍法国人 Phillips 首先提出了离心模拟的概念，以弹性介质平衡方程推导了模型与原型之间的相似关系，并建议利用该项技术对横跨英吉利海峡的钢桥工程进行可行性研究[17,18]。1931 年，美国哥伦比亚大学 Bucky 采用小比尺模型在很小的离心机上研究了煤矿坑道顶部结构的稳定问题，并于1940年将离心模型试验引入光测弹性力学试验。1932年，前苏联的ПОКРОВСКИЙ在莫斯科水力设计院用离心机研究了土工建筑物的稳定问题[17,18]。第二次世界大战后，数字计算机发展迅猛，数值模拟开始流行，与之相反离心模拟在土木工程中的应用却越来越少，以致在近30年的漫长时期中几乎销声匿迹。

离心模型试验技术在岩土工程中的复兴始于英国。20世纪60年代，Schofield在Luton机场采用直径2.7m的离心机开展了一系列边坡稳定问题研究；1968年，Schofield前往曼彻斯特科技大学建立了一个直径3m的离心机。1970年剑桥大学Roscoe教授[19]在其朗肯讲座中指出，对于自重作用不可忽视的岩土工程，离心模拟技术是一种能够较真实地模拟原型的满意手段，并提出将离心机用于岩土工程性状预测和岩土力学理论验证，在其建议下剑桥大学于1973年建成一台直径10m的大型离心机。其后，Schofield回到剑桥大学，并在近20年时间内负责离心模型试验技术研究与应用，在其领导下，土工离心模型试验技术逐渐在英国和西欧各国、澳大利亚，以及加拿大和美国发展起来。1980年Schofield在其朗肯讲座中对离心模拟的尺寸效应、误差和岩土离心机在检验边值问题中的作用进行了全面的总结[20]。

日本的第一台土工离心机是在Mikasa教授带领下于1964年在大阪市立大学建成的，其目的是验证软黏土的固结理论、研究地基承载力问题和边坡稳定性问题[18]。20世纪80年代初，日本只有5台土工离心机，但在其后的20多年里，离心机的数目及类型有了很大的增长，除大学和研究机构之外，一些私人企业也开始逐渐认识到离心模拟技术的重要作用，在最近10年还陆续有新的离心机建成，总数已超过40台。

我国土工离心机的应用要明显落后于欧洲、美国和日本，直至20世纪80年代初期，南京水利科学院和长江科学院才建成我国首批土工离心机。20世纪90年代前后，中国水利水电科学研究院和南京水利科学研究院相继建成新的大型离心机，如图3.2和图3.3所示。进入21世纪以来，我国又建成土工离心机10余

(a) LXJ-4-450大型土工离心机

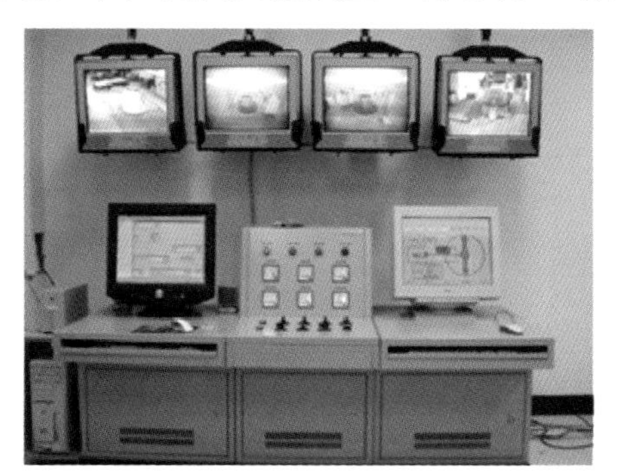
(b) 离心试验系统工作台

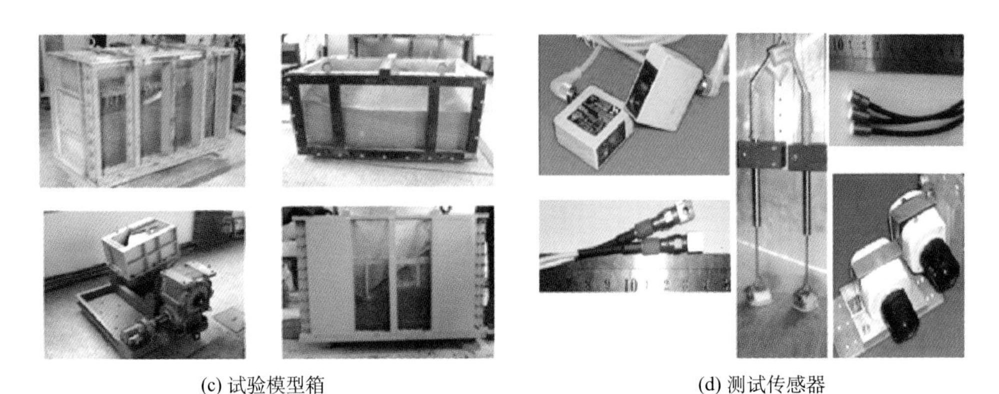

(c) 试验模型箱　　(d) 测试传感器

图 3.2　中国水利水电科学研究院 LXJ-4-450 型大型离心试验系统

(a) NHRI-400gt大型土工离心机

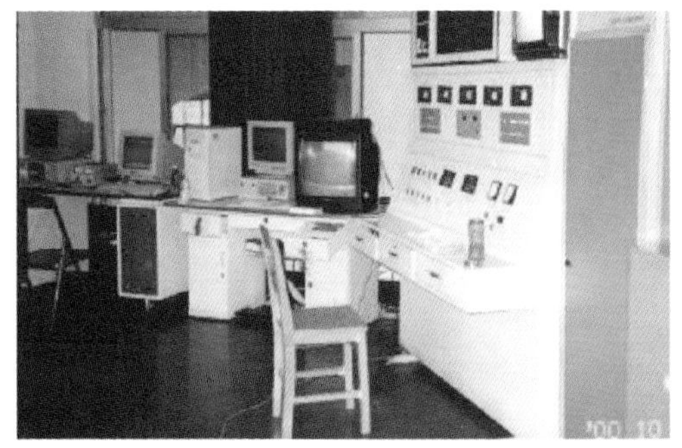

(b) 离心试验系统控制台

(c) 振动台

(d) 模型箱

图 3.3　南京水利科学研究院 NHRI-400gt 大型离心机振动台试验系统

台，这标志着我国离心机技术研发与应用已达到一个新的阶段。表3.1列出了我国土工离心机建设概况与历程[21]。目前，国内已经拥有20台比较常用的离心机，容量在50gt～450gt不等，主要分布在高等院校和水利部门的科研院所，如同济大学2006年建成的离心机容量为150gt，同时包括国内首个油膜滑台单向振动台以及三自由度液压机械手。2011年，中国水利水电科学研究院建成了可在离心机中运行的双向振动台（竖向和水平向）；浙江大学除建成新离心机外，还建成了性能良好的大型单向振动台；长江科学院在其第一台大型离心机建设经验的基础上建成了性能更佳的大型离心机。香港科技大学土工离心机实验室于

表3.1　我国土工离心机建设概况与历程

序号	建设单位	合作研制	旋转半径/m	最大加速度/g	有效载荷/kg	最大容量/gt	建成年份
1	长江科学院	—	3.00	300	500	150	1982
2	南京水利科学研究院	—	2.90	200	100	20	1982
3	河海大学	—	2.40	250	100	25	1982
4	核工业部九院四所	—	10.80	110	3000	330	1985
5	上海铁道学院	上海铁道学院	1.55	200	100	20	1987
6	南京水利科学研究院	航空集团602所	2.00	250	200	50	1989
7	四川大学	中物院总体工程研究所	2.00	250	100	25	1990
8	中国水利水电科学研究院	北京卫星环境工程研究所	5.03	300	1500	450	1991
9	南京水利科学研究院	航空集团602所	5.00	200	2000	400	1992
10	清华大学	航空集团602所	2.00	250	200	50	1992
11	台湾中央大学	—	3.00	200	1000	100	1995
12	香港科技大学	美国	4.20	100	4000	400	2001
13	西南交通大学	中物院总体工程研究所	2.70	100	1000	100	2002
14	长安大学	中物院总体工程研究所	2.70	200	300	60	2004
15	重庆交通大学	中物院总体工程研究所	2.70	200	300	60	2006
16	同济大学	中物院总体工程研究所	3.00	200	750	150	2007
17	大连理工大学（鼓式离心机）	英国	1.40	400	—	—	2007
18	长沙理工大学	中物院总体工程研究所	3.50	150	1000	150	2007
19	浙江大学	中物院总体工程研究所	4.50	150	2700	400	2010
20	长江科学院	中物院总体工程研究所	3.70	200	1000	200	2010
21	成都理工大学	中物院总体工程研究所	5.00	250	2000	500	2010
22	南京水利科学研究院	中物院总体工程研究所	2.70	200	300	60	2011
23	中国地震局工程力学研究所	中物院总体工程研究所	5.50	100	3000	300	2014

2001 年开始运行，拥有当时世界最先进的 400gt 离心机一台，并装备有世界首台双向液压振动台和先进的四轴机器人以及世界领先水平的数据采集和控制系统。

3.2.2 NHRI-400gt 大型离心机振动台模型试验系统

大型振动三轴仪、动剪切仪等试验系统只能进行单元土石体试验，仅能反映土石坝整体结构中一个点的应力变形状态，无法模拟地震荷载作用下土石坝整体结构的动力响应。因此，多年来国内外主要采用地面振动台模型试验研究土石坝地震响应与破坏机理[22-27]。如前所述，土石料的强度变形特性具有显著的压力相关性，应用地面振动台模型试验研究土石坝的破坏机理时，因模型与原型应力水平相差过大，得出的试验结果往往与实际不尽相符。为了突破上述研究困境，2001 年南京水利科学研究院研制成功了我国首台离心机振动台试验系统（NHRI-400gt），如图 3.3 所示，该系统及其主要性能指标见表 3.2，系统的主要组成部分如下：

表 3.2　NHRI-400gt 离心机振动台试验系统主要性能指标

离心加速度/g	振动质量/kg	振动频率/Hz	最大振幅/mm	水平震动加速度/g	振动时间/s	外形尺寸/mm	整机质量/kg	工作台面尺寸/mm	工作台面质量/kg	蓄能器容积/L	回油油箱容积/L
100	200	100	0.5	15	2	1345×990×520	675	700×500	80	25	8

1）400gt 离心机

该机最大半径（吊蓝平台至旋转中心）5.5m，最大加速度 200g，最大负荷 2000kg，吊蓝平台 1100mm×1100mm。该机装有 100 通道的银质信号环，其中 10 路电力环，1 路气压环（20MPa），2 路液压环（20MPa，供水速率 30 L/min），以及 64 路高精度数据采集系统；另外还装配了两套摄像系统，以监控模型和离心机室的变化情况。转臂采用了先进的双铰支跷跷板结构，有一定自调平衡能力，另外该机还配有一套动态调平系统。试验用模型箱的有效尺寸为 1000mm×1000mm×400mm（长×高×宽），其一侧面为有机玻璃窗口，在模型上做好标志后可监控模型的变形。

2）离心机振动台

该振动台由振动台面、作动器、伺服阀、压力源等部分组成。台体结构采用新型的高精密线性滑条，具有较高的支承能力，摩擦系数极小，设计值为 0.01。电液伺服阀是振动台的核心部件，其型号为 FF106 喷水挡板式两级伺服阀，流量为100L/min。用25L的高压蓄能器作为动力源。由计算机、控制柜和安装在伺服油缸上的电液伺服阀、加速度传感器、位移传感器组成信号控制回路。采用位移、速度和加速度三参数闭环控制方式，通过计算机发出指定的振动信号，伺服阀动作，同时依据安装在振动台上的位移和加速度传感器测得的信号反馈对振动状态进行调整，从而实现设定的振动。振动方式可以是规则波也可以是不规则随机波。

3）数据采集系统

（1）普通数据采集系统：该系统由前置调理放大器、前级机及微机组成，其中，前置调理放大器安装在离心机转臂端部靠近挂斗处，便于微弱信号的就近放大，前级机安装在离心机靠近中轴的地方，主要是减小该设备承受的离心力，以便于其在高重力场中能正常工作。而微机则放在控制室中，便于试验过程中随时得到试验数据。试验时，模型中埋设的传感器输出的信号由前置调理放大器放大后送入前级机，由前级机进行A/D转换及实时采集，采集的信号经集流环上传至主机，由主机显示、存储测量结果并进行处理。

（2）高速数据采集系统：一般的地震常常持续几秒至几十秒，用离心模型模拟该过程所需的时间大为压缩（离心机的时空压缩效应），要在极短的时间内把大量的试验数据记录下来，要求数据采集系统有较高的数据采集速度。数据采集系统包括信号调理放大系统、A/D转换与采集系统、上下位计算机的数据交换、控制系统、试验数据处理显示系统。信号调理放大系统选用了美国Qtech公司的5B系列模块技术，该模块的技术特点是抗干扰能力强、稳定性好，适合复杂恶劣的试验条件，有较强的抗冲击能力，耐高温。而且每一通道单独放大调理，避免了各通道之间的相互干扰。A/D转换与数据采集系统也选用了美国Qtech公司的daq-1201高速数据采集卡，该数据采集卡是性能价格比较高的一款产品，采样率为40万次/s，16个采集通道，可以扩充。用网络方式把上位机与下位机连接起来，通过上位机对下位机的所有控制进行操作。

4）闭路电视系统

该系统由高分辨率CCD摄像机、监视器、录像机组成。试验时将高分辨率CCD摄像机安装在离心机转臂端部挂斗上，其镜头对模型箱有机玻璃面，该面为模型侧断面，制模时在模型表面做好测量标志，其标志网格点的坐标由摄像机摄入后经集流环上传至监视器中显示，这样在试验过程中可监视模型在任一时期的变形情况，必要时可用录像机录制整个试验过程，以便于试验后处理。

3.2.3　离心机振动台模型试验外延分析方法

尽管离心机振动台模型试验与常规振动台模型试验相比可大幅提升模型的应力水平，理论基础科学合理；但目前世界上投入使用的离心机振动台工作加速度

一般在 $50g$～$100g$，对于高土石坝等大型工程，由于工程体积巨大，即使根据模型相似律进行 1/50～1/100 的缩尺，模型尺寸、体积、质量仍然远远超出现有离心机振动台工作能力的限制，导致在现有的模型设计方法下，离心机振动台仍然无法直接用于高土石坝等大型工程地震响应与破坏机理及其抗震加固措施有效性验证的试验研究。为此，在大量试验研究、数值模拟和高土石坝地震灾害原型观测资料比较分析的基础上，章为民和陈生水等创建了一套通过模型应力逐渐逼近原型应力，获得原型真实动力反应的高土石坝小尺度动力离心模型试验外延分析方法，突破了上述研究困境[28]。该方法的基本思路为：

（1）设计模型的几何相似比尺。根据土石坝的几何尺寸与振动台台面尺寸的大小确定模型的几何相似比尺 η_l。

（2）设计重力相似比尺。根据离心机振动台的最大工作加速度和最大激振能力，确定最大的重力相似比尺 η_g，将 η_g 平均分为 n（$n \geqslant 4$）等份，得到 η_{1g}，η_{2g}，η_{3g}，η_{4g}，…，η_{ng} 共 n 个模型试验的重力加速度相似比尺。

（3）进行 n 组离心机振动台模型试验。按照几何相似比尺为 η_l，重力相似比尺分别为 η_{1g}，η_{2g}，η_{3g}，η_{4g}，…，η_{ng}，进行 n 组振动台离心模型试验，可得到 n 组重力相似比尺下的试验结果，如 v_1，v_2，v_3，v_4，…，v_n 共 n 组水平位移，以及 n 组沉降、n 组孔隙水压力、n 组应力、n 组地震加速度反应等。

（4）原型真值的推演分析。在完成试验后，对应同一原型物理量可以得到 n 个在不同重力加速度相似比尺条件下的试验结果，如坝体地震残余沉降 S，就有 S_1，S_2，S_3，…，S_n 个试验值，显然这 n 个试验结果是逐渐逼近真值的，当重力加速度相似比尺为 1 时（相当于 $1g$ 的普通地面振动台），试验值距离原型真值最远，试验值与原型真值的差值随重力加速度相似比尺的增加而减小，当重力加速度相似比尺达到 N 时，试验值等于原型真值。按照这一思路，基于不同的重力加速度相似比尺条件下的离心机振动台模型试验结果，应用逐渐逼近理论，通过分析外延的方法可分别导出原型的位移、沉降、地震加速度反应、孔隙水压力、应力等物理量，如图 3.4 所示。

如进行某土石坝的离心机振动台模型试验，可首先根据大坝尺寸与振动台几何尺寸确定模型几何相似比尺 $\eta_l = 1/N = 1/200$，然后根据离心机振动台的工作能力，确定重力相似常数 η_g，假定该离心机振动台的最大工作加速度为 $100g$，则 $\eta_g = N = 100$。如进行 4 组试验，则可将 η_g 进行 4 等份，得到 4 个重力相似常数 $\eta_{1g} = 25$，$\eta_{2g} = 50$，$\eta_{3g} = 75$，$\eta_{4g} = 100$。根据相似理论，在 4 组试验中，$\eta_{4g} = 100$ 的试验结果最接近原型真值，而当 $\eta_g = 200$ 时，试验结果为原型真值。需要指出的是，由于土石料的应力变形特性具有明显的非线性，不同物理量与加速度比尺的变化关系，并不是唯一的函数关系，外延精度的关键在于函数的选择和试验组数的确定。通过对不同函数的比对优选发现，位移、沉降型变量适用双对数

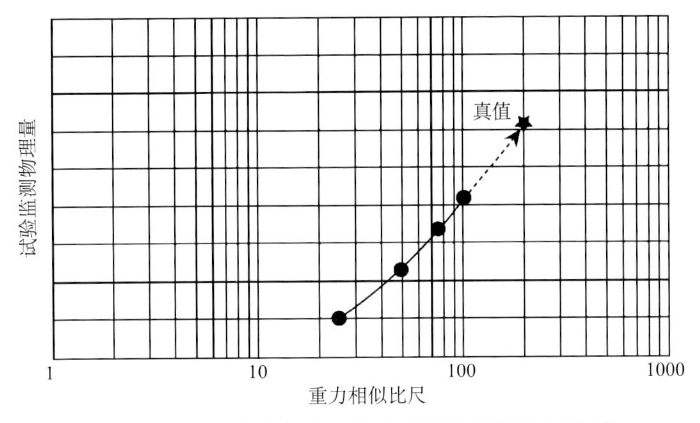

图 3.4　小尺度动力离心模型试验逼近真值示意图

方法外延；应力、加速度类物理量适用单对数外延。为提高外延函数的可靠性，试验组数 n 应大于等于 4。

表 3.3 比较分析了目前常用的土石坝地震动力响应模型试验方法的特点。显然，地面振动台模型试验方法相对简单可行，但由于模型处于单一的 1g 重力加速度场，模型应力与原型相差过大，使得试验结果与高土石坝原型不尽相符；能模拟高土石坝原型应力水平的振动台离心模型试验方法无疑是最能正确反映原型的地震动力响应的试验方法，但目前的技术水平和经济条件尚难以实现；而地震动力离心模型试验外延分析方法尽管不能完全满足模型与原型应力水平一致的要求，但可通过几组逐渐逼近原型应力水平的模型试验结果来外延推求原型坝的地震动力响应，在目前条件下应该是一种合理可行的方法。

表 3.3　土石坝动力模型试验方法比较

	地面振动台模型方法（1g 重力加速度场）	地震动力离心模型试验外延分析方法	一般动力离心模型试验方法
重力相似	不满足	部分满足	满足
应力相似	不满足	部分满足	满足
变形相似	不满足	部分满足	满足
与真值的差	最大	逐渐逼近真值	最小
实现条件	单一重力加速度场	多重力加速度场	无法实现
试验结果	单一值	N 组	—
结果修正	无方法	逐渐逼近	—
理论合理性	不合理	合理	合理
可行性	可行	可行	不可行

3.3 离心模型试验的相似准则

相似准则是离心模型试验的理论基础，它既规定了给定离心加速度下模型的制作要求，也确定了由离心模型试验成果推算原型相应物理量的方法。本节分别推导静力学和动力学问题离心模型试验的比尺关系，并为土石坝中薄板结构的模拟方法提供建议。

3.3.1 静力学问题的相似准则

以变形场和渗流场耦合作用的土体变形情况为例，建立岩土静力学问题离心模拟的相似准则。对于高速旋转的离心机中的土工模型，其平衡方程可表示为

$$(\sigma'_{ij,j})_{\mathrm{m}}+(p_{,i})_{\mathrm{m}}-(\rho g_i)_{\mathrm{m}}=0 \tag{3.1}$$

式中：以 m 为下标者均指该量是离心模型中的物理量；$\sigma_{ij,j}$ 为应力张量 σ_{ij} 对坐标的一阶偏导数；$p_{,i}$ 为孔隙水压力 p 对坐标的一阶偏导数；ρ 为土体的密度；g_i 为离心机旋转产生的加速度。

土骨架的几何方程为

$$(\varepsilon_{ij})_{\mathrm{m}}=\frac{1}{2}[(u_{i,j})_{\mathrm{m}}+(u_{j,i})_{\mathrm{m}}] \tag{3.2}$$

式中：ε_{ij} 为土骨架的应变张量；$u_{i,j}$，$u_{j,i}$ 为土骨架位移对坐标的一阶导数。

土骨架的应力应变通过本构方程相联系，即

$$(\mathrm{d}\sigma_{ij})_{\mathrm{m}}=(D_{ijkl})_{\mathrm{m}}(\mathrm{d}\varepsilon_{kl})_{\mathrm{m}} \tag{3.3}$$

式中：$\mathrm{d}\sigma_{ij}$，$\mathrm{d}\varepsilon_{ij}$ 为土骨架的有效应力增量和应变增量；D_{ijkl} 为土骨架的四阶弹塑性张量。

对于不可压缩孔隙流体，其连续性方程为

$$(\dot{u}_{i,i})_{\mathrm{m}}+(v_{i,i})_{\mathrm{m}}=0 \tag{3.4}$$

式中：物理量上方的点号（·）表示该量对时间的导数；$\dot{u}_{i,i}$ 为土骨架变形速率的散度，具有体积应变率的物理意义；$v_{i,i}$ 为孔隙流体流速的散度，同样具有体积应变率的物理意义。

孔隙流体的流动遵守 Darcy 定律，即

$$(v_i)_{\mathrm{m}}=-(k_{ij})_{\mathrm{m}}(h_{,j})_{\mathrm{m}} \tag{3.5}$$

式中：k_{ij} 为土体的渗透系数张量；$h_{,j}$ 为总水头对坐标的一阶导数。

式(3.5)中总水头可以表示为位置水头和压力水头之和，即

$$(h)_{\mathrm{m}}=(z)_{\mathrm{m}}+\frac{(p)_{\mathrm{m}}}{(\rho_{\mathrm{w}}g)_{\mathrm{m}}} \tag{3.6}$$

式中：ρ_w 为孔隙流体的密度。

现将原型与模型相应物理量之比定义为相似常数，记为 η，如 η_σ，η_ε，η_l，η_u，η_h，η_ρ，η_g，η_t，η_D，η_v，η_p，η_k 分别表示应力、应变、长度、位移、水头、密度、加速度、时间、弹塑性张量、流体流速、孔压以及渗透系数张量的相似常数，则原型土体的控制方程分别为

$$\frac{\eta_\sigma}{\eta_l}(\sigma'_{ij,j})_m+\frac{\eta_p}{\eta_l}(p_{,i})_m-\eta_\rho\eta_g(\rho g_i)_m=0 \tag{3.1'}$$

$$\eta_\varepsilon(\varepsilon_{ij})_m=\frac{\eta_u}{\eta_l}\frac{1}{2}[(u_{i,j})_m+(u_{j,i})_m] \tag{3.2'}$$

$$\eta_\sigma(\mathrm{d}\sigma_{ij})_m=\eta_D\eta_\varepsilon(D_{ijkl})_m(\mathrm{d}\varepsilon_{kl})_m \tag{3.3'}$$

$$\frac{\eta_u}{\eta_l\eta_t}(\dot{u}_{i,i})_m+\frac{\eta_v}{\eta_l}(v_{i,i})_m=0 \tag{3.4'}$$

$$\eta_v(v_i)_m=-\frac{\eta_k\eta_h}{\eta_l}(k_{ij})_m(h_{,j})_m \tag{3.5'}$$

$$\eta_h(h)_m=\eta_l(z)_m+\frac{\eta_p}{\eta_\rho\eta_g}\frac{(p)_m}{(\rho_w g)_m} \tag{3.6'}$$

显然，以式（3.1）～式（3.6）模拟式（3.1′）～式（3.6′）时，相似常数不可任选，只有满足以下关系时才能使模型与原型相似：

$$\frac{\eta_p}{\eta_\sigma}=\frac{\eta_l\eta_\rho\eta_g}{\eta_\sigma}=1 \tag{3.7}$$

$$\frac{\eta_u}{\eta_\varepsilon\eta_l}=1 \tag{3.8}$$

$$\frac{\eta_D\eta_\varepsilon}{\eta_\sigma}=1 \tag{3.9}$$

$$\frac{\eta_t\eta_v}{\eta_u}=1 \tag{3.10}$$

$$\frac{\eta_k\eta_h}{\eta_v\eta_l}=1 \tag{3.11}$$

$$\frac{\eta_l}{\eta_h}=\frac{\eta_p}{\eta_h\eta_\rho\eta_g}=1 \tag{3.12}$$

式（3.12）第一式要求长度和水头具有相同的相似比，考虑到位移具有长度的量纲，故

$$\eta_l=\eta_h=\eta_u \tag{3.13}$$

另外，离心模型试验的基本出发点就是运用与原型相同的材料，并通过模型箱的

高速旋转使模型与原型相同的应力水平，故

$$\eta_\rho = \eta_\sigma = 1 \tag{3.14}$$

这样，如果假定离心加速度为 Ng，即 $\eta_g = 1/N$，则由式（3.7）、式（3.8）、式（3.9）和式（3.12）可以得到孔压、长度、位移、水头、应变、弹塑性张量等的相似常数，如表 3.4 所列。

为了得到孔隙水渗透流速以及固结时间的相似关系，尚需补充渗透系数的比尺关系。注意到式（3.5）中渗透系数可以通过土体固有渗透系数 K 以及液体黏滞系数 μ 得到，即

$$k = K\frac{\rho_w g}{\mu} \tag{3.15}$$

式中：K 为土体固有渗透系数；μ 为孔隙流体的动力黏滞系数。

由于 K 与土体颗粒形状、大小以及排列方式有关，若模型与原型采用相同的土体，则两者固有渗透系数相同。此外，如果两者采用的孔隙流体也相同，则动力黏滞系数亦相同。因此，渗透系数将与加速度具有相同的相似常数，即 $\eta_k = 1/N$。这样，由式（3.10）和式（3.11）可以得到孔隙流体流速和固结时间的比尺关系，也列于表 3.4 中。Khalifa 等曾在不同离心加速度时进行渗透试验，量测到的渗透系数基本正比于离心加速度，故土体固有渗透系数及流体动力黏滞性系数基本是不随离心加速度而变化的。

由表 3.4 可以看出，模型与原型的应变保持一致，故离心模型中土体的塑性区发展及其破坏过程也与原型保持一致。此外，在固结问题中，离心模型孔隙水压力的消散时间仅为原型的 $1/N^2$，故可以利用离心模型试验所具有的“时空压缩效应”来预测原型土体长时间的固结与孔压消散过程。如实际工程需要一年完成的固结，在离心机中采用 $100g$ 的离心加速度，只需要 52min 就可以完成。

表 3.4 静力学问题离心模型试验的相似常数（原型值/模型值）

物理量	密度 ρ	应力 σ	加速度 g	孔压 p	位移 u	水头 H	应变 ε	本构张量 D	渗透系数 k	渗透流速 v	固结时间 t
量纲	$\frac{M}{L^3}$	$\frac{ML^{-1}}{T^2}$	$\frac{L}{T^2}$	$\frac{ML^{-1}}{T^2}$	L	L	—	$\frac{ML^{-1}}{T^2}$	$\frac{L}{T}$	$\frac{L}{T}$	T
相似常数	1	1	$\frac{1}{N}$	1	N	N	1	1	$\frac{1}{N}$	$\frac{1}{N}$	N^2

3.3.2 动力学问题的相似准则

动力学问题的相似准则同样可以通过对控制方程的分析得到，为简单起见，

这里以总应力法为例来推导。土体的动力平衡方程为

$$(\sigma_{ij,j})_m + (\rho\ddot{u}_i)_m + (\alpha\rho\dot{u}_i)_m = -(\rho\ddot{u}_g)_m \tag{3.16}$$

式中：σ_{ij}为土体中的动应力；$\ddot{u}_i$，$\dot{u}_i$ 为土体的相对加速度和速度；$\ddot{u}_g$ 为模型箱中振动台输入的台面加速度；α 为与土体运动速度相关的阻尼系数。

动应变的定义与式（3.2）一致，但其中位移应理解为动位移。土体的动应力与动应变通过下面的黏弹性本构方程相联系，

$$(\sigma_{ij})_m = (D_{ijkl})_m(\varepsilon_{kl})_m + (\beta)_m(D_{ijkl})_m(\dot{\varepsilon}_{kl})_m \tag{3.17}$$

式中：D_{ijkl}为土体中的四阶动本构张量；β 为与土体应变率相关的阻尼系数。

若设动应力、动应变、动位移、速度、加速度、时间、动本构张量、阻尼系数等物理量的相似常数分别为 η_σ，η_ε，η_u，$\eta_{\dot{u}}$，$\eta_{\ddot{u}}$，η_t，η_D，η_α，η_β，则原型土体的动力学控制方程分别为

$$\frac{\eta_\sigma}{\eta_l}(\sigma_{ij,j})_m + \eta_\rho\eta_{\ddot{u}}(\rho\ddot{u}_i)_m + \eta_\alpha\eta_\rho\eta_{\dot{u}}(\alpha\rho\dot{u}_i)_m = -\eta_\rho\eta_{\ddot{u}}(\rho\ddot{u}_g)_m \tag{3.16$'$}$$

$$\eta_\sigma(\sigma_{ij})_m = \eta_D\eta_\varepsilon(D_{ijkl})_m(\varepsilon_{kl})_m + \eta_\beta\eta_D\eta_\varepsilon(\beta)_m(D_{ijkl})_m(\dot{\varepsilon}_{kl})_m \tag{3.17$'$}$$

显然，以式（3.16）和式（3.17）模拟式（3.16′）和式（3.17′）时，相似常数不可任选，只有满足以下关系时才能使模型与原型相似：

$$\frac{\eta_l\eta_\rho\eta_{\ddot{u}}}{\eta_\sigma} = \frac{\eta_l\eta_\alpha\eta_\rho\eta_{\dot{u}}}{\eta_\sigma} = 1 \tag{3.18}$$

$$\frac{\eta_D\eta_\varepsilon}{\eta_\sigma} = \frac{\eta_\beta\eta_D\eta_\varepsilon}{\eta_\sigma} = 1 \tag{3.19}$$

式（3.2′）规定的模型比尺关系式（3.8）同样适用于动力学问题，并给出了动应变的相似常数，即 $\eta_\varepsilon=1$。另外，模型与原型采用了相同的材料，故动本构方程式（3.17）中两个物理量的相似常数满足 $\eta_\beta=\eta_D=1$，故由式（3.19）可知动应力的相似常数为 $\eta_\sigma=1$。这样，由式（3.18）可得

$$\eta_{\ddot{u}} = \frac{1}{\eta_l};\qquad \eta_{\dot{u}} = \frac{1}{\eta_l\eta_\alpha} \tag{3.20}$$

由于

$$\eta_{\ddot{u}} = \frac{\eta_u}{\eta_t\eta_t};\qquad \eta_{\dot{u}} = \frac{\eta_u}{\eta_t} \tag{3.21}$$

故

$$\eta_t = \eta_u = \eta_l;\qquad \eta_{\dot{u}} = 1;\qquad \eta_\alpha = \frac{1}{\eta_l} \tag{3.22}$$

若离心加速度为 Ng，即 $\eta_g=\dfrac{1}{N}$，则应力相似条件要求 $\eta_l=N$，这样可以完全确

定动力学问题的相似常数，如表 3.5 所列。

表 3.5　动力学问题离心模型试验的相似常数（原型值/模型值）

物理量	密度 ρ	动应力 σ	动应变 ε	动位移 u	动速度 $\dot{u}$	加速度 $\ddot{u}$	动本构张量 D	阻尼系数 β	阻尼系数 α	时间 t	频率 f
量纲	$\frac{M}{L^3}$	$\frac{ML^{-1}}{T^2}$	—	L	$\frac{L}{T}$	$\frac{L}{T^2}$	$\frac{ML^{-1}}{T^2}$	—	$\frac{1}{T}$	T	$\frac{1}{T}$
相似常数	1	1	1	N	1	$\frac{1}{N}$	1	1	$\frac{1}{N}$	N	$\frac{1}{N}$

注：上述比尺关系适用于 $\eta_g = 1/N$

由表 3.5 可知，对于用原型材料按比尺 1∶N 制作的模型，当离心机加速度达到 Ng 时，只要施加于模型地面的加速度峰值和频率为原型的 N 倍，振动时间是原型的 $1/N$，模型就可以显示出与原型相似的动力反应。例如，欲将一个持续时间 20s，峰值加速度 0.2g，频率为 1Hz 的地震加到模型比尺为 100 的离心模型上，则该模型应受到一个持续时间 0.2s，峰值加速度 20g，频率 100Hz 的激振。

此外，若比较表 3.4 和表 3.5 可以发现，固结问题和振动问题的时间比尺是不同的，为使动力模型的孔隙水压力消散时间与振动问题相协调，一般可以采用缩小土料粒径或提高孔隙流体黏滞性的方法降低土体的渗透性。为避免减小土颗粒粒径引起土体物理力学性质变化，多在水中添加少量化学增黏剂的办法提高孔隙流体黏滞性。

3.3.3　薄板结构物的模拟

土石坝离心模型试验中常遇到薄板结构物的模拟问题，如覆盖层地基上建坝多用混凝土防渗墙截断坝基渗流；面板堆石坝中混凝土面板和趾板通过止水相连形成封闭的防渗系统。混凝土防渗墙厚度通常为 0.6～1.3m；混凝土面板的厚度一般为 0.3+0.003H（m，H 为自坝顶算起的深度）。若采用原型材料，这类薄板在离心模型中的厚度仅为几毫米，模型制作将相当困难。因此，往往需要按照变形等效的原则用铝板或者有机纤维板来进行模拟。

土石坝离心模型试验大多仅研究平面应变问题，故此处假定所研究的薄板亦处于平面应变状态，在此条件下，薄板的挠曲方程与梁的挠曲方程一致[29]，即

$$[\omega''(x)]_m = -\left[\frac{M(x)}{EI}\right]_m \tag{3.23}$$

式中：ω 为板的挠度；x 为板的长度方向的坐标；$M(x)$ 为薄板上任意点处的弯

矩；EI 为薄板抗弯刚度，其中 E 为弹性模量；I 为板的横截面对中性轴的惯性矩。

由 3.1.1 节可知，只要薄板挠度的相似常数为 n_l，则离心模型中板周围土体的应变将与原型保持一致，且周围土体施加于薄板的反力（应力）也与原型一致。

图 3.5 中以面板堆石坝中面板为例，绘制了薄板结构弯矩计算简图，图中水压力和堆石体抗力分别记为 $p(x)$ 和 $q(x)$，在防渗墙问题中，这两个分布荷载可以分别理解为防渗墙上游和下游侧的土压力，故任意点处的弯矩为

$$M(x)=\int_0^x [p(\xi)-q(\xi)](x-\xi)\,\mathrm{d}\xi \tag{3.24}$$

可见，单位宽度薄板上弯矩的相似常数应为 n_l^2（注意：表 3.1 中应力的相似常数为 1），因此，若设抗弯刚度的相似比为 n_{EI}，则原型薄板的挠曲方程为

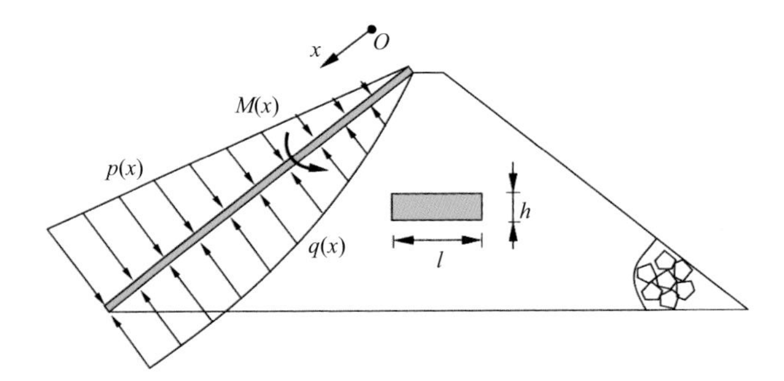

图 3.5　薄板结构的弯矩计算

$$\frac{n_l}{n_l^2}[\omega''(x)]_{\mathrm{m}}=-\frac{n_l^2}{n_{EI}}\left[\frac{M(x)}{EI}\right]_{\mathrm{m}} \tag{3.25}$$

可见，抗弯刚度的相似比不可任选，需满足以下关系式

$$n_{EI}=n_l^3 \tag{3.26}$$

对于厚度为 h 的矩形截面而言，单位宽度薄板的截面惯性矩为 $I=\frac{1}{12}\times 1\times h^3$，故式（3.26）可以改写为

$$\frac{E_{\mathrm{p}}h_{\mathrm{p}}^3}{E_{\mathrm{m}}h_{\mathrm{m}}^3}=n_l^3 \tag{3.27}$$

式中：E_{p}，h_{p} 为原型薄板的弹性模量和厚度；E_{m}，h_{m} 为离心模型中薄板材料的弹性模量和厚度。

式（3.27）给出了确定离心模型中薄板结构厚度的确定方法，即

$$h_{\mathrm{m}}=\frac{h_{\mathrm{p}}}{n_l}\cdot\left(\frac{E_{\mathrm{p}}}{E_{\mathrm{m}}}\right)^{\frac{1}{3}} \tag{3.28}$$

如某堆石坝面板混凝土的厚度为0.3m，弹性模量为30GPa，若在100g的离心模型（$n_l=100$）中采用弹性模量为69GPa的铝板模拟，则铝板厚度应为2.3mm。

3.4 高土石坝地震响应的振动台离心模型试验研究

混凝土面板堆石坝与心墙堆石坝是目前高土石坝的主要坝型，本节主要介绍近年来作者研究团队利用自行研制的振动台离心模型试验系统和创建的试验分析方法和对两座典型高混凝土面板堆石坝或高心墙堆石坝地震响应与破坏机理进行试验研究所得到的成果[30-33]。内容包括大坝地震残余变形的分布规律与破坏机理、先期地震对混凝土面板堆石坝地震响应与抗变形能力的影响和大坝抗震加固措施的有效性验证等。

3.4.1 高混凝土面板堆石坝地震响应与破坏机理研究

3.4.1.1 工程概况

选择新疆吉林台一级水电站面板堆石坝为研究对象。该工程是伊犁喀什河中游河段的一座以发电为主，兼有灌溉和防洪效益的大型水电站。枢纽分别由拦河坝、泄洪隧洞、开敞式溢洪道、发电引水隧洞、压力管道、地面式厂房及户内开关站等建筑物组成。电站总装机容量为460MW，水库总库容25.3亿m^3，调节库容17亿m^3，具备不完全多年调节功能。工程属大（Ⅰ）型一等工程。

拦河坝为混凝土面板砂砾堆石坝，最大坝高155.8m，坝顶长度445m，宽12m。坝体填筑料为坝轴线上游部分为天然砂砾石料，下游部分为爆破石料和石渣。上游坝坡为1∶1.7，下游平均坝坡1∶1.9，马道间坝坡1∶1.5。垫层料和过渡料水平宽度为4m，均为天然砂砾石料，坝体内设有烟囱式排水体。大坝的坝料分区如图3.6所示，各区坝料要求及碾压要求如表3.6所列。

工程区地处北天山纬向构造带西部的喀什河凹陷中部，枢纽所在的吉林台峡谷是一个相对稳定的地块，工程场地属基本稳定地区。据新疆地震局分析鉴定并经国家地震局复核，吉林台电站坝址区地震基本烈度为8度。经国家地震局地质研究所诱发地震组分析，上游库区蓄水后不会产生诱发地震，峡谷段内不排除产生小于5级诱发地震的可能。大坝按9度设计，100年基准期超越概率2%基岩峰值加速度为461.97Gal。

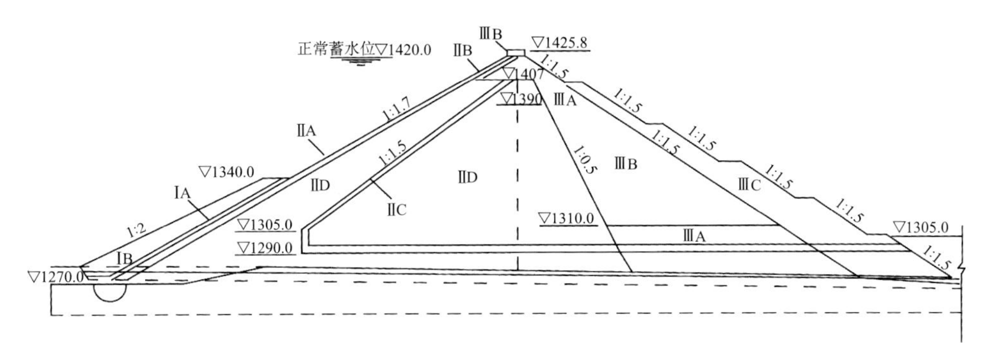

图 3.6　吉林台面板坝材料分区（m）

表 3.6　吉林台面板坝坝料分区与碾压要求

分区号	坝料名称	坝料要求	层厚/m	碾压标准及要求
ⅠA	土料	T_{10}料场土料	0.25～0.30	$\gamma_d \geqslant 17.0 kN/m^3$
ⅠB	任意料	弃渣	0.80	$\gamma_d \geqslant 21.0 kN/m^3$，$D_r \geqslant 0.75$
ⅡA	垫层料	砂砾料与人工破碎料掺配而成，$d_{max} \leqslant 800mm$，小于 5mm 含量 35%～55%，小于 0.1mm 含量 5%～10%	0.40	$\gamma_d \geqslant 22.5 kN/m^3$，$D_r \geqslant 0.85$，$n \leqslant 20\%$，$K = 10^{-3} \sim 10^{-4} cm/s$
ⅡB	过渡料	砂砾料与人工破碎料掺配而成，$d_{max} \leqslant 200mm$，小于 5mm 含量 20%～35%，小于 0.1mm 含量 <5%	0.40	$\gamma_d \geqslant 22.5 kN/m^3$，$D_r \geqslant 0.85$，$n \leqslant 20\%$
ⅡC	排水料	C_2 料场砂砾料，粒径范围 5～80mm	0.80	$\gamma_d \geqslant 19.0 kN/m^3$，$D_r \geqslant 0.85$，$K \geqslant 10^{-2} cm/s$
ⅡD	砂砾石料	主要为 C_2 料场砂砾料，$d_{max} \leqslant 600mm$，小于 5mm 含量 20%～35%，小于 0.1mm 含量 <5%	0.80	$\gamma_d \geqslant 21.9 kN/m^3$，$D_r \geqslant 0.85$，$n \leqslant 22\%$，$K \geqslant 10^{-2} \sim 10^{-3} cm/s$
ⅡE	反滤小区	垫层特别级配小区，$d_{max} \leqslant 20mm$	0.20	$\gamma_d \geqslant 22.5 kN/m^3$，$D_r \geqslant 0.85$，$n \leqslant 20\%$
ⅢA	主堆石料	爆破料，$d_{max} \leqslant 600mm$，小于 5mm 含量 5%～18%	0.80	$\gamma_d = 21 \sim 23 kN/m^3$，$n = 22\% \sim 24\%$
ⅢB	次堆石料	爆破料	1.0～1.2	$\gamma_d \geqslant 21 kN/m^3$，$n = 22\% \sim 28\%$
ⅢC	利用料	开挖石渣	1.0～1.2	$\gamma_d \geqslant 21 kN/m^3$，$n = 22\% \sim 28\%$
ⅢD	块石压重	爆破料超径大石		

3.4.1.2　试验研究方案

离心机振动台模型试验共进行了 4 组，其中，整体模型试验 1 组，模型比尺为 1400；局部模型试验 3 组，即将整体分成上中下三块，模型比尺为 700。模型编号分别为 M310、M321、M322、M323，模型布置如图 3.7 所示，各试验方案的主要特征见表 3.7。每组试验进行了 3～4 次振动，波形为正弦波，最大振动加速度为 15g，最大离心加速度为 50g。根据模型相似律，模型比尺为 1400 和

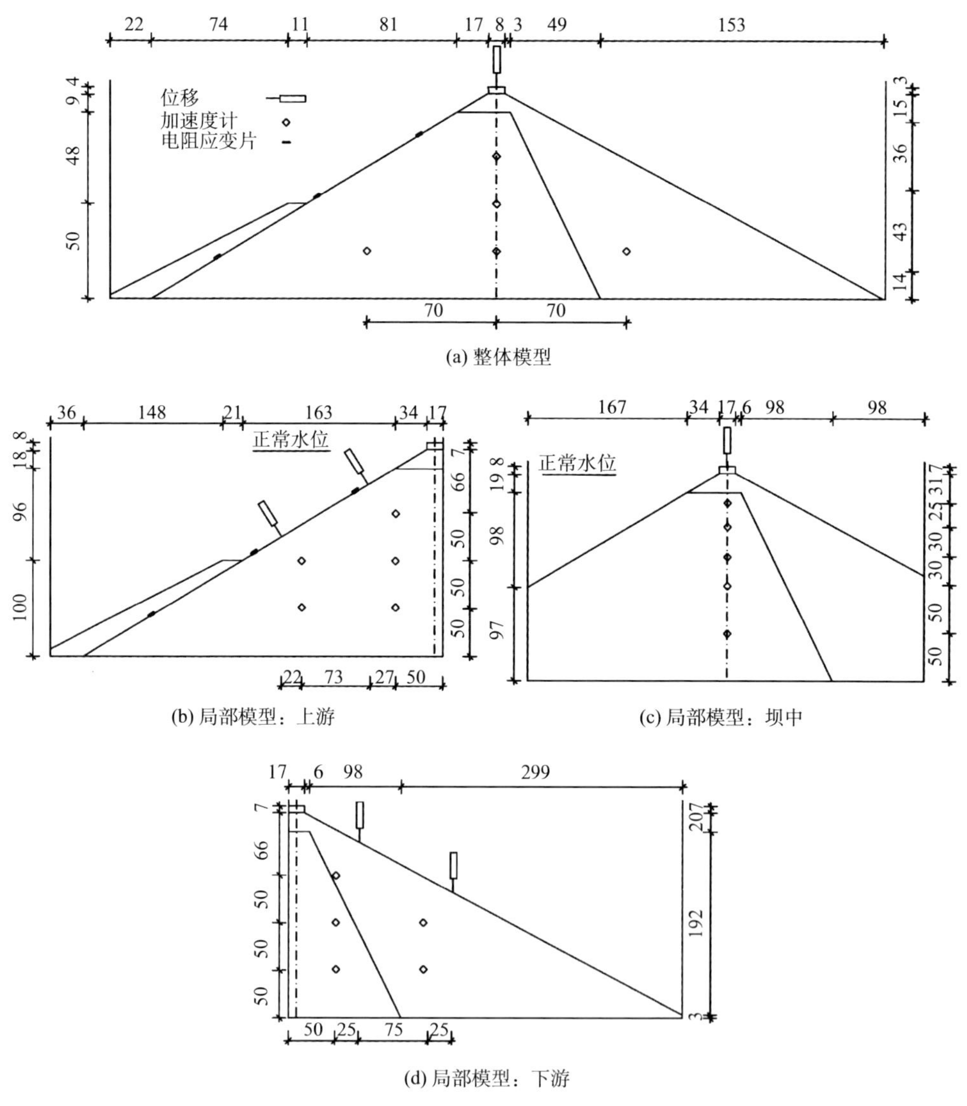

(a) 整体模型

(b) 局部模型：上游

(c) 局部模型：坝中

(d) 局部模型：下游

图 3.7　吉林台面板坝离心机振动台模型试验布置（mm）

700 时，分别相当于原型的振动频率为 0.164Hz 和 0.276Hz，振动持续时间为 121.72s 和 72.38s，最大振动加速度为 0.3g。研究表明，用规则波模拟不规则波时，规则波的峰值加速度应取 0.65 倍的不规则波峰值加速度，故 0.3g 的正弦波峰值加速度相当于 0.46g 的不规则波峰值加速度。因此，模型试验较好地模拟了吉林台大坝的设防地震。

表 3.7　各组离心机振动台模型试验的主要特征

模型	模拟对象	模型比尺	最大加速度/g	布置图	备注
M310	整体	1400	50	图 3.7（a）	空库
M321	上游	700	50	图 3.7（b）	空库和满库
M322	中部	700	50	图 3.7（c）	空库
M323	下游	700	50	图 3.7（d）	空库

由于筑坝材料多达 10 多种，模型试验中要全部模拟是很困难的，试验仅选择对影响坝体变形和稳定起决定作用的砂砾料和爆破料为模型坝体材料。根据粒径效应研究成果，模型土料的限制粒径应小于土作用构件最小边长的 1/15～1/30,原型砂砾料和爆破料的最大粒径均为 600mm，本次离心机振动台模型试验砂砾料和爆破料的限制粒径均取为 5mm。根据设计级配曲线，用相似级配法与等量替代法确定砂砾料和爆破料的试验级配，如图 3.8 所示。采用分层击实法填筑模型坝体，按模型料的最大干密度进行控制。模型试验的分层厚度为 3cm，最大干密度为 22kN/m^3。

根据相似条件的要求，面板应选择原型材料，但这样在制作上存在一定的难

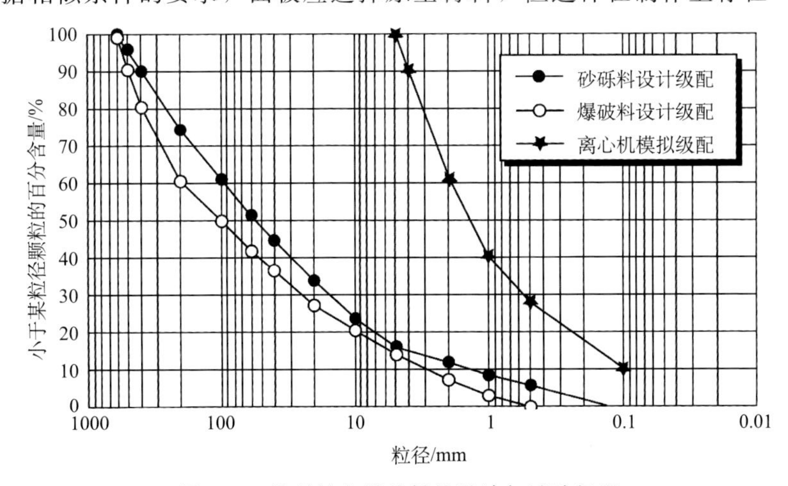

图 3.8　砂砾料和爆破料的设计与试验级配

度。考虑到面板只起传递荷载和防渗作用，因而选用与混凝土容重相近的铝材来模拟，采用抗弯刚度相似条件确定其厚度，保证施加于坝体的荷载与现场实际情况一致。经换算，整体模型试验（M310）时，铝板厚度为0.17mm；局部模型试验（M321、M322和M323）时，铝板厚度为0.37mm。

3.4.1.3 高面板堆石坝的地震响应与破坏机理

1）坝体的加速度反应

图3.9给出了底部输入加速度和不同坝高处坝体加速度反应过程线；

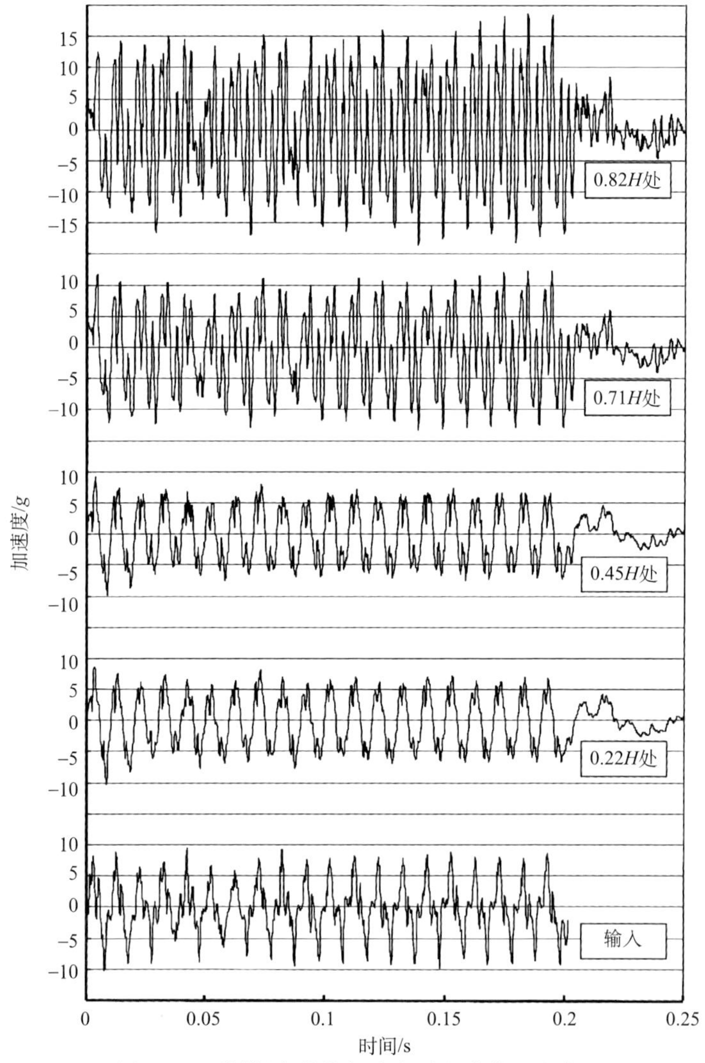

图3.9 不同坝高处的加速度时程曲线（空库）

图3.10给出了坝体加速度放大系数沿坝高H的变化以及坝体加速度放大系数沿水平方向的变化。从这些图表可以看出，在0.45H以下，坝体加速度与底部输入加速度基本一致，或略有减小，但在0.45H以上，坝体加速度比底部输入加速度有明显增加，且越往坝顶加速度放大系数越大，在0.82H处达1.8倍，以此推算坝顶加速度放大系数可达2.5以上。坝体加速度反应在坝轴线处最小，在上、下游有所增加。

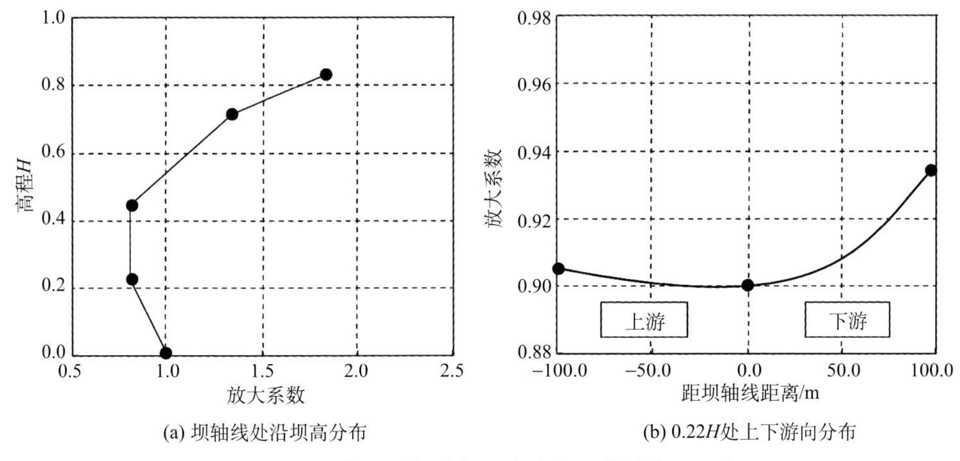

图3.10　坝体不同部位加速度放大系数分布（空库）

2）坝体与面板变形

根据位移计监测结果，空库时地震引起的坝顶残余震陷量达70.7cm，下游坝坡上两个监测点［图3.7(d)］的残余震陷量分别为47.4cm和20.8cm，坝体的震陷量随着大坝高程的增加而增大，这与紫坪铺面板堆石坝在汶川地震中的残余变形分布与发展规律基本一致。值得指出的是，吉林台面板堆石坝坝高与紫坪铺面板堆石坝坝高相当，且试验采用的峰值加速度与地震历时也和汶川大地震主震地震动参数大体相同，离心机振动台模型试验得出的吉林台面板堆石坝的地震残余变形分布与数值与汶川地震后紫坪铺大坝残余变形分布规律与数值相近，这表明离心机振动台不仅可以更准确地定性，且可以较为准确地定量研究高土石坝的地震响应。另外，地震导致吉林台面板堆石坝的面板挠度明显增加，且高程越高，地震引起的面板挠度越大，首次地震引起的0.8倍坝高处面板挠度增量达到25.2cm，由此可推测坝顶处面板挠度应在30cm以上。

3）面板的动应变

图3.11(a)和图3.11(b)分别给出了模型M321空库和满库时高程1390m(0.76H)处面板下游面的应变反应过程线，可以看出，面板应变反应与坝体加速度反应在相位上相差很大，坝体加速度反应基本上与输入加速度的正弦波一致

(图 3.9)，面板应变反应则不是正弦波，而是朝一个方向振动，且振幅的变化范围很大。无论是空库还是满库，地震中面板的最大应变高达－7％（拉应变）左右，震后残余应变也达－0.1％左右，如此大的面板动应变和残余应变足以使面板开裂，甚至产生严重破坏，应引起足够的重视。

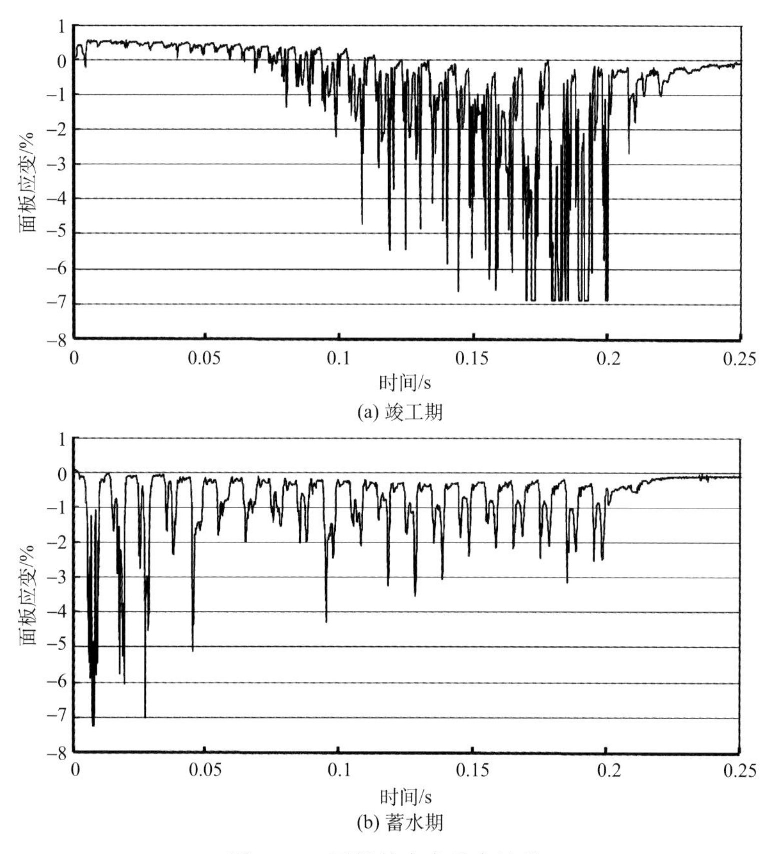

(a) 竣工期

(b) 蓄水期

图 3.11 面板的应变反应过程

3.4.1.4 先期地震对坝体地震响应的影响

为了研究先期地震对大坝地震响应的影响，对每一个整体模型和局部模型进行了 3～4 次振动，图 3.12 中绘制了历次振动时，坝体加速度放大系数分布情况，可以看出，随着振动次数增加，加速度放大系数沿坝高以及上下游方向的分布特点没有发生显著变化，输入加速度迅速放大的区域仍然集中在 1/2 坝高以上部位，且下游坝坡的加速度放大系数高于上游坝坡和坝轴线处。但随着振动次数增加，坝体加速度放大系数逐渐提高，如 0.82H 处首次地震时加速度放大系数低于 2.0，但第 3 次振动时加速度放大系数增加至 2.5 左右，这意味着坝顶部位堆石料的局部稳定性随着振动次数的增加而降低。

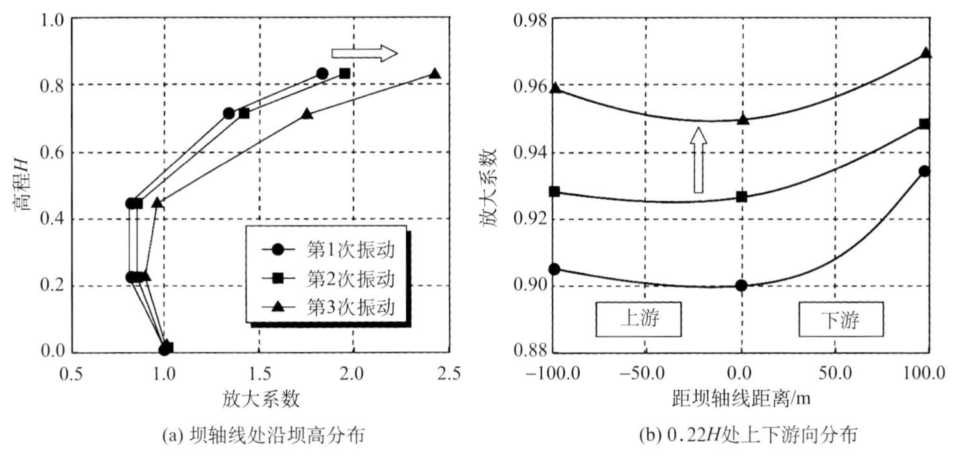

(a) 坝轴线处沿坝高分布 (b) 0.22H处上下游向分布

图 3.12 先期地震对坝体加速度反应的影响

表 3.8 给出了空库地震引起的坝体沉降增量；表 3.9 给出了空库和满库地震引起的上游面板与垫层间的脱空量。经过一次振动后，若坝体再次经受相同的振动，则再次振动所引起的坝体沉降增量以及面板与垫层间的脱空量均明显减小，如第 2 次振动时坝顶震陷仅为初次振动的 32.7%；面板脱空量仅为初次振动的 25.1%。第 3 次振动时坝顶震陷仅为第 2 次振动的 57.6%；面板脱空量仅为第 2 次振动的 69.3%。图 3.13 中绘制了坝体轮廓在历次振动后的形态，坝体震陷使坝体轮廓产生明显的收缩，但随着振动次数增加，每次振动引起的震陷和坝壳收缩量均逐步减小。上述试验结果表明，先期地震过程中坝体震陷、坝壳收缩，坝

表 3.8 地震引起的坝体沉降增量 (单位：mm)

振动次序	坝顶	0.83H 处下游坝坡	0.59H 处下游坝坡
第 1 次	707.0	474.4	208.4
第 2 次	231.2	155.7	98.8
第 3 次	133.8	70.7	50.8

表 3.9 地震引起的面板与垫层间脱空量 (单位：mm)

振动次序	竣工期		蓄水期	
	0.80H 处	0.55H 处	0.80H 处	0.55H 处
第 1 次	251.6	160.7	94.9	63.1
第 2 次	63.2	29.4	33.3	13.1
第 3 次	43.8	20.4	29.4	10.3

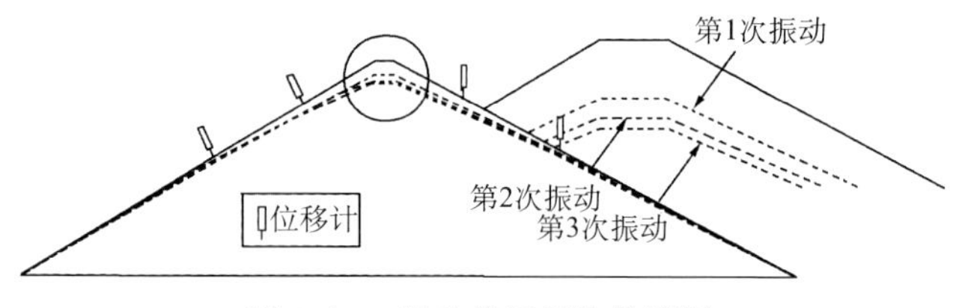

图 3.13　振动前后坝体轮廓图

料出现明显的硬化特征，故抵抗变形的能力明显提高。从表 3.8 还可以看出，满库时由于库水压力对面板的作用，地震引起的上游面板脱空量明显小于空库时面板脱空量。

3.4.2　高心墙堆石坝地震响应与破坏机理研究

3.4.2.1　工程概况

选择长河坝水电站砾石土心墙堆石坝为研究对象。该水电站系大渡河干流水电规划“三库 22 级”的第 10 级电站，上接猴子岩电站，下游为黄金坪电站。工程区位于四川省康定县境内，坝址位于大渡河上游金汤河口以下约 7km 河段，距上游的丹巴县城约 85km，距下游的泸定县城为 50km，距成都市约 360km。电站采用水库大坝、地下引水发电系统的开发方式，枢纽建筑物由拦河大坝、泄洪消能建筑物、引水发电建筑物等组成。坝型为砾石土心墙堆石坝，坝壅水高 215m，总库容为 10.75 亿 m^3，正常蓄水位 1690m，相应库容为 10.15 亿 m^3，调节库容为 4.15 亿 m^3，具有季节调节能力。电站以单一发电为主，无航运、漂木、防洪、灌溉等综合利用要求。电站总装机容量 2600MW，单独运行多年平均发电量 108.3 亿度（kW·h）。本工程为大（Ⅰ）型一等工程，挡水、泄洪、引水及发电等永久性主要建筑物为 1 级建筑物，永久性次要建筑物为 3 级建筑物，临时建筑物为 3 级建筑物。

拦河大坝采用砾石土心墙堆石坝，心墙与上、下游坝壳堆石之间均设有反滤层、过渡层，防渗墙下游心墙底部及下游坝壳与覆盖层坝基之间设有水平反滤层。坝顶高程 1697.00m，坝体建基面最低高程为 1457.00m，最大坝高 240m，坝顶长度 497.94m，坝顶宽度 16.00m，上、下游坝坡均为 1∶2.0；上游坝坡在 1645.00m 高程处设一条 5m 宽的马道，下游坝坡分别在 1645.00、1595.00、1545.00m 高程处各设一条 5m 宽的马道。砾石土直心墙顶高程为 1696.4m，顶宽 6m，上、下游坡均为 1∶0.25，心墙底高程为 1457.00m，最大底宽 125.75m，由于坝线两岸岸坡陡峻，心墙与岸坡接触部位填筑高塑性黏土以协调二者之间的变形，高塑性黏土水平厚度 3m。心墙上、下游反滤层水平厚度分别为8m和12m，上、下游过渡层水平厚度均为20m。

坝址河床覆盖层深厚，为65～76.5m，具有多层结构，从下至上由老至新分为3层：

（1）第①层为漂（块）卵（碎）砾石层（$fglQ_3$）。漂（块）卵（碎）砾石成分以花岗岩、闪长岩为主，少量砂岩、灰岩。漂（块）卵（碎）呈次圆～次棱角状，砾石呈次圆状、浑圆状。粗颗粒基本构成骨架，局部具架空结构，具中等～强透水性。

（2）第②层为含泥漂（块）卵（碎）砾石层（alQ_4^1）。漂（块）卵（碎）砾石成分以花岗岩、闪长岩为主，呈次棱角状～次圆状，少量圆状，具中等～强透水性。

（3）第③层为漂（块）卵砾石夹砂层（alQ_4^2）。分布河床浅部，厚5.2～27.9m，漂（块）卵砾石成分以花岗岩、闪长岩为主，漂（块）卵呈次棱角状～次圆状，砾石呈次圆～圆状，以漂（块）卵砾石构成骨架，具中等～强透水性。

河床段心墙基面以下覆盖层深度约50m，采取全封闭混凝土防渗墙方案，覆盖层以下坝基及两岸基岩防渗均采用灌浆帷幕，防渗要求按透水率$q \leqslant 3$Lu控制；坝基防渗墙采用两道，分别厚1.4m和1.2m，两道墙采用分开布置形式，形成一主一副布置格局，两墙之间净距14m。主防渗墙布置于坝轴线平面内，通过顶部设置的灌浆廊道与防渗心墙连接，墙体底部嵌入基岩1.5m，最大墙深50m，防渗墙与廊道之间采用刚性连接，墙内预埋基岩帷幕灌浆管；副防渗墙与心墙间采用插入式连接，插入高度15m，墙体底部嵌入基岩1.5m，最大墙深50m。

大坝横剖面图和沿坝轴线纵剖面图分别见图3.14和图3.15。

工程场址地震基本烈度为8度。根据《水工建筑物抗震设计规范》（DL5073—2000）的规定，本工程壅水建筑物抗震设防类别为甲类，拟按9度抗震设防；非壅水建筑物抗震设防类别为乙类，按8度进行抗震设计。本工程抗震设防依据应根据专门的地震危险性分析提供的基岩峰值加速度成果评定，设计地震加速度代表值的概率水准，对壅水建筑物取基准期100年内超越概率P_{100}为0.02，对非壅水建筑物取基准期50年内超越概率P_{50}为0.05。场地安全性评价成果：基岩水平峰值加速度50年超越概率10%为172Gal，50年内超越概率5%时为222Gal，100年超越概率2%时为359Gal，100年超越概率1%时为430Gal。图3.16给出了坝址场地波加速度反应谱；图3.17中根据该反应谱合成了一组100年超越概率2%输入基岩地震加速度时程曲线。

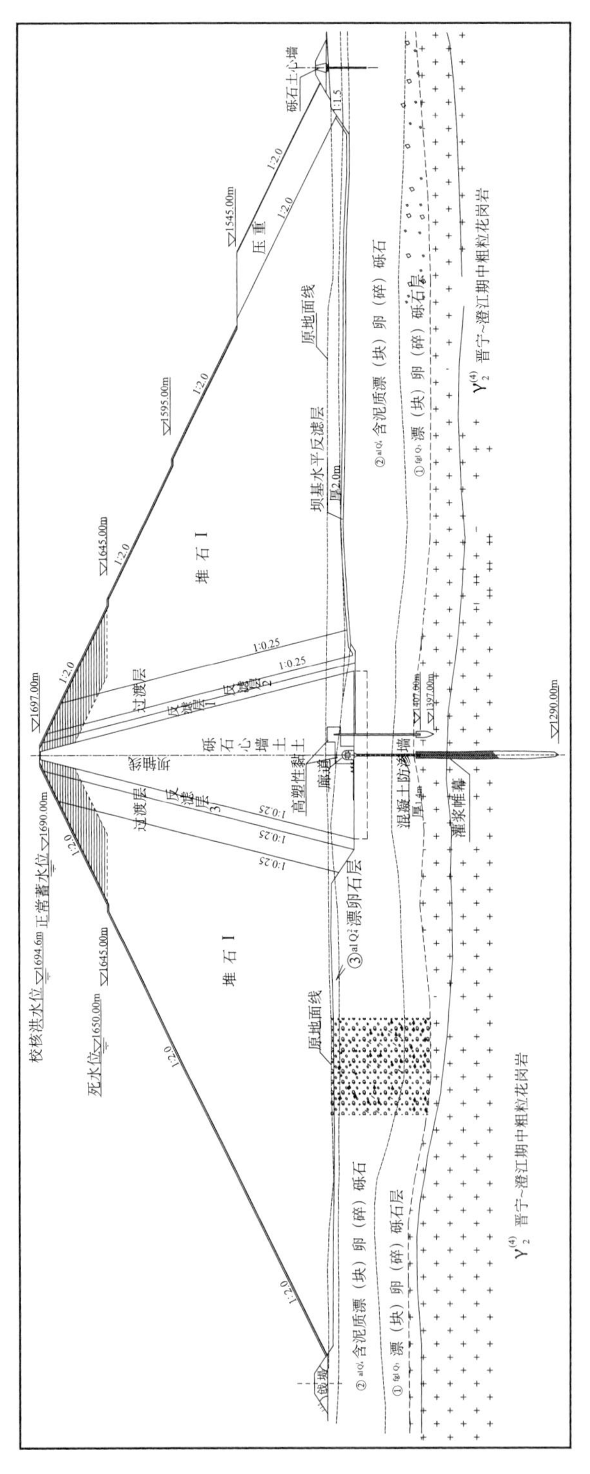

图 3.14　长河坝大坝横剖面图(m)

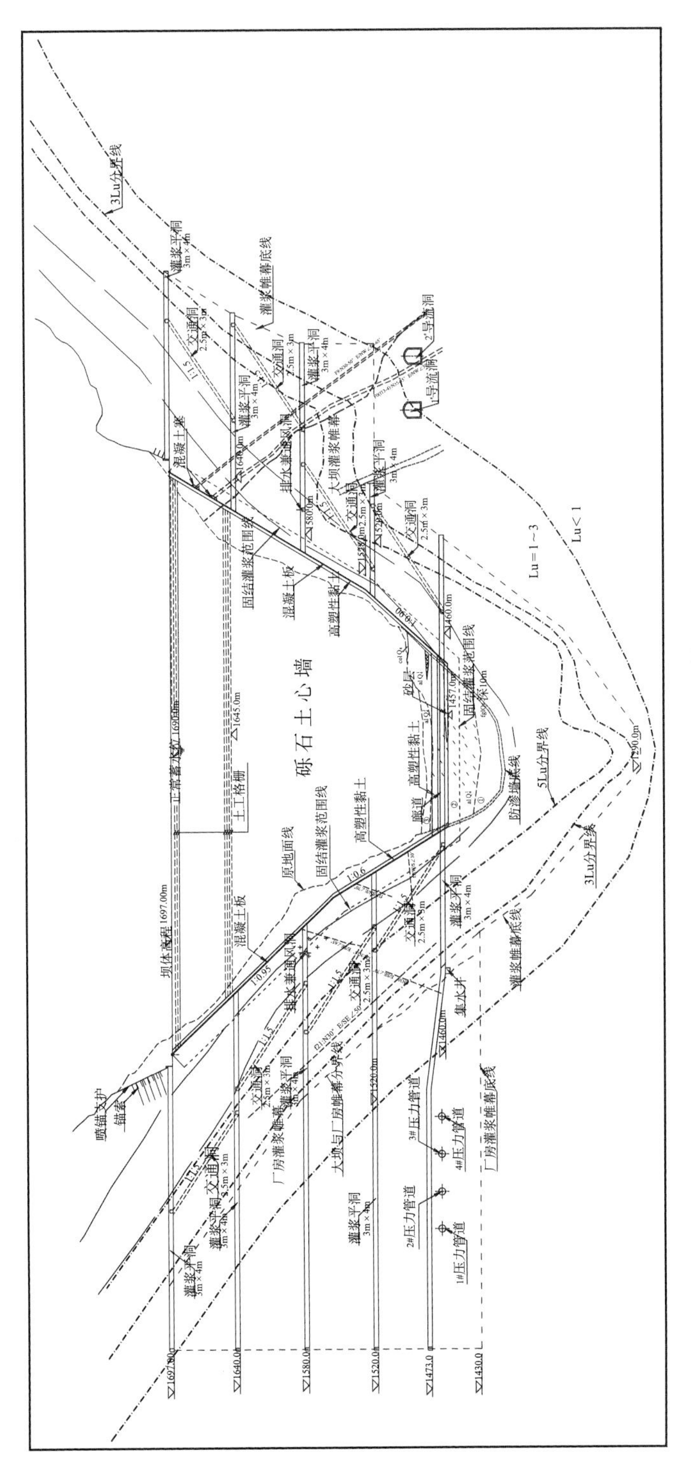

图 3.15　长河坝大坝纵剖面图(m)

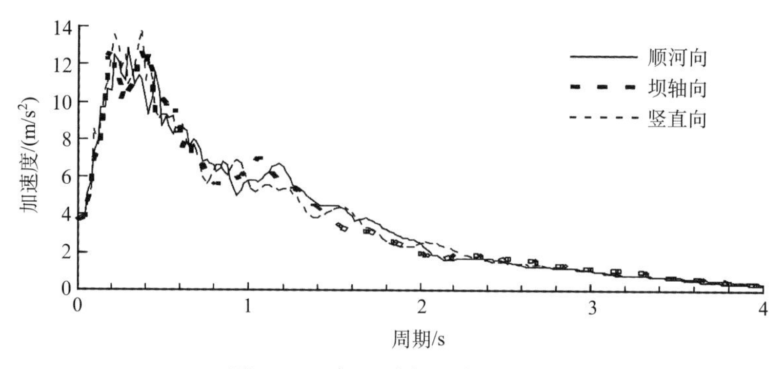

图 3.16　场地波加速度反应谱

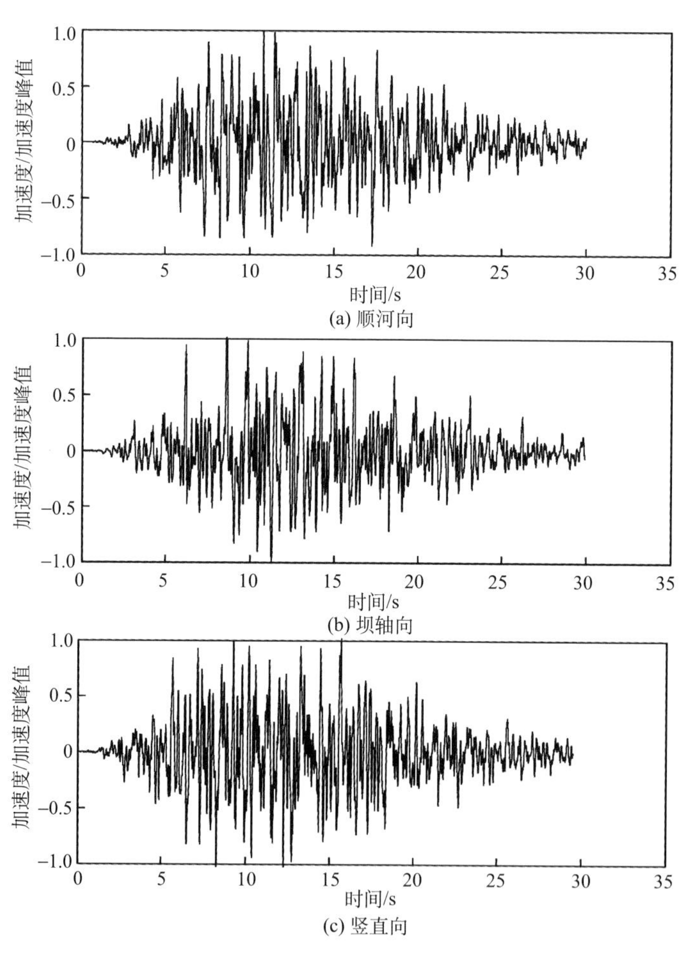

图 3.17　100 年超越概率 2%场地波输入基岩地震加速度时程曲线

3.4.2.2 试验研究方案

选择对影响坝体变形和稳定起决定作用的堆石料、覆盖层料和心墙料为模型坝体材料。原型堆石料的最大粒径为800mm，本次试验中堆石料的限制粒径取为10mm。根据设计级配曲线，由《土工试验规程》（SL237—1999）采用相似级配法与等量替代法确定堆石料的试验级配，如图3.18所示。模型试验中，心墙料的最大粒径取2mm，填筑含水率为8%，干密度为2.2g/cm³，采用分层击实法进行填筑，层厚3cm。覆盖层料的最大粒径亦取2mm，制样含水率为3%，干密度为2.1g/cm³，采用分层击实法进行制样，层厚3cm。基岩采用混凝土进行模拟。

高程1645m以上坝体堆石料采用土工格栅进行加固，垂直间距2m；上下游坝坡采用1m厚的大块石进行护坡。模型试验中采用钢纱窗模拟土工格栅，采用脆性胶将上下游坝坡面黏结，使坡面堆石料不是散粒状，具有一定的黏结力以模拟大块堆石的咬合力。两道混凝土防渗墙均采用铝板模拟，由于混凝土和铝板弹性模量分别为28.5GPa和70GPa，故根据薄板结构相似准则，主防渗墙铝板厚度为3.8mm；副防渗墙铝板厚度为3.3mm。

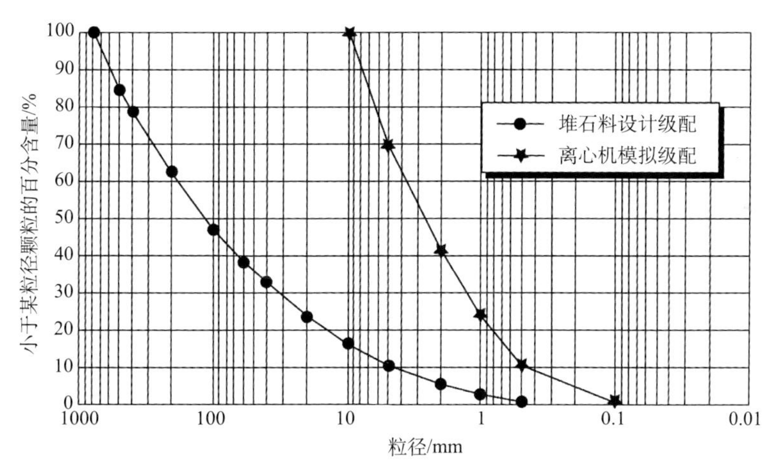

图3.18 筑坝堆石料的设计级配及其级配

由于坝体体积巨大，且受制于离心机振动台工作能力，难以将所有的结构物都纳入到同一个模型中并开展大比尺离心模型试验，故研究不同部位时采用了不同的模型，详述如下：

1）大坝整体模型

模拟范围竖向从坝顶1697m高程至坝基覆盖层底1410m高程，水平向从上游坝脚外5.5m至下游坝脚外5.5m。模型比尺$\eta_l=1400$，试验布置如图3.19所示。进行了坝体不同加固方案的对比试验，加固方案有三种：①不加固方案。不进行坝顶土工格栅和干砌石护坡及大块石护坡加固；②坝顶加固方案。只进行坝顶土工格栅和干砌石护坡加固；③全加固方案。既进行坝顶土工格栅和干砌石护坡，又进行大块石护坡加固。共完成了 12 组大坝整体离心机振动台模型试验，各试验方案的主要特征见表 3.10 所列。

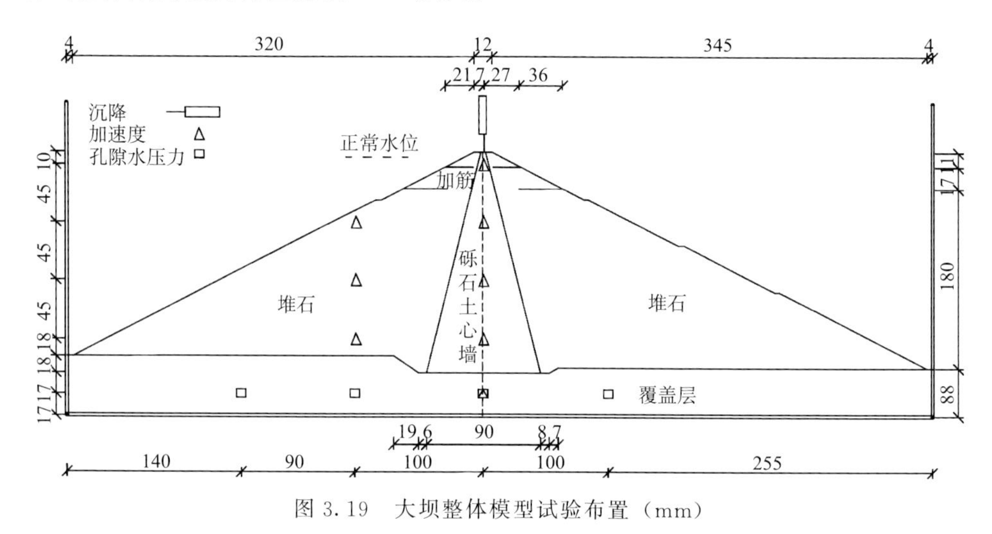

图 3.19　大坝整体模型试验布置（mm）

表 3.10　大坝整体模型试验的主要参数

模型编号	加固方案	目标地震参数			离心机振动台模型试验参数				
		波型	超越概率	峰值加速度/g	离心机加速度/g	波型	峰值加速度/g	振动频率/Hz	振动历时/s
坝体 1	不加固	场地波	100 年超越概率 2%	0.36	40	正弦波	9.52	132.8	0.75
坝体 2	不加固	场地波	100 年超越概率 2%	0.36	30	正弦波	7.14	99.6	1
坝体 3	不加固	场地波	100 年超越概率 2%	0.36	10	正弦波	2.38	33.2	3
坝体 4	不加固	场地波	100 年超越概率 2%	0.36	40	场地波	14.64	—	0.75
坝体 5	坝顶加固	场地波	100 年超越概率 2%	0.36	40	正弦波	9.52	132.8	0.75
坝体 6	坝顶加固	场地波	100 年超越概率 1%	0.43	40	正弦波	11.40	132.8	0.75
坝体 7	坝顶加固	场地波	最大可信地震	0.50	40	正弦波	13.31	132.8	0.75
坝体 8	全加固	场地波	100 年超越概率 2%	0.36	40	正弦波	9.52	132.8	0.75
坝体 9	全加固	场地波	100 年超越概率 1%	0.43	40	正弦波	11.40	132.8	0.75
坝体 10	全加固	场地波	最大可信地震	0.50	40	正弦波	13.31	132.8	0.75
坝体 11	不加固	场地波	—	0.56	40	正弦波	14.17	132.8	0.75
坝体 12	不加固	场地波	—	0.82	40	正弦波	21.00	132.8	0.75

2）覆盖层防渗墙模型

模拟范围竖向从坝顶1697m高程至坝基覆盖层底1410m高程，水平向取距坝轴线上、下游各137m范围内坝体，其中，1487m高程至坝基覆盖层底1410m高程范围按原型缩小，1487m高程至坝顶1697m高程范围采用超重材料进行模拟，重量与原型相似。模型比尺 $\eta_l=400$，离心机加速度为 $40g$，试验布置如图3.20所示。共完成了10组防渗墙结构离心机振动台模型试验，各试验方案的主要特征见表3.11所列。

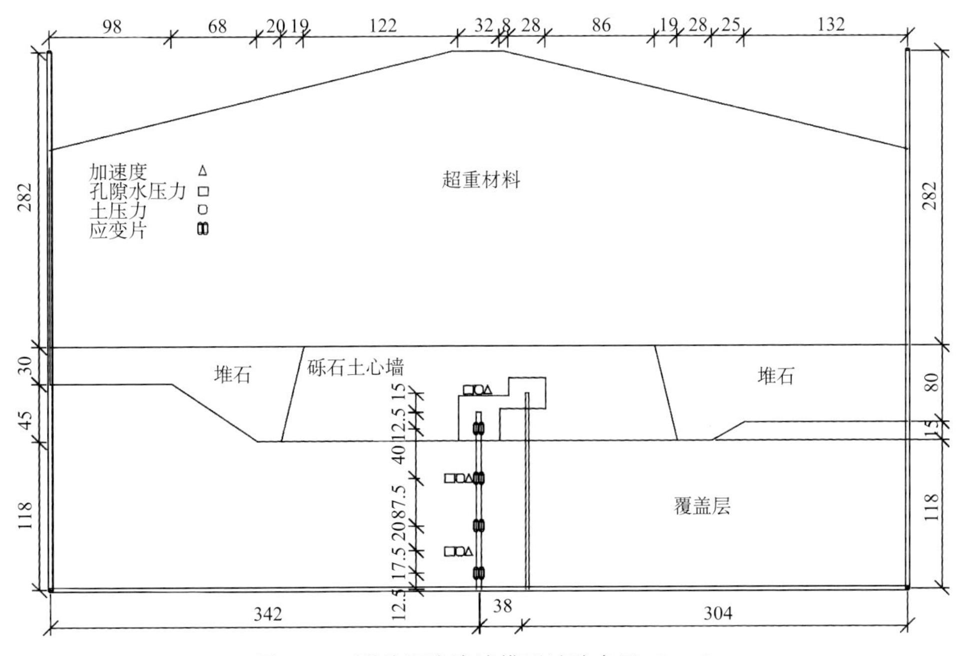

图3.20 覆盖层防渗墙模型试验布置（mm）

表3.11 防渗墙模型试验的主要参数

模型编号	目标地震参数			离心机振动台模型试验参数				
	波型	超越概率	峰值加速度/g	离心机加速度/g	波型	峰值加速度/g	振动频率/Hz	振动历时/s
防渗墙1	场地波	50年超越概率3%	0.26	40	正弦波	6.94	132.8	0.75
防渗墙2	场地波	100年超越概率2%	0.36	40	正弦波	9.52	132.8	0.75
防渗墙3	场地波	100年超越概率1%	0.43	40	正弦波	11.40	132.8	0.75

续表

模型编号	目标地震参数			离心机振动台模型试验参数				
	波型	超越概率	峰值加速度/g	离心机加速度/g	波型	峰值加速度/g	振动频率/Hz	振动历时/s
防渗墙 4	场地波	最大可信地震	0.50	40	正弦波	13.31	132.8	0.75
防渗墙 5	场地波	100 年超越概率 2%	0.36	40	场地波	14.64	—	0.75
防渗墙 6	规范波	100 年超越概率 2%	0.36	40	规范波	14.64	—	0.75
防渗墙 7	天然波	100 年超越概率 2%	0.36	40	天然波	14.64	—	0.75
防渗墙 8	场地波	—	0.58	40	正弦波	15.24	132.8	0.75
防渗墙 9	场地波	—	0.65	40	正弦波	17.28	132.8	0.75
防渗墙 10	场地波	—	0.72	40	正弦波	19.16	132.8	0.75

3）坝体与坝基连接部模型

模拟范围竖向从坝顶 1697m 高程至坝基覆盖层底 1410m 高程，坝轴向取全部，顺河向取距坝轴线至坝轴线上游 150m 范围内坝体。模型比尺 $\eta_l=750$，离心机加速度为 40g，试验布置如图 3.21 所示。共完成了 5 组坝体与坝基连接部离心机振动台模型试验，各试验方案的主要特征见表 3.12。

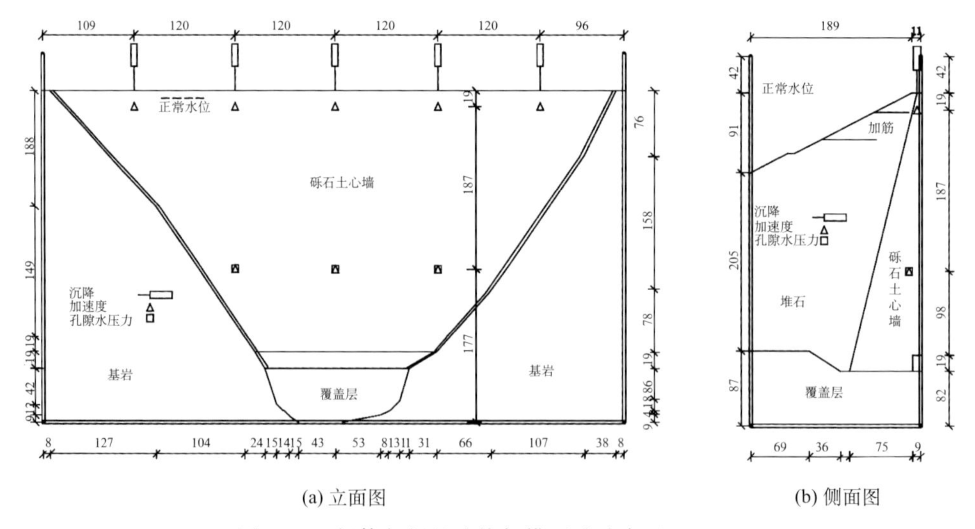

(a) 立面图　　　　(b) 侧面图

图 3.21　坝体与坝基连接部模型试验布置（mm）

表 3.12 坝体与坝基连接部模型模型试验的主要参数

模型编号	目标地震参数			离心机振动台模型试验参数				
	波型	超越概率	峰值加速度/g	离心机加速度/g	波型	峰值加速度/g	振动频率/Hz	振动历时/s
连接部1	场地波	50年超越概率3%	0.26	40	正弦波	6.94	132.8	0.75
连接部2	场地波	100年超越概率2%	0.36	40	正弦波	9.52	132.8	0.75
连接部3	场地波	100年超越概率1%	0.43	40	正弦波	11.40	132.8	0.75
连接部4	场地波	最大可信地震	0.50	40	正弦波	13.31	132.8	0.75
连接部5	场地波	—	0.58	40	正弦波	15.40	132.8	0.75

3.4.2.3 大坝地震响应与破坏机理

图3.22中绘制了表3.10所列12个试验方案时的坝体加速度放大系数分布，从中可以看出，坝体加速度反应随坝高的变化大体可以分成两个线性变化段，0.4倍坝高以下坝体内的加速度反应较小，但在0.4倍坝高之上，坝体加速度迅速放大，且高程越大，加速度放大系数越大。此外，在相同坝高平面上，坝轴线上游侧140m处的坝体加速度反应要比坝轴线处的坝体加速度反应略大。图3.23中绘制了坝轴线处加速度放大系数随基岩输入加速度的变化，绝大多数情况下，坝体加速度放大系数随着输入加速度的增加而降低。这是因为输入加速度增大，坝料的动剪应变相应增加，故坝料的动模量降低，而阻尼比增加，从而使得坝体的加速度放大系数减小。图3.24中对比了不同加固方案时坝体的加速度放大系数，坝顶加固方案的加速度放大系数小于不加固方案时加速度放大系数，而全加固方案时的加速度放大系数又略小于坝顶加固方案的加速度放大系数。从试验结果来看，坝顶及坝坡顶部区域的加速度放大倍数较大，故在上述区域采用土工格栅或钢筋（丝）网的抗震加固措施是适当的。

表3.13中给出了由12个坝体模型试验得到的坝顶震陷量。长河坝在100年超越概率2%（峰值加速度359Gal）地震条件下，地震引起的坝顶沉降约为136～146cm，震陷率为0.47%～0.51%；在100年超越概率1%（峰值加速度430Gal）地震条件下，地震引起的坝顶沉降约为165～178cm，震陷率为0.58%～0.62%；在最大可信地震（峰值加速度502.14Gal）条件下，地震引起的坝顶沉降约为199～211cm，沉陷率为0.69%～0.74%。图3.25为坝顶沉陷

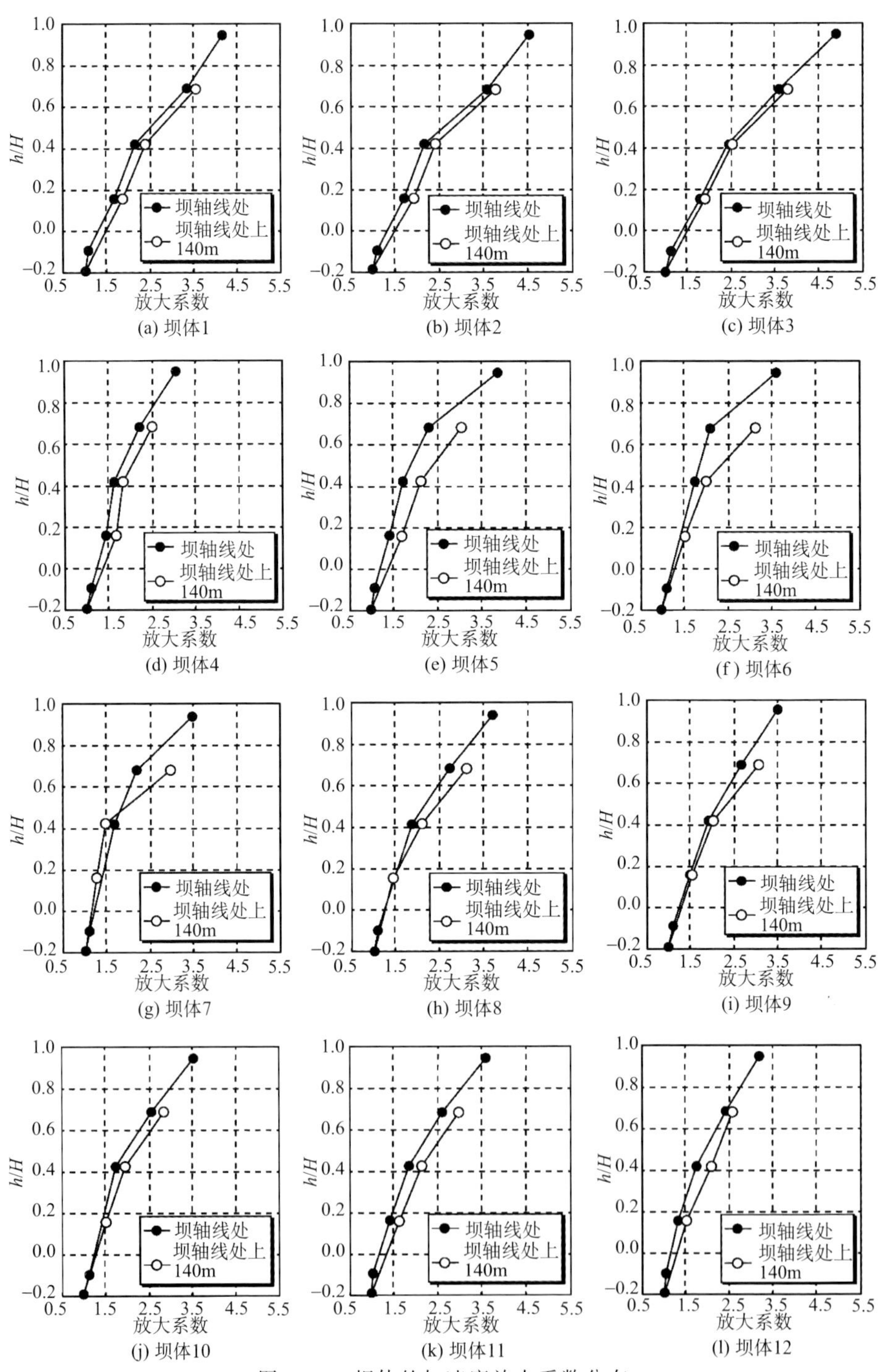

图 3.22　坝体的加速度放大系数分布

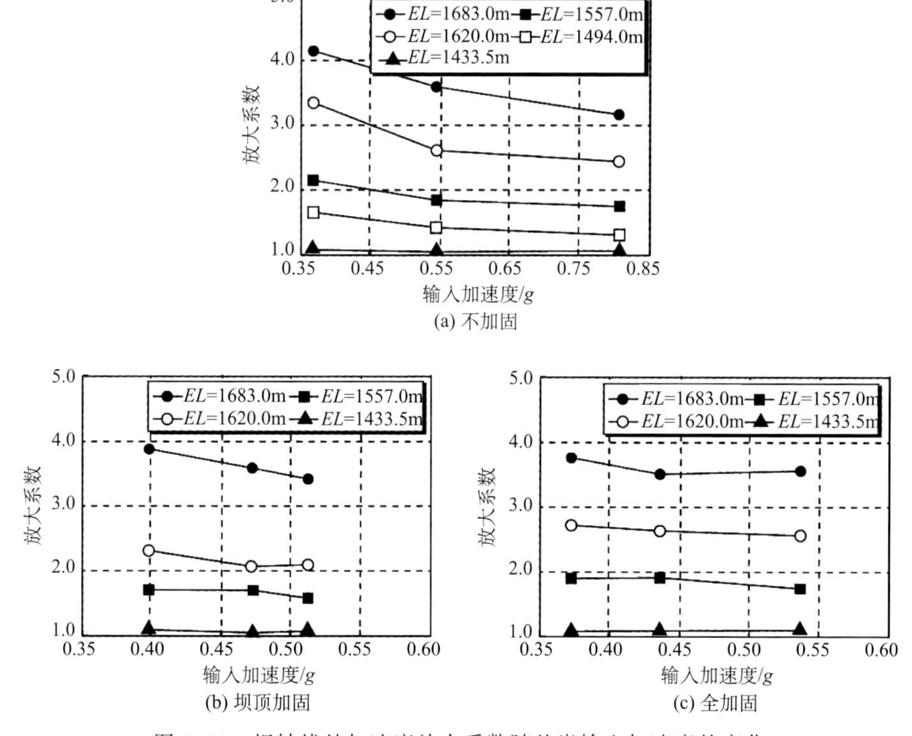

(a) 不加固

(b) 坝顶加固　　(c) 全加固

图 3.23　坝轴线处加速度放大系数随基岩输入加速度的变化

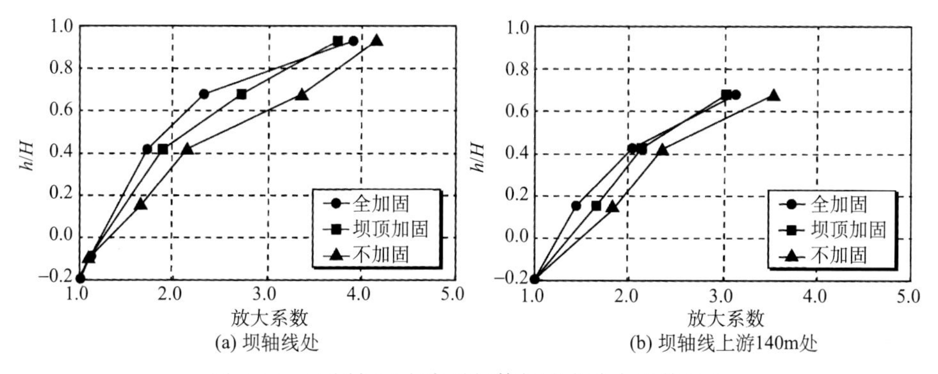

(a) 坝轴线处　　(b) 坝轴线上游140m处

图 3.24　不同加固方案时坝体加速度放大系数对比

率随基岩输入加速度的变化，坝顶沉降随着基岩输入加速度的增加而增大，且坝采用顶加固方案（坝体 5）时坝顶震陷量低于不加固方案（坝体 1），而采用全加固方案（坝体 8）时坝顶震陷率还可以进一步降低。

表 3.13　地震引起的坝顶沉降

	坝体 1	坝体 2	坝体 3	坝体 4	坝体 5	坝体 6
坝顶沉降/cm	161	166	184	154	146	178
沉陷率/%	0.561	0.578	0.641	0.536	0.509	0.620
	坝体 7	坝体 8	坝体 9	坝体 10	坝体 11	坝体 12
坝顶沉降/cm	211	136	165	199	306	569
沉陷率/%	0.735	0.474	0.575	0.693	1.066	1.982

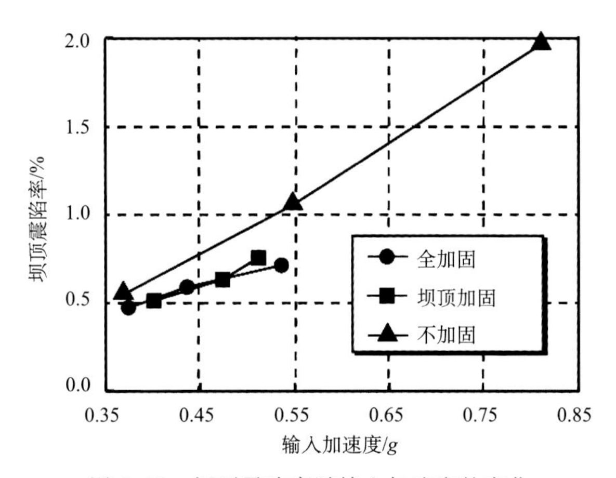

图 3.25　坝顶震陷率随输入加速度的变化

表 3.14 中给出了地震引起的坝体水平位移值，大坝呈现出下游向下游位移，上游向上游位移的变形形态，且下游位移大于上游位移。设计地震条件下，上游最大水平位移约为－15cm，下游最大水平位移为 21～23cm；校核地震条件下，上游最大水平位移约为－19～－23cm，下游最大水平位移为 29～36cm。图 3.26 绘制了最大水平位移随输入基岩加速度峰值的变化，坝体最大水平位移随着输入

表 3.14　地震引起的坝体水平位移

	坝体 1	坝体 2	坝体 3	坝体 4	坝体 5	坝体 6
上游/cm	－17	－18	－20	－15	－15	－23
下游/cm	27	31	35	24	23	36
	坝体 7	坝体 8	坝体 9	坝体 10	坝体 11	坝体 12
上游/cm	－29	－14	－19	－28	－36	－72
下游/cm	47	21	29	44	58	121

注：表中负值位移指向上游；正值位移指向下游

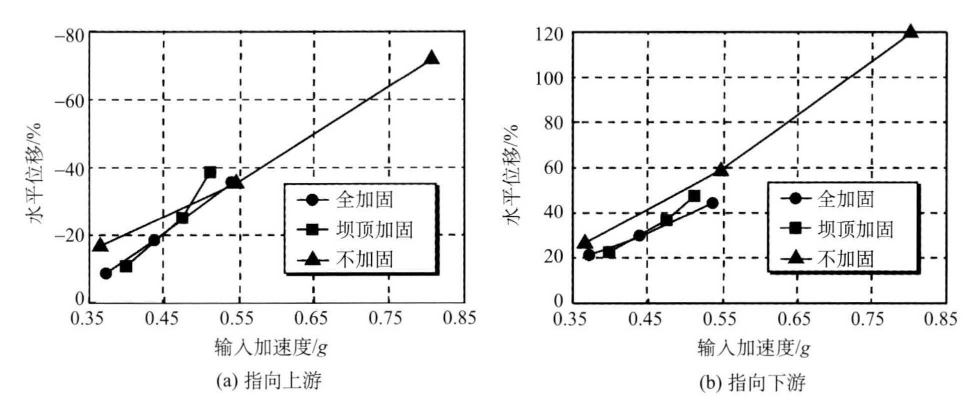

图 3.26　坝体水平位移随输入加速度的变化

基岩加速度峰值的增加而增大，且下游最大水平位移比上游的增加得更大。此外，采用坝顶加固或者全加固方案时，坝体的水平位移总体上小于不加固方案，故采用加固方案不仅可以减小震陷量，还可以减小坝体水平位移，对坝坡稳定有利。

图 3.27 为无抗震加固措施时（坝体 1）坝体变形矢量图和变形网格图，可以看出，大坝地震残余变形以沉降为主，水平位移相对较小。大坝沉降呈坝轴线附近

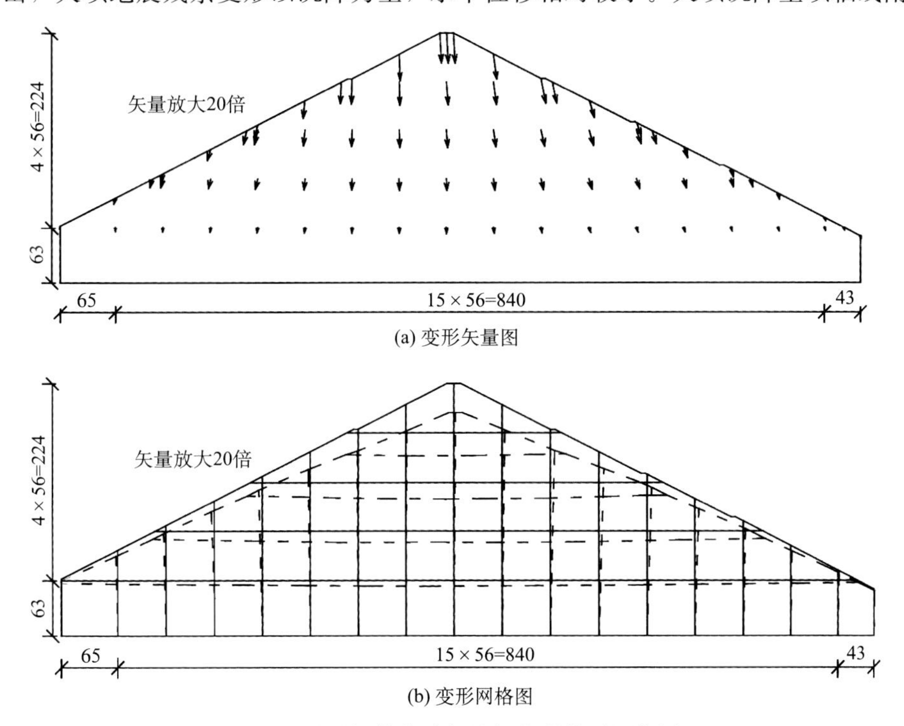

图 3.27　地震后坝体位移矢量与变形前后网格图（m）

大、坝坡附近小的分布形态，上游沉降略大于下游沉降，但沉降在水平方向分布较为均匀。地震后，大坝整体朝坝内收缩，该试验结果与历次地震后的土石坝震害调查结果吻合，验证了离心机振动台模型试验用于心墙坝地震反应研究的可靠性。

图 3.28 为坝体 1 振动前后坝坡形态对比，不加固方案在 100 年超越概率 2％地震条件下，4/5 坝高以上坝体出现明显坍塌现象，该部分堆石产生明显沉陷，并向上下游两侧滑落，发生局部滑动，使堆石体与心墙出现分离趋势，故与心墙之间产生裂缝。

(a) 试验前

(b) 试验后

图 3.28　坝体 1（无加固措施）试验前、后的形态对比

图 3.29(a) ～图 3.29(c) 为坝顶加固方案在 100 年超越概率 2％地震、100 年超越概率 1％地震、最大可信地震三种地震条件下的地震破坏情况，坝顶加固

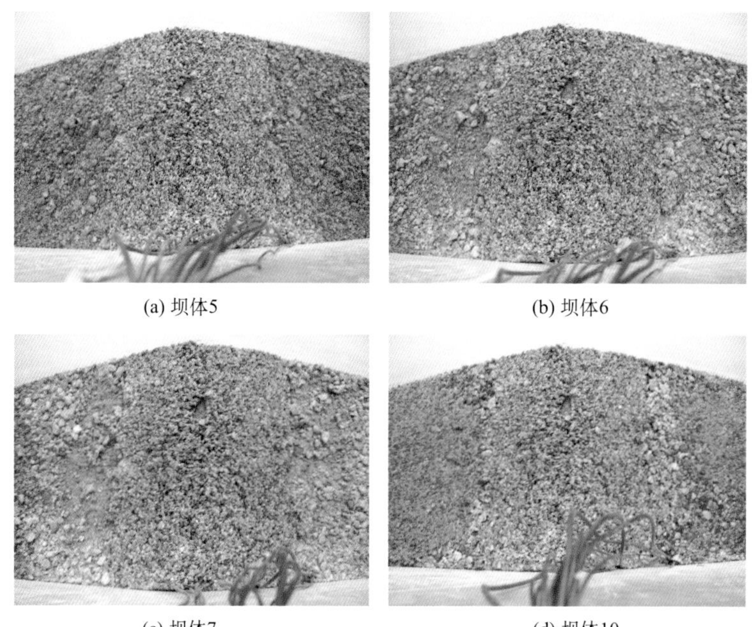

(a) 坝体5　(b) 坝体6

(c) 坝体7　(d) 坝体10

图 3.29　采用加固措施后坝体的破坏现象

后地震破坏主要发生在加固区以下坝坡表面，破坏模式以表面局部堆石料朝下滚落为主，且随着地震加速度增加，堆石料朝下滚落现象越明显。当采用全加固方案时，大坝即使经受最大可信地震，震后坝坡表面仍然完好无损，并无明显的堆石料滚落现象，如图3.29(d)所示。

本次开展的坝体离心机振动台模型试验表明，缺乏抗震加固措施的心墙堆石坝在遭受地震时会难以避免地出现坝坡堆石体松动滚落的现象，随着堆石体松动滚落区扩大，坝高逐渐降低，坝坡越来越缓，但始终未出现坝坡深层滑动的破坏现象，故无黏性堆石坝的地震破坏模式应为坝顶附近堆石体震松后的持续滚落。堆石体滚落后对大坝产生的最致命的威胁是使心墙处于临空状态，导致其缺乏有效的下游支撑与保护，若此时水库在高水位运行，极易发生心墙剪断乃至溃坝的重大安全事故。

3.4.2.4　坝基防渗墙地震响应

表3.15给出了10个防渗墙模型试验得到的动应力极值，设计地震条件下，防渗墙最大动应力为：下游面压应力1.63MPa，拉应力1.58MPa；上游面压应力1.23MPa，拉应力1.33MPa。校核地震条件下，防渗墙最大动应力为：下游面压应力1.83MPa，拉应力2.22MPa；上游面压应力1.44MPa，拉应力1.55MPa。图3.30中进一步绘制了防渗墙动应力随输入加速度的变化，防渗墙的动应力随着输入地震加速度峰值的增加而增大，且下游面的动应力高于上游面。

表3.15　地震引起的坝基防渗墙动应力极值

模型编号	位置	压应力/MPa				拉应力/MPa			
		$EL=1460$m	$EL=1445$m	$EL=1430$m	$EL=1415$m	$EL=1460$m	$EL=1445$m	$EL=1430$m	$EL=1415$m
防渗墙1	下游	0.990	0.982	0.792	1.280	−1.277	−1.393	−0.899	−1.048
	上游	0.715	1.077	0.820	0.819	−0.914	−0.928	−0.816	−0.654
防渗墙2	下游	1.525	1.555	1.398	1.629	−1.575	−1.901	−1.191	−1.428
	上游	0.980	1.228	0.998	1.050	−1.204	−1.325	−1.028	−0.834
防渗墙3	下游	1.721	1.809	1.666	1.828	−1.864	−2.220	−1.410	−1.813
	上游	1.311	1.339	1.395	1.443	−1.548	−1.435	−1.076	−1.073
防渗墙4	下游	2.117	2.335	1.936	2.028	−2.251	−2.554	−2.003	−2.389
	上游	1.630	1.475	1.667	1.425	−1.731	−1.766	−1.466	−1.506
防渗墙5	下游	1.528	1.747	1.732	1.500	−2.101	−2.192	−2.062	−1.851
	上游	1.471	1.622	1.357	1.494	−1.353	−1.454	−1.389	−1.468

续表

模型编号	位置	压应力/MPa				拉应力/MPa			
		EL=1460m	EL=1445m	EL=1430m	EL=1415m	EL=1460m	EL=1445m	EL=1430m	EL=1415m
防渗	下游	1.590	1.751	1.622	1.573	−1.967	−2.179	−2.066	−2.114
墙 6	上游	1.489	1.584	1.506	1.544	−1.412	−1.509	−1.432	−1.486
防渗	下游	1.482	1.585	1.550	1.473	−1.410	−1.855	−1.793	−1.507
墙 7	上游	1.304	1.420	1.423	1.226	−1.248	−1.287	−1.335	−1.332
防渗	下游	2.320	2.661	2.470	2.308	−2.339	−2.809	−2.460	−2.625
墙 8	上游	1.768	1.822	1.764	1.811	−1.976	−2.217	−1.841	−1.728
防渗	下游	2.857	3.152	3.161	2.744	−3.196	−3.282	−3.567	−3.214
墙 9	上游	2.188	2.227	2.318	2.099	−2.052	−2.628	−2.106	−2.174
防渗	下游	3.136	3.521	3.493	3.021	−3.322	−3.363	−3.938	−3.532
墙 10	上游	2.406	2.558	2.566	2.555	−2.169	−2.840	−2.492	−2.439

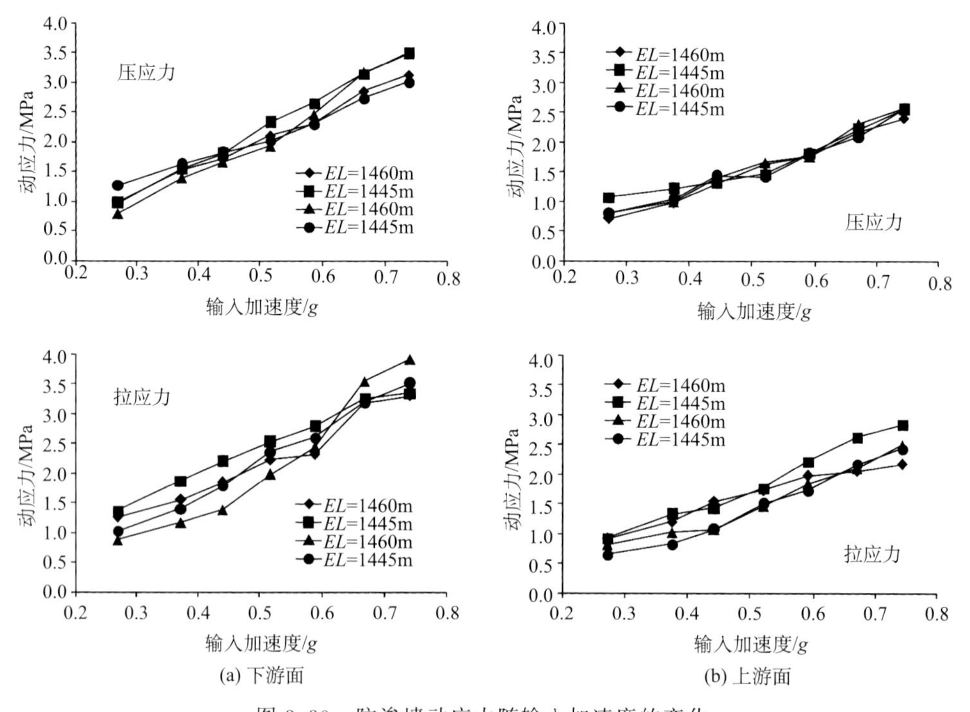

图 3.30　防渗墙动应力随输入加速度的变化

3.4.2.5　心墙与岸坡连接部地震响应

图 3.31 为设计地震和校核地震（均为坝轴向输入）条件下心墙加速度放大系数沿坝轴线分布，可以看出坝轴向地震的加速度放大系数随着坝体高程的增加而增大，且在坝轴向呈现河谷中央大、往两岸递减的分布规律。设计和校核地震条件下 1683m 高程的加速度放大系数分别为 2.39 和 2.29，可见坝轴向加速度放大系数亦随输入基岩加速度的增大而减小，且坝轴向地震时的加速度反应小于顺河向地震时的加速度反应（图 3.32）。

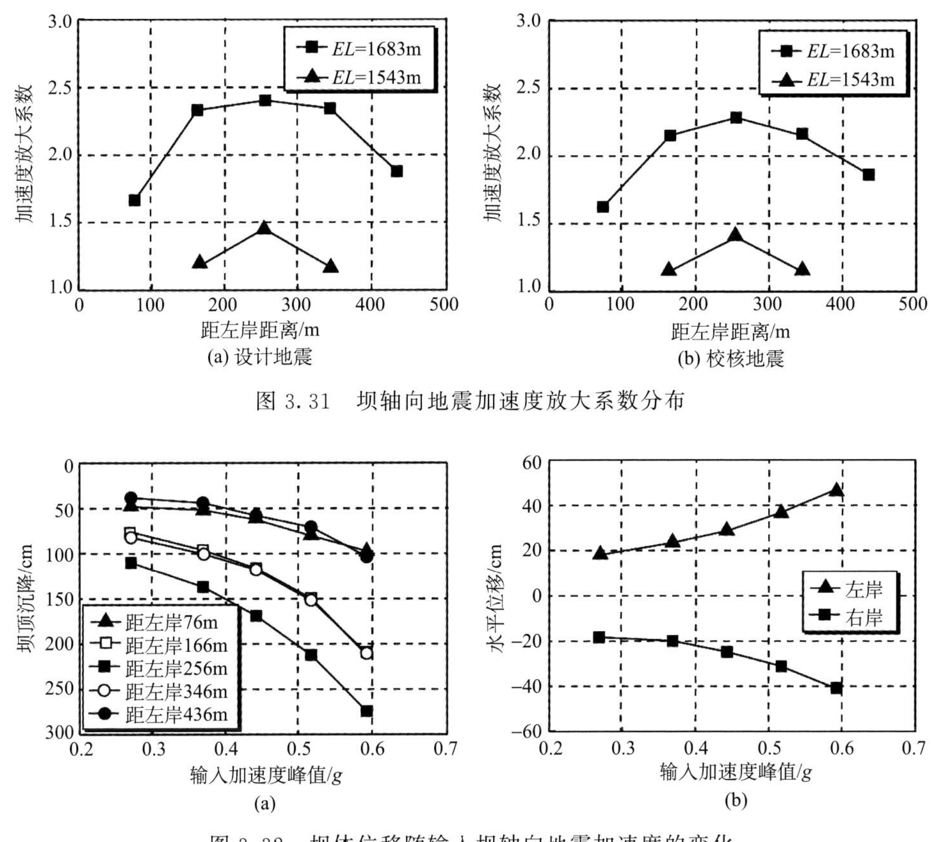

图 3.31　坝轴向地震加速度放大系数分布

图 3.32　坝体位移随输入坝轴向地震加速度的变化

表 3.16 和表 3.17 中给出了各模型得到的坝顶震陷以及水平位移值，设计坝轴向地震条件下坝顶最大沉降为 137cm；校核地震条件下坝顶震陷达到 168cm。若将该量值与表 3.13 中顺河向地震时的震陷量相比，可以发现坝轴向地震与顺河向地震时的震陷量值相当（顺河向设计地震时坝顶沉降约为 136～146cm；顺河向校核地震时坝顶沉降约为 165～178cm）。坝轴向地震时两岸心墙水平位移指

向河谷中央，但量值远低于沉降，设计地震条件下，左右两岸最大水平位移分别为 24cm 和 20cm；校核地震条件下，最大水平位移分别增至 29cm 和 24cm。图 3.32 中进一步绘制了坝体地震残余变形随输入地震加速度峰值的变化，无论是心墙震陷量还是其水平位移，均随着输入加速度峰值的增加而增大。

表 3.16 坝轴向地震引起的坝顶沉降 （单位：cm）

模型编号	距左岸距离/m				
	76	166	256	346	436
连接部 1	42	79	110	82	39
连接部 2	49	96	137	97	48
连接部 3	60	118	168	119	60
连接部 4	76	149	214	150	74
连接部 5	98	210	275	210	104

表 3.17 坝轴向地震引起的心墙最大水平位移 （单位：cm）

模型编号	连接部 1	连接部 2	连接部 3	连接部 4	连接部 5
左岸	19	24	29	36	47
右岸	−18	−20	−24	−31	−40

注：表中正值表示位移指向右岸；负值表示位移指向左岸

图 3.33 为设计地震条件下坝体位移矢量及变形前后的网格图，心墙变形仍以沉降为主，水平位移较小，故坝顶沉降沿坝轴向呈“V”形分布。此外，虽然岸坡附近心墙沉降和位移均很小，但心墙与岸坡之间产生了较为明显的错动，图 3.34 为设计地震和校核地震条件下心墙沿岸坡错动位移量随高度的变化情

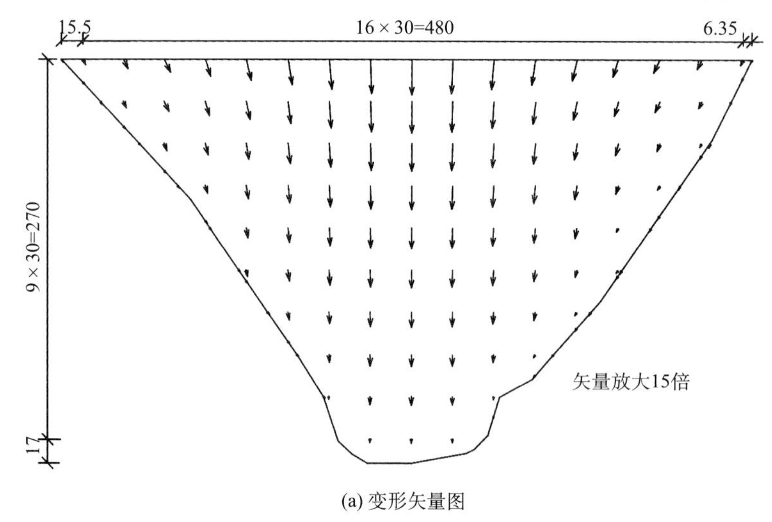

(a) 变形矢量图

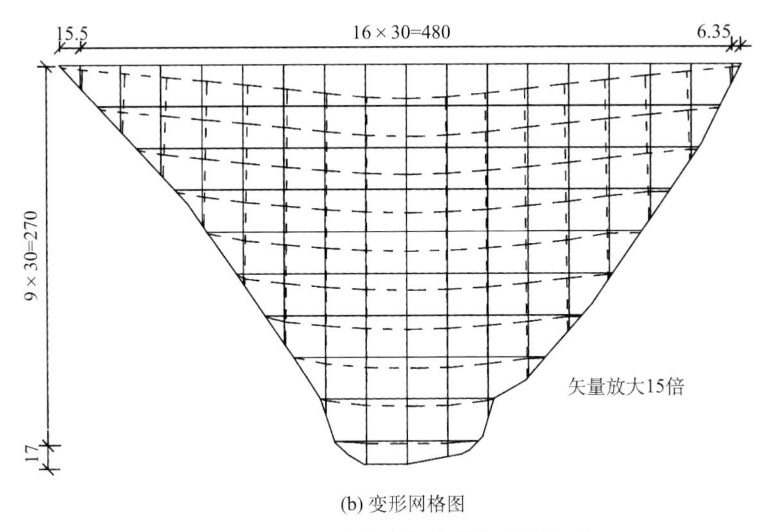

(b) 变形网格图

图 3.33　地震后心墙位移与变形前后网格图（m）

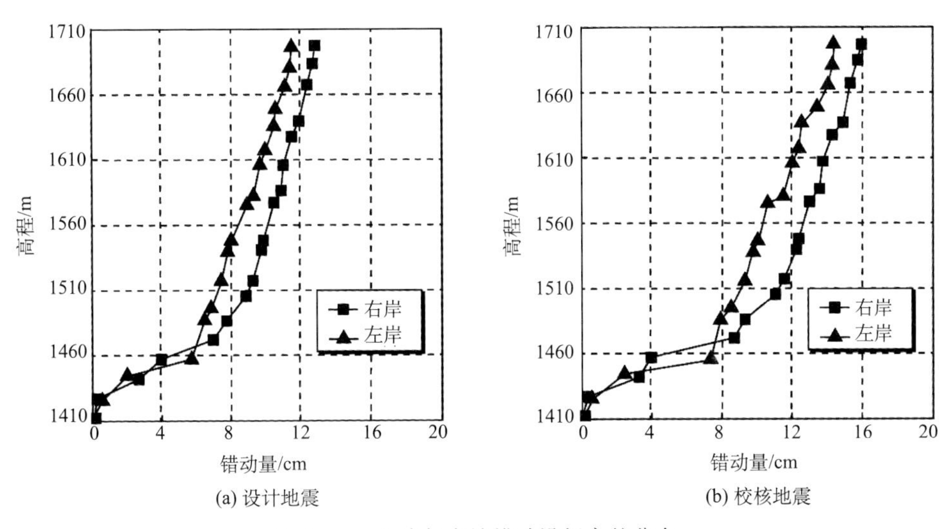

(a) 设计地震　　(b) 校核地震

图 3.34　心墙与岸坡错动沿坝高的分布

况，心墙沿岸坡错动位移量在坝顶最大，向下逐渐减小，但不同高程处减小程度不同。在 1445～1472m 高程之间，心墙沿岸坡错动位移量变化最快，表明该范围内错动位移梯度（错动位移与层厚之比）最大。值得注意的是心墙与岸坡之间的错动极易引发渗漏通道，成为威胁坝体安全的重大隐患，因此，在高土石坝工程设计、施工与安全管理过程中需引起高度重视。

参考文献

[1] 顾淦臣，沈长松，岑威钧. 土石坝地震工程学 [M]. 北京：中国水利水电出版社. 2009.

[2] 晏志勇. 汶川地震灾区大中型水电工程震损调查与分析 [M]. 北京：中国水利水电出版社. 2009.

[3] 沈珠江. 理论土力学 [M]. 北京：中国水利水电出版社，2000.

[4] 孔宪京，邹德高. 紫坪铺面板堆石坝震害分析与数值模拟 [M]. 北京：科学出版社. 2014.

[5] Wood D M. Geotechnical modelling [M]. London：Spon Press，2004.

[6] 陈生水. 土石坝试验新技术研究与应用 [J]. 岩土工程学报，2015，37 (1)：1-28.

[7] 杨正权，刘小生，刘启旺. 两河口高土石坝动力特性振动台模型试验研究 [J]. 水利学报，2011，42 (10)：1226-1233.

[8] 陈生水，霍家平，章为民. "5·12" 汶川地震对紫坪铺混凝土面板坝的影响及原因分析 [J]. 岩土工程学报，2008，30 (6)：795-801.

[9] Kutter B L，James R G. Dynamic centrifuge model tests on clay embankments [J]. Géotechnique，1989，39 (1)：91-106.

[10] Rova R L，Sitar N. Centrifuge model studies of the seismic response of reinforced soil slopes [J]. Journal of Geotechnical and Geoenvironmental Engineering，2006，132 (3)：388-400.

[11] Kagawa T，Sato M，Minowa C. Centrifuge simulations of large-scale shaking table tests：case studies [J]. Journal of Geotechnical and Geoenvironmental Engineering，2004，130 (7)：663-672.

[12] 徐泽平，侯瑜京，梁建辉. 深覆盖层上混凝土面板堆石坝的离心模型试验研究 [J]. 岩土工程学报，2010，32 (9)：1323-1328.

[13] Kim M K，Lee S H，Choo Y W. Seismic behaviors of earth-core and concrete-faced rock-fill dams by dynamic centrifuge tests [J]. Soil Dynamics and Earthquake Engineering，2011，31：1579-1593.

[14] Baziar M H，Salemi S，Merrifield C M. Dynamic centrifuge model tests on asphalt-concrete core dams [J]. Géotechnique，2009，59 (9)：763-771.

[15] Kanthasamy K M，Sachin D，Korkan A. Dynamical deformations in sand embankments：centrifuge modeling and blind，fully coupled analyses [J]. Canadian Geotechnical Journal，2004，41：48-69.

[16] Iwashira T. Elasto-plastic effective stress analysis of centrifugal shaking tests of a rockfill dam [C] //Proceedings of the 14th World Conference on Earthquake Engineering，Beijing，2008.

[17] 包承刚，蔡正银，陈云敏. 岩土离心模拟技术的原理和工程应用 [M]. 武汉：长江出版社，2011.

[18] 杜延龄，韩连兵. 土工离心模型试验技术 [M]. 北京：中国水利水电出版社，2010.

[19] Roscoe K H. The influence of strains in soil mechanics [J]. Géotechnique，1970，20 (2)：

129-170.
[20] Schofield A N. Cambridge geotechnical centrifuge operations [J]. Géotechnique，1980，30（3）：227-268.
[21] 王永志. 大型动力离心机设计理论与关键技术研究 [D]. 哈尔滨：中国地震局工程力学研究所，2013.
[22] 韩国城，孔宪京. 面板堆石坝坝体永久变形、面板应力及抗震措施研究 [R]. 大连：大连理工大学，1995.
[23] 韩国城，孔宪京，王承伦. 天生桥面板堆石坝三维整体模型动力试验研究 [C] //第三届全国地震工程会议论文集. 大连：大连理工大学出版社，1990：1373-1378.
[24] 孔宪京，刘君，韩国城. 面板堆石坝动力破坏模型试验与数值仿真分析 [J]. 岩土工程学报，2003，25（1）：26-30.
[25] 刘小生，王钟宁，汪小刚. 面板坝大型振动台模型试验与动力分析 [M]. 北京：中国水利水电出版社，2005.
[26] 刘小生，王钟宁，赵剑明. 面板堆石坝振动模型试验及动力分析研究 [J]. 水利学报，2002，33（2）：29-35.
[27] Prasad S K，Towhata I，Chandradhara G P. Shaking table tests in earthquake geotechnical engineering [J]. Current Science Special Section：Geotechnics and Earthquake Hazards，2004，87（10）：1398-1404.
[28] 章为民，王年香，陈生水. 2014. 地震动力离心模型试验外延分析方法 [P]：中国，ZL 2014 1 0017427. 2.
[29] 范钦珊，殷雅俊. 材料力学 [M]. 北京：清华大学出版社，2008.
[30] 王年香，章为民. 吉林台一级水电站混凝土面板砂砾石坝离心模型试验研究 [R]. 南京：南京水利科学研究院，2001.
[31] 王年香，章为民，顾行文. 长河坝抗震安全性评价与抗震措施离心模型试验研究 [R]. 南京：南京水利科学研究院，2009.
[32] 王年香，章为民，顾行文. 高心墙堆石坝地震反应复合模型研究 [J]. 岩土工程学报，2012，34（5）：798-804.
[33] 王年香，章为民. 混凝土面板堆石坝地震反应离心模型试验 [J]. 水利水运工程学报，2003，（1）：18-22.

第 4 章　土石坝地震安全计算理论与应用

土石坝地震安全计算分析方法主要有两种，即等效线性分析方法和动力非线性分析方法[1,2]，两者的着眼点均是筑坝材料应力应变滞回曲线的模拟。等效线性分析方法创建于 20 世纪 70 年代，Seed 和 Hardin 等运用一系列倾斜的椭圆近似模拟应力应变滞回曲线，并通过椭圆长轴的倾斜度（对应等效剪切模量）和椭圆的丰满度（对应等效阻尼比）与动剪应变之间的关系考虑土石料的模量和阻尼特性[3-6]。迄今这一方法已广泛应用于世界各国大量土石坝的地震响应计算分析，取得了良好的效果。但因所采用的黏弹性模型无法直接计算得出地震导致的大坝残余变形值及其发展过程，故一般需补充残余应变经验公式，并通过初应变法计算地震过程中大坝的残余变形[7,8]。动力非线性分析方法则通过定义骨干曲线方程描述初始加载，运用一定的映射准则（如 Masing 准则）模拟卸载和再加载时土的应力应变曲线[9]，通常能够直接得到大坝的地震残余剪切变形，但仍需补充地震残余体积变形公式来计算分析坝体的震陷量和坝壳收缩[10]。汶川地震后，紫坪铺混凝土面板堆石坝产生了明显的残余变形，并使防渗面板严重损伤，能够直接考虑堆石料残余剪切变形和体积变形积累的弹塑性本构模型以及高土石坝地震安全的弹塑性分析方法受到重视。本章将重点介绍作者研究团队近年来在高土石坝筑坝材料本构模型、高土石坝地震安全计算理论与分析方法及其在高土石坝工程地震安全评价与灾害预测中的应用情况。

4.1　动力方程及其解法

4.1.1　动力平衡方程

忽略高土石坝筑坝堆石料与孔隙水之间的相互作用，即采用总应力计算方法，则坝体内任意点处的动力平衡方程为

$$\rho(\boldsymbol{b}-\ddot{\boldsymbol{u}}-\ddot{\boldsymbol{u}}_{g})-\alpha\rho\dot{\boldsymbol{u}}-\nabla\cdot\boldsymbol{\sigma}=0 \tag{4.1}$$

式中：ρ 为坝料密度；$\boldsymbol{b}$ 为坝料所受静态体积力；$\ddot{\boldsymbol{u}}_{g}$ 是基岩输入加速度；$\ddot{\boldsymbol{u}}$ 是坝体相对于地面的加速度；$\nabla\cdot\boldsymbol{\sigma}$ 是柯西应力 $\boldsymbol{\sigma}$ 的散度；∇是梯度算子。式（4.1）左端第二项反映的是与速度 $\dot{\boldsymbol{u}}$ 相关的阻尼力，其中 α 为比例因子。

地震过程的任意时刻，坝料应力状态总可以分解为静应力（或称初始应力）与动应力之和，即

$$\boldsymbol{\sigma} = \boldsymbol{\sigma}_0 + \boldsymbol{\sigma}^{c} \tag{4.2}$$

其中，应力的下标 0 表示初始应力，上标 c 表示动应力。初始条件下，坝料应符合下述静力平衡方程

$$\rho \boldsymbol{b} - \nabla \cdot \boldsymbol{\sigma}_0 = 0 \tag{4.3}$$

故将式（4.1）和式（4.3）相减可得

$$\rho \ddot{\boldsymbol{u}} + \alpha\rho \dot{\boldsymbol{u}} + \nabla \cdot \boldsymbol{\sigma}^{c} = -\rho \ddot{\boldsymbol{u}}_g \tag{4.4}$$

值得注意的是，式（4.4）中的加速度和速度均只与由动力荷载引起的位移增量有关，与初始状态时坝体已经产生的位移无关。

在小变形假定条件下

$$\boldsymbol{\varepsilon} = -\frac{1}{2}(\nabla \cdot \boldsymbol{u} + \boldsymbol{u} \cdot \nabla) \tag{4.5}$$

式（4.4）的求解仍需补充本构方程，用以构建动应力和应变以及应变率之间的关系，即

$$\boldsymbol{\sigma}^{c} = F(\boldsymbol{\sigma}_0,\ \boldsymbol{\varepsilon},\ \dot{\boldsymbol{\varepsilon}}) \tag{4.6}$$

或者写成

$$\boldsymbol{\varepsilon} = F^{-1}(\boldsymbol{\sigma}_0,\ \boldsymbol{\sigma}^{c}) \tag{4.7}$$

第 2 章中曾指出在地震循环荷载作用下，堆石料应变在总趋势上不断增加，体现为地震残余变形的积累，但该过程中应变亦呈现出周期性波动，体现为循环应变，如图 2.10（c）所示。根据这一试验现象，将大坝动力位移及应变反应分解成单调增加部分和循环波动部分，即

$$\boldsymbol{u} = \boldsymbol{u}^{p} + \boldsymbol{u}^{c};\quad \boldsymbol{\varepsilon}^{p} = -\frac{1}{2}(\nabla \cdot \boldsymbol{u}^{p} + \boldsymbol{u}^{p} \cdot \nabla);\quad \boldsymbol{\varepsilon}^{c} = -\frac{1}{2}(\nabla \cdot \boldsymbol{u}^{c} + \boldsymbol{u}^{c} \cdot \nabla) \tag{4.8}$$

式中：上标 p 表示位移量的单调增加部分（即地震残余位移）c 表示循环波动部分（动位移），则式（4.4）可以进一步写成

$$\rho \ddot{\boldsymbol{u}}^{c} + \alpha\rho \dot{\boldsymbol{u}}^{c} + \nabla \cdot \boldsymbol{\sigma}^{c} = -\rho(\ddot{\boldsymbol{u}}^{p} + \ddot{\boldsymbol{u}}_g) - \alpha\rho \dot{\boldsymbol{u}}^{p} \tag{4.9}$$

由图 2.10（c）可以看出加载过程的绝大多数时刻，地震残余变形曲线相对于时间轴的斜率远低于循环位移曲线的斜率，故式（4.9）中与地震残余位移相关的加速度和速度项均可以忽略，从而退化成仅含动应力和动位移的平衡方程，即

$$\rho \ddot{\boldsymbol{u}}^{c} + \alpha\rho \dot{\boldsymbol{u}}^{c} + \nabla \cdot \boldsymbol{\sigma}^{c} = -\rho \ddot{\boldsymbol{u}}_g \tag{4.10}$$

相对于式（4.9）而言，式（4.10）只需建立动应力和动应变之间的关系即可求解，这在现有的黏弹性理论框架下已得到较为完满的解决，如本书第 2 章中建立的动剪切模量和等效阻尼比模型。但在求解得到大坝的循环位移过程后，仍需通

过求解下式得到坝体的地震残余位移发展过程：

$$\boldsymbol{u}^{\mathrm{p}} = H(\boldsymbol{\sigma}_0,\ \boldsymbol{\varepsilon}^{\mathrm{c}},\ t) \tag{4.11}$$

求解式（4.11）较为简单实用的方法是建立地震残余应变与初始应力、动应变幅以及等效振次之间的经验关系，然后利用初应变法将地震残余应变转换成等效节点力施加到结构上，计算得到大坝的地震残余变形。

4.1.2 动力方程隐式解法

为求解动力平衡方程，首先将式（4.10）改写为等效的积分形式（忽略上标c），即

$$\int \boldsymbol{w} \cdot (\rho\ddot{\boldsymbol{u}} + \alpha\rho\dot{\boldsymbol{u}} + \nabla\cdot \boldsymbol{\sigma} + \rho\ddot{\boldsymbol{u}}_g)\,\mathrm{d}v = 0 \tag{4.12}$$

式中：$\boldsymbol{w}$ 为任意具有一阶导数的连续（矢量）函数。注意到下述应力边界条件

$$\boldsymbol{\sigma} \cdot \boldsymbol{n} + \bar{\boldsymbol{p}} = 0 \tag{4.13}$$

式（4.12）可以展开为

$$\int \boldsymbol{w} \cdot \rho\ddot{\boldsymbol{u}}\,\mathrm{d}v + \int \boldsymbol{w} \cdot \alpha\rho\dot{\boldsymbol{u}}\,\mathrm{d}v - \int \boldsymbol{w} \cdot \bar{\boldsymbol{p}}\,\mathrm{d}s - \int \nabla\cdot \boldsymbol{w} \cdot \boldsymbol{\sigma}\,\mathrm{d}v + \int \boldsymbol{w} \cdot \rho\ddot{\boldsymbol{u}}_g\,\mathrm{d}v = 0 \tag{4.14}$$

假定位移 $\boldsymbol{u}$ 和试函数 $\boldsymbol{w}$ 均可采用下述插值模式

$$\boldsymbol{w} = \boldsymbol{N} \cdot \boldsymbol{w}^{\mathrm{e}};\quad \boldsymbol{u} = \boldsymbol{N} \cdot \boldsymbol{u}^{\mathrm{e}} \tag{4.15}$$

并记

$$\boldsymbol{B} = \boldsymbol{L} \cdot \boldsymbol{N} = -\begin{pmatrix} \partial/\partial x & 0 & 0 \\ 0 & \partial/\partial y & 0 \\ 0 & 0 & \partial/\partial z \\ \partial/\partial y & \partial/\partial x & 0 \\ 0 & \partial/\partial z & \partial/\partial y \\ \partial/\partial z & 0 & \partial/\partial x \end{pmatrix} \cdot \boldsymbol{N} \tag{4.16}$$

则式（4.14）可以改写为

$$(\boldsymbol{w}^{\mathrm{e}})^{\mathrm{T}}\int \boldsymbol{N}^{\mathrm{T}}\rho\boldsymbol{N}\,\mathrm{d}v\ddot{\boldsymbol{u}}^{\mathrm{e}} + (\boldsymbol{w}^{\mathrm{e}})^{\mathrm{T}}\int \alpha\boldsymbol{N}^{\mathrm{T}}\rho\boldsymbol{N}\,\mathrm{d}v\dot{\boldsymbol{u}}^{\mathrm{e}} - (\boldsymbol{w}^{\mathrm{e}})^{\mathrm{T}}\int \boldsymbol{N}^{\mathrm{T}}\bar{\boldsymbol{p}}\,\mathrm{d}s$$

$$+ (\boldsymbol{w}^{\mathrm{e}})^{\mathrm{T}}\int \boldsymbol{B}^{\mathrm{T}}\boldsymbol{\sigma}\,\mathrm{d}v + (\boldsymbol{w}^{\mathrm{e}})^{\mathrm{T}}\int \boldsymbol{N}^{\mathrm{T}}\rho\boldsymbol{N}\,\mathrm{d}v\ddot{\boldsymbol{u}}_g^{\mathrm{e}} = 0 \tag{4.17}$$

忽略上述方程中各变量的上标，并考虑到试函数 $\boldsymbol{w}$ 的任意性，下述方程可以简写成

$$\boldsymbol{M}\ddot{\boldsymbol{u}}+\alpha\boldsymbol{M}\dot{\boldsymbol{u}}+\int\boldsymbol{B}^{\mathrm{T}}\boldsymbol{\sigma}\,\mathrm{d}v=\boldsymbol{F} \tag{4.18}$$

对于黏弹性材料，其本构模型可以写成如下形式

$$\boldsymbol{\sigma}=\boldsymbol{D}:\boldsymbol{\varepsilon}+\beta\boldsymbol{D}:\dot{\boldsymbol{\varepsilon}} \tag{4.19}$$

式中：β 是与阻尼相关的参数。将式（4.19）代入式（4.18）并注意到 $\varepsilon=\boldsymbol{Bu}$，可得

$$\boldsymbol{M}\ddot{\boldsymbol{u}}+\boldsymbol{C}\dot{\boldsymbol{u}}+\boldsymbol{K}\boldsymbol{u}=\boldsymbol{F} \tag{4.20}$$

式中：

$$\boldsymbol{M}=\int\boldsymbol{N}^{\mathrm{T}}\rho\boldsymbol{N}\,\mathrm{d}v\ ;$$

$$\boldsymbol{K}=\int\boldsymbol{B}^{\mathrm{T}}\boldsymbol{D}\boldsymbol{B}\,\mathrm{d}v;$$

$$\boldsymbol{C}=\alpha\boldsymbol{M}+\beta\boldsymbol{K};$$

$$\boldsymbol{F}=\int\boldsymbol{N}^{\mathrm{T}}\bar{\boldsymbol{p}}\,\mathrm{d}s-\boldsymbol{M}\ddot{\boldsymbol{u}}_g \tag{4.21}$$

式（4.20）就是采用黏弹性模型时需求解的动力有限元方程，可以采用 Newmark 方法求解[11]，其基本假定为

$$\dot{\boldsymbol{u}}_{i+1}=\dot{\boldsymbol{u}}_i+[(1-a)\ddot{\boldsymbol{u}}_i+a\ddot{\boldsymbol{u}}_{i+1}]\Delta t$$

$$\boldsymbol{u}_{i+1}=\boldsymbol{u}_i+\dot{\boldsymbol{u}}_i\Delta t+\left[\left(\frac{1}{2}-b\right)\ddot{\boldsymbol{u}}_i+b\ddot{\boldsymbol{u}}_{i+1}\right]\Delta t^2 \tag{4.22}$$

或改写为

$$\ddot{\boldsymbol{u}}_{i+1}=\frac{1}{b\Delta t^2}(\boldsymbol{u}_{i+1}-\boldsymbol{u}_i)-\frac{1}{b\Delta t}\dot{\boldsymbol{u}}_i-\left(\frac{1}{2b}-1\right)\ddot{\boldsymbol{u}}_i$$

$$\dot{\boldsymbol{u}}_{i+1}=\frac{a}{b\Delta t}(\boldsymbol{u}_{i+1}-\boldsymbol{u}_i)+\left(1-\frac{a}{b}\right)\dot{\boldsymbol{u}}_i+\left(1-\frac{a}{2b}\right)\Delta t\ddot{\boldsymbol{u}}_i \tag{4.23}$$

将式（4.23）代入 $i+1$ 时步的动力有限元方程可得

$$\left(\frac{1}{b\Delta t^2}\boldsymbol{M}+\frac{a}{b\Delta t}\boldsymbol{C}+\boldsymbol{K}\right)\boldsymbol{u}_{i+1}=\boldsymbol{F}_{i+1}+\boldsymbol{M}\left[\frac{1}{b\Delta t^2}\boldsymbol{u}_i+\frac{1}{b\Delta t}\dot{\boldsymbol{u}}_i+\left(\frac{1}{2b}-1\right)\ddot{\boldsymbol{u}}_i\right]$$
$$+\boldsymbol{C}\left[\frac{a}{b\Delta t}\boldsymbol{u}_i-\left(1-\frac{a}{b}\right)\dot{\boldsymbol{u}}_i-\Delta t\left(1-\frac{a}{2b}\right)\ddot{\boldsymbol{u}}_i\right] \tag{4.24}$$

为保证动力计算解的稳定性，一般要求

$$a\geqslant\frac{1}{2},\quad b\geqslant\frac{1}{4}\left(\frac{1}{2}+a\right)^2 \tag{4.25}$$

特别地，当 $a=1/2$，$b=1/4$ 时，Newmark 法即为等加速度法；当 $a=1/2$，$b=1/6$ 时，Newmark 法即为线性加速度法[1]。

4.1.3 动力方程显式解法

土石坝动力反应的隐式解法需迭代求解大规模非线性方程组，当自由度数量较大时，存储和计算量都极为可观。为节省存储量和计算量，动力平衡方程亦可以采用显式积分方法[12]，此时平衡方程形式与式（4.18）一致。特别地，第 i 时步的平衡方程为

$$\boldsymbol{M}\ddot{\boldsymbol{u}}_i + \alpha\boldsymbol{M}\dot{\boldsymbol{u}}_i = \boldsymbol{F}_i - \int \boldsymbol{B}^{\mathrm{T}}\boldsymbol{\sigma}_i \mathrm{d}v = \widetilde{\boldsymbol{F}}_i \tag{4.26}$$

式中：$\widetilde{\boldsymbol{F}}_i$ 可理解为系统的不平衡力。若对加速度和速度在时间域上采用下述中心差分格式，

$$\ddot{\boldsymbol{u}}_i = \frac{\dot{\boldsymbol{u}}_{i+1/2} - \dot{\boldsymbol{u}}_{i-1/2}}{\Delta t}; \quad \dot{\boldsymbol{u}}_i = \frac{\dot{\boldsymbol{u}}_{i+1/2} + \dot{\boldsymbol{u}}_{i-1/2}}{2} \tag{4.27}$$

则式（4.26）可以写成

$$\dot{\boldsymbol{u}}_{i+1/2} = \frac{1-\alpha\Delta t/2}{1+\alpha\Delta t/2}\dot{\boldsymbol{u}}_{i-1/2} + \frac{\Delta t}{1+\alpha\Delta t/2}\cdot\boldsymbol{M}^{-1}\widetilde{\boldsymbol{F}}_i \tag{4.28}$$

式（4.28）是一个显式方程，可以直接由系统当前应力状态和运动状态求得 $i+1/2$ 时刻的速度，进而得到 $i \sim i+1$ 时间段的位移增量，并确定各单元应力增量和新的不平衡力，直至整个地震过程结束。特别地，当式(4.28）中 $\boldsymbol{M}$ 采用集中质量矩阵时，方程的求逆过程将大为简化，这是采用显式差分方法的突出优点。

为保证解的稳定性，动力方程显式解法对时间步长有较为严格的要求，即

$$\Delta t \leqslant \frac{2}{\omega_{\max}}\left(\sqrt{1+\lambda^2} - \lambda\right) \tag{4.29}$$

式中：λ 为系统的阻尼比；$\omega_{\max}$是系统的最高阶自振圆频率。

4.2 筑坝堆石材料本构模型

土石坝地震反应分析之前需开展静力分析得到大坝震前应力状态；采用黏弹性模型开展动力分析时，为计算地震残余变形发展过程，亦需补充开展静力计算。目前，我国工程界运用最为广泛的筑坝材料本构模型系由邓肯等提出的双曲线模型和由沈珠江院士提出的“南水”双屈服面模型[13]。近年来，作者研究团队围绕考虑粗颗粒堆石料颗粒破碎和循环硬化等特性的本构模型开展了较为深入研究，取得了系列创新成果，为进一步提升高土石坝的地震安全评价与灾害预测水平提供了重要的理论基础[14-16]，本节将简要介绍这些本构模型。

4.2.1 “南水”双屈服面弹塑性模型

“南水”双屈服面模型中运用了两个屈服面描述加载和卸载，并确定塑性流

动方向，即

$$\begin{cases} F_1 = p^2 + r^2 q^2 \\ F_2 = \dfrac{q^s}{p} \end{cases} \tag{4.30}$$

式中：p 和 q 分别为平均应力和八面体剪应力，即

$$\begin{cases} p = \dfrac{1}{3}\sigma_{ij}\delta_{ij} \\ q = \sqrt{\dfrac{1}{3}(\sigma_{ij} - p\delta_{ij})(\sigma_{ij} - p\delta_{ij})} \end{cases} \tag{4.31}$$

采用相关联的流动准则时，材料的应变可以表示为

$$\mathrm{d}\varepsilon_{ij} = \mathrm{d}\varepsilon_{ij}^e + \mathrm{d}\varepsilon_{ij}^p = \mathrm{d}\varepsilon_{ij}^e + A_1 \mathrm{d}F_1 \frac{\partial F_1}{\partial \sigma_{ij}} + A_2 \mathrm{d}F_2 \frac{\partial F_2}{\partial \sigma_{ij}} \tag{4.32}$$

特别地，在三轴压缩应力状态下 $\mathrm{d}p = \dfrac{1}{3}\mathrm{d}\sigma_1$；$\mathrm{d}q = \dfrac{\sqrt{2}}{3}\mathrm{d}\sigma_1$，故

$$\begin{cases} \mathrm{d}F_1 = \dfrac{\partial F_1}{\partial p}\mathrm{d}p + \dfrac{\partial F_1}{\partial q}\mathrm{d}q = \dfrac{2}{3}\left(p + \sqrt{2}r^2 q\right)\mathrm{d}\sigma_1 \\ \mathrm{d}F_2 = \dfrac{\partial F_2}{\partial p}\mathrm{d}p + \dfrac{\partial F_2}{\partial q}\mathrm{d}q = -\dfrac{q^s}{p^2}\dfrac{1}{3}\mathrm{d}\sigma_1 + \dfrac{sq^{s-1}}{p}\dfrac{\sqrt{2}}{3}\mathrm{d}\sigma_1 = \dfrac{q^{s-1}}{3p^2}\left(\sqrt{2}sp - q\right)\mathrm{d}\sigma_1 \end{cases} \tag{4.33}$$

因此，柔度方程可以展开为

$$\begin{pmatrix} \mathrm{d}\varepsilon_1 \\ \mathrm{d}\varepsilon_2 \\ \mathrm{d}\varepsilon_3 \end{pmatrix} = \begin{pmatrix} \dfrac{1}{E} \\ -\dfrac{v}{E} \\ -\dfrac{v}{E} \end{pmatrix}\mathrm{d}\sigma_1 + A_1 \frac{2}{3}\left(p + \sqrt{2}r^2 q\right)\mathrm{d}\sigma_1 \begin{pmatrix} \dfrac{2}{3}p + 2r^2 \dfrac{\sigma_1 - p}{3} \\ \dfrac{2}{3}p + 2r^2 \dfrac{\sigma_2 - p}{3} \\ \dfrac{2}{3}p + 2r^2 \dfrac{\sigma_3 - p}{3} \end{pmatrix}$$
$$+ A_2 \frac{q^{s-1}}{3p^2}\left(\sqrt{2}sp - q\right)\mathrm{d}\sigma_1 \begin{pmatrix} -\dfrac{q^s}{3p^2} + sq^{s-2}\dfrac{\sigma_1 - p}{3p} \\ -\dfrac{q^s}{3p^2} + sq^{s-2}\dfrac{\sigma_2 - p}{3p} \\ -\dfrac{q^s}{3p^2} + sq^{s-2}\dfrac{\sigma_3 - p}{3p} \end{pmatrix} \tag{4.34}$$

由此可得

$$d\varepsilon_1=\frac{1}{E}d\sigma_1+A_1\frac{4}{9}(p+\sqrt{2}r^2q)^2d\sigma_1+A_2\frac{q^{2s-2}}{9p^4}(\sqrt{2}sp-q)^2d\sigma_1 \tag{4.35}$$

$$d\varepsilon_v=\frac{1-2v}{E}d\sigma_1+A_1\frac{4}{3}p(p+\sqrt{2}r^2q)d\sigma_1-A_2\frac{q^s}{p^2}\frac{q^{s-1}}{3p^2}(\sqrt{2}sp-q)d\sigma_1 \tag{4.36}$$

若记$\frac{d\varepsilon_1}{d\sigma_1}=\frac{1}{E_t}$、$\frac{1}{E}=\frac{1}{3G}+\frac{1}{9K}$、$\frac{d\varepsilon_v}{d\sigma_1}=\frac{d\varepsilon_v}{d\varepsilon_1}\frac{d\varepsilon_1}{d\sigma_1}=\frac{\mu_t}{E_t}$、$\frac{1-2v}{E}=\frac{1}{3K}$，则上述两式可改写为

$$A_1\frac{4}{9}(p+\sqrt{2}r^2q)^2+A_2\frac{q^{2s-2}}{9p^4}(\sqrt{2}sp-q)^2=\frac{1}{E_t}-\frac{1}{3G}-\frac{1}{9K} \tag{4.37}$$

$$A_1\frac{4}{3}p(p+\sqrt{2}r^2q)-A_2\frac{q^s}{p^2}\frac{q^{s-1}}{3p^2}(\sqrt{2}sp-q)=\frac{\mu_t}{E_t}-\frac{1}{3K} \tag{4.38}$$

不难解得

$$\begin{cases} A_1=\dfrac{1}{4\sqrt{2}p^2}\dfrac{\sqrt{2}s\left(\dfrac{3\mu_t}{E_t}-\dfrac{1}{K}\right)+\eta\left(\dfrac{9}{E_t}-\dfrac{3\mu_t}{E_t}-\dfrac{3}{G}\right)}{(1+\sqrt{2}r^2\eta)(s+r^2\eta^2)} \\ A_2=\dfrac{p^2q^2}{\sqrt{2}q^{2s}}\dfrac{\left(\dfrac{9}{E_t}-\dfrac{3\mu_t}{E_t}-\dfrac{3}{G}\right)-\sqrt{2}r^2\eta\left(\dfrac{3\mu_t}{E_t}-\dfrac{1}{K}\right)}{(\sqrt{2}s-\eta)(s+r^2\eta^2)} \end{cases} \tag{4.39}$$

确定系数 A_1 和 A_2 后，即可由柔度矩阵求逆得到弹塑性刚度矩阵，用于有限元计算。

上述模型中，材料的切线模量与邓肯模型中一致[13]，即

$$E_t=(1-R_fS_1)^2kp_a\left(\frac{\sigma_3}{p_a}\right)^n \tag{4.40}$$

其切线体积比则由抛物线形体变曲线确定[13]，即

$$\mu_t=\frac{d\varepsilon_v}{d\varepsilon_1}=2c_d\left(\frac{\sigma_3}{p_a}\right)^{n_d}\frac{E_i\cdot R_fS_1}{\sigma_1-\sigma_3}\frac{1-R_d}{R_d}\left(1-\frac{R_fS_1}{1-R_fS_1}\frac{1-R_d}{R_d}\right) \tag{4.41}$$

上述两式中，R_f，k，n，c_d，n_d，R_d 是本构模型参数；p_a 为大气压力；S_1 为应力水平，由 Mohr-Coulomb 条件给出，即

$$S_1=\frac{(\sigma_1-\sigma_3)(1-\sin\varphi)}{2\sigma_3\sin\varphi+2c\cos\varphi} \tag{4.42}$$

式中：c 和 φ 是两个强度参数。

采用“南水”双屈服面模型对某高土石坝堆石料三轴试验结果进行模拟，模

型参数见表 4.1。试验数据和模拟结果如图 4.1 所示，其中，散点为试验结果，曲线为模拟结果。从轴向应力应变关系曲线可以看出，尽管堆石料峰值摩擦角是根据试验资料直接整理得出的，但式（4.40）并未合理反映出堆石料的破坏特点，主要原因是该式中破坏比参数（$R_f<1$）的运用使材料在应力水平达到 1.0 时切线模量仍然为正，无法模拟应力不变条件下应变无限增长的破坏特点；"南水"双屈服面模型的另一个不足之处是，无论在低围压还是高围压状态下，堆石料大应变时的剪胀均被高估，从图 4.1（b）可明显看出，抛物线型体变曲线并不能很好模拟堆石料的剪胀（缩）规律。

表 4.1　三轴试验原始模型计算参数

材料	φ_0/(°)	$\Delta\varphi$/(°)	K	n	R_f	C_d/%	n_d	R_d
堆石料	57.6	10.9	1557.9	0.27	0.61	0.16	0.88	0.55

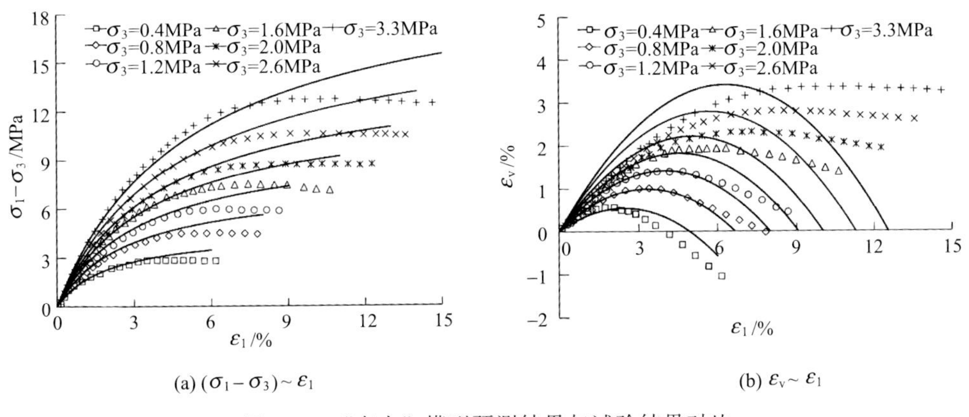

图 4.1　"南水"模型预测结果与试验结果对比

为克服"南水"双屈服面模型的上述不足，在分析试验资料的基础上对其进行了两点修正。首先，为保证剪切应力水平达到峰值强度时，材料切线模量趋于零，将切线模量表达式改为以下形式：

$$E_t=\left(1-\frac{\eta}{M_f}\right)^{\alpha}\cdot k\cdot p_a\cdot\left(\frac{\sigma_3}{p_a}\right)^{n}\tag{4.43}$$

式中：α 是一个无量纲参数；η 为应力比，即 $\eta=q/p$；M_f 为峰值应力比，由峰值摩擦角确定，即

$$M_f=\frac{6\sin\varphi_f}{3-\sin\varphi_f}\tag{4.44}$$

式中：峰值摩擦角由第二章中式（2.1）确定。图 4.2 中绘制了四种不同围压下，

切线模量与应力比的试验结果（散点）以及由式（4.43）模拟的结果（曲线），可以看出不同围压下的试验数据均能够由式（4.43）较好地模拟。

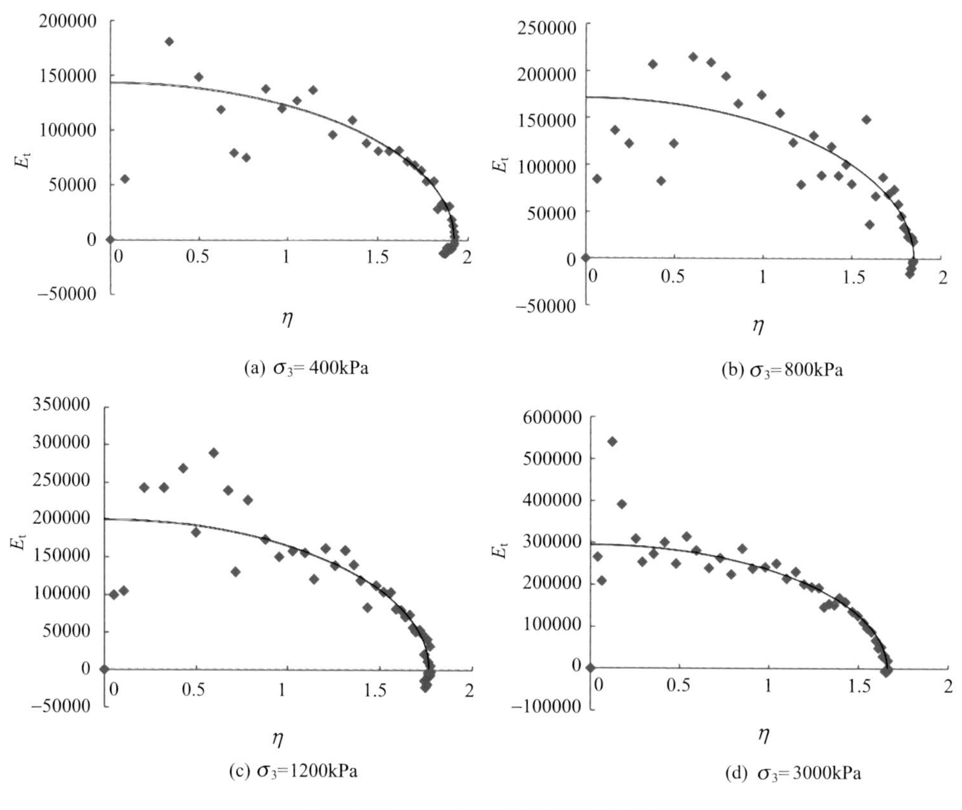

图 4.2　不同围压下 E_t 与 η 的关系

为对体变曲线进行修正，研究了切线体积比与应力比的关系。图 4.3 中绘制了四种不同堆石料的试验结果，从中可以看出，除应力比较低时的少数试验点之外，绝大多数时刻切线体积比均随应力比增加而减小。初始加载时刻体积应变较小的原因是排水管道过长，水无法及时排出，导致体积变形滞后。本书中采用下述关系式模拟体变特性，即

$$\mu_t = \mu_{t0}\left(1-\left(\frac{\eta}{M_c}\right)^4\right) \tag{4.45}$$

式中：μ_{t0}为初始切线体积比；M_c定义为临胀应力比，由下式确定。

$$M_c = \frac{6\sin\psi_c}{3-\sin\psi_c} \tag{4.46}$$

式中：临胀摩擦角由式（2.2）确定。

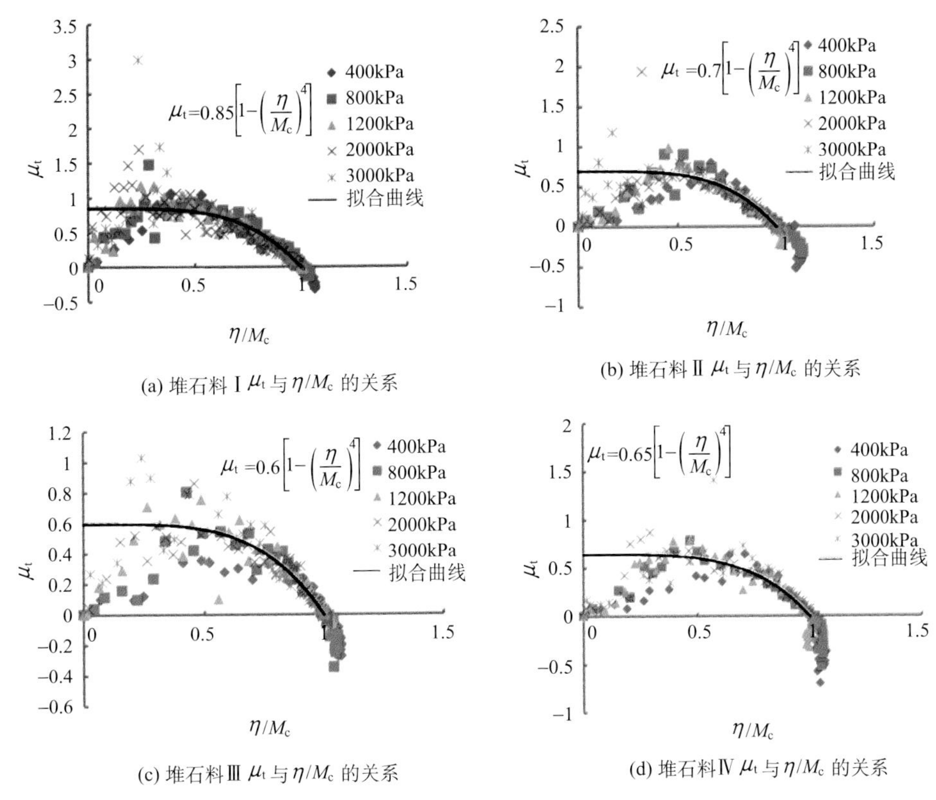

(a) 堆石料Ⅰμ_t与η/M_c的关系

(b) 堆石料Ⅱμ_t与η/M_c的关系

(c) 堆石料Ⅲμ_t与η/M_c的关系

(d) 堆石料Ⅳμ_t与η/M_c的关系

图 4.3 四种材料不同围压下μ_t与η的关系

将修改后的切线模量E_t和切线体积比μ_t引入到“南水”双屈服面模型，并对两种堆石料三轴试验进行了模拟，表 4.2 为相应的模型参数，图 4.4 和图 4.5 中对比了两种材料的试验和模拟结果。从图中可以看出，通过修改切线模量表达式，修正后的模型较好地反映了堆石料在不同围压下的破坏情况；通过修改切线体积比表达式，修正后的模型能够较好地反映堆石料的初始剪缩，且克服了原始模型后期剪胀过大的不足。

表 4.2 修正“南水”双屈服面模型参数

材料	φ_0/(°)	$\Delta\varphi$/(°)	ψ_0/(°)	$\Delta\psi$/(°)	μ_{t0}	K	n	α
堆石料Ⅰ	57.6	10.9	52.1	7.4	0.8	1557.9	0.27	0.6
堆石料Ⅱ	57.3	10.7	51.7	7.4	0.8	1415.8	0.36	0.8

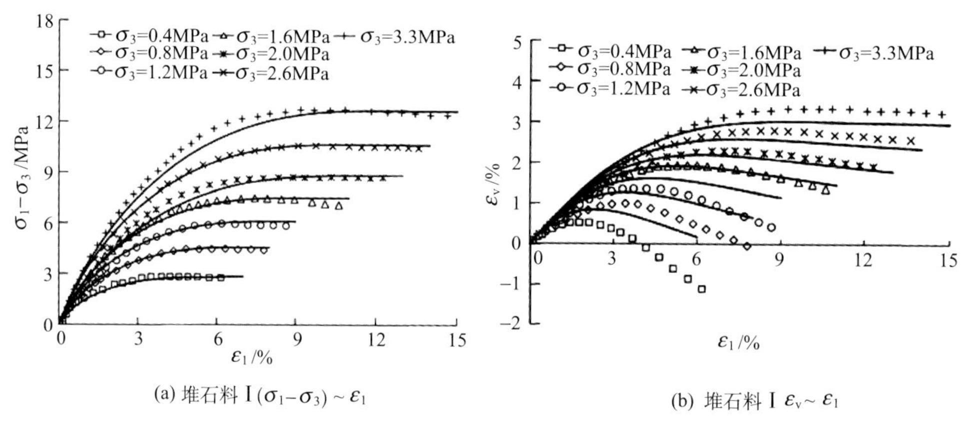

(a) 堆石料Ⅰ$(\sigma_1-\sigma_3)\sim\varepsilon_1$　　(b) 堆石料Ⅰ$\varepsilon_v\sim\varepsilon_1$

图 4.4　堆石料Ⅰ模拟结果与试验结果对比

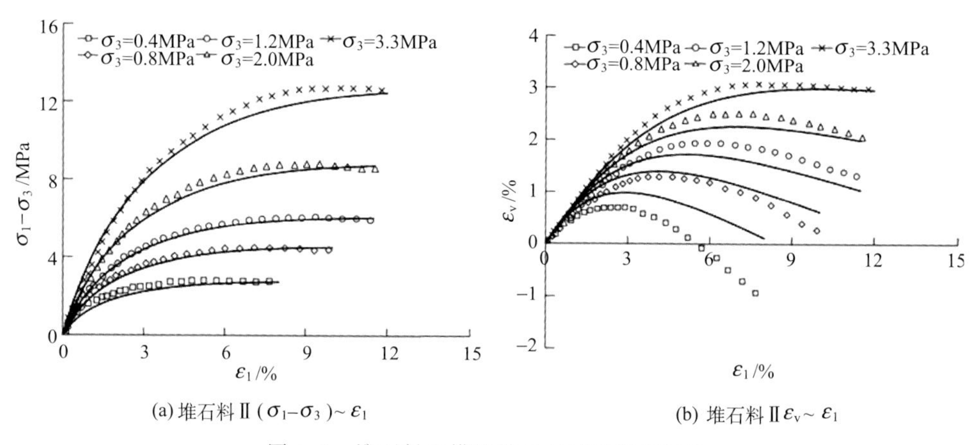

(a) 堆石料Ⅱ$(\sigma_1-\sigma_3)\sim\varepsilon_1$　　(b) 堆石料Ⅱ$\varepsilon_v\sim\varepsilon_1$

图 4.5　堆石料Ⅱ模拟结果与试验结果对比

4.2.2　广义塑性本构模型

经典弹塑性理论的三大核心内容为屈服函数、流动方向和硬化准则，双屈服面模型中屈服函数同时用来确定加载方向和流动方向，直接运用三轴压缩试验结果确定塑性变形，未引入硬化参数和硬化准则。实际上，屈服函数、流动方向和硬化准则等经典概念均可以放弃，代之以直接定义相关的物理量，这就是广义塑性本构模型的基本特点，其本构方程为[17,18]

$$\mathrm{d}\boldsymbol{\sigma}=\left[\boldsymbol{D}^{\mathrm{e}}-\frac{(\boldsymbol{D}^{\mathrm{e}}:\boldsymbol{n}_{\mathrm{g}})\otimes(\boldsymbol{n}_{\mathrm{f}}:\boldsymbol{D}^{\mathrm{e}})}{H+\boldsymbol{n}_{\mathrm{f}}:\boldsymbol{D}^{\mathrm{e}}:\boldsymbol{n}_{\mathrm{g}}}\right]:\mathrm{d}\boldsymbol{\varepsilon} \tag{4.47}$$

式中：$\boldsymbol{D}^{\mathrm{e}}$，$\boldsymbol{n}_{\mathrm{g}}$，$\boldsymbol{n}_{\mathrm{f}}$ 和 H 分别为弹性矩阵、单位塑性流动方向、单位加载方向和

塑性模量。

单位塑性流动方向表达式为

$$\boldsymbol{n}_{\mathrm{g}}=\frac{\frac{1}{3}d_{\mathrm{g}}\boldsymbol{I}+\frac{3\boldsymbol{s}}{2q}}{\frac{1}{3}d_{\mathrm{g}}^{2}+\frac{3}{2}} \tag{4.48}$$

式中：$\boldsymbol{s}$ 为偏应力张量；q 为广义剪应力，即 $q=\sqrt{\frac{3}{2}\boldsymbol{s}:\boldsymbol{s}}$。式（4.27）中剪胀比 d_{g} 由应力剪胀方程给出[14]，即

$$d_{g}=M_{c}\left(1-\frac{\eta}{M_{c}}\right) \tag{4.49}$$

其中，η 为应力比，$\eta=q/p$；M_{c} 为临胀应力比，由式（4.46）确定。

为使弹塑性矩阵具有对称性，加载方向向量与流动方向向量可取为一致，即 $\boldsymbol{n}_{\mathrm{f}}=\boldsymbol{n}_{\mathrm{g}}$。

塑性模量 H 与应力状态有关，其表达式为[14]

$$H=\left(1-\frac{\eta}{M_{\mathrm{f}}}\right)^{m}\cdot\frac{1+\left(1+\frac{\eta}{M_{\mathrm{c}}}\right)^{2}}{1+\left(1-\frac{\eta}{M_{\mathrm{c}}}\right)^{2}}\cdot\frac{1+e_{0}}{\lambda-\kappa}p \tag{4.50}$$

式中：m 为模量参数；e_{0} 为初始孔隙比；M_{f} 是峰值应力比，由式（4.44）确定。

由式（4.50）可以看出，当 $\eta\to M_{\mathrm{f}}$ 时，$H\to 0$，塑性应变可无限发展使材料破坏，故式（4.50）中蕴含了堆石料的破坏准则。

式（4.44）和式（4.46）所确定的破坏应力比和临胀应力比均是围压的函数，随着围压的增大而减小，故由其确定的临胀线和破坏线在 p-q 平面上都是下弯的曲线，如图 4.6 所示。假定某试样首先被等向压缩至点 A，然后保持平均应力不变，剪切试样直至破坏，则试样将先后经历剪缩（$A\to B$）和剪胀（$B\to C$）。显然，剪缩区和剪胀区的相对“长度”依赖于平均应力。平均应力 p 越大，剪切过程中颗粒破碎越充分，剪缩区越长，剪胀区越短。

式（4.50）中，λ 和 κ 分别为压缩曲线斜率和回弹曲线斜率，其中 κ 可以假定为一常数，λ 则可由等向压缩函数确定。图 4.7 中绘制了一典型堆石料的压缩试验结果，当平均应力 p 低于屈服应力时，材料处于弹性变形阶段；超过屈服应力后，颗粒开始破碎，压缩曲线显著下弯，塑性体积变形不断累积。大量研究表明，堆石料的上述压缩特性可由指数函数模拟[14,19]，即

$$e=e_{0}\cdot\exp\left[-\left(\frac{p}{h_{\mathrm{s}}}\right)^{n}\right] \tag{4.51}$$

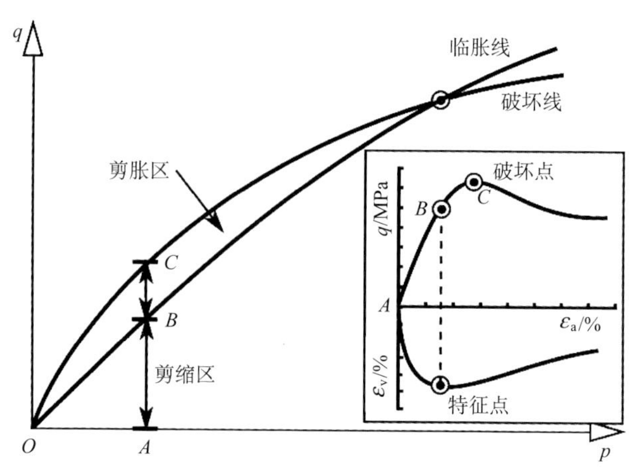

图 4.6　p-q 平面上的破坏线与临胀线

式中：h_s 称为固相硬度，具有应力的量纲；n 为无量纲压缩参数。图 4.7 中虚线是运用式(4.51) 模拟的不同密实度材料的压缩曲线，从中可以看出两试样的压缩试验成果均可用式(4.51) 描述，且两者具有相同的参数 h_s 和 n。由式(4.51)可得

$$\lambda(e,\ p)=ne\left(\frac{p}{h_s}\right)^n \tag{4.52}$$

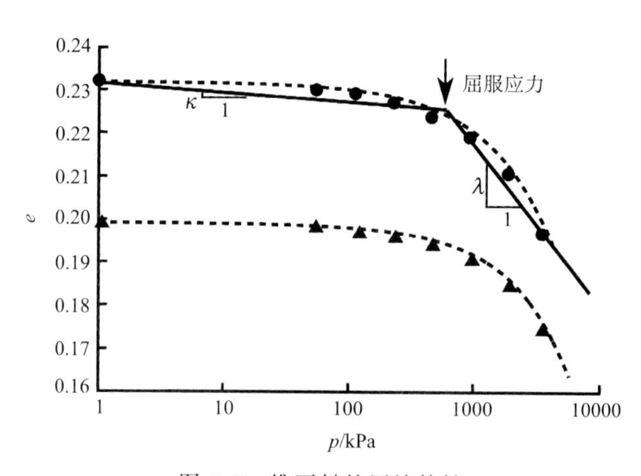

图 4.7　堆石料的压缩特性

回弹曲线 κ 斜率与体积弹性模量之间的关系为

$$K^e=\frac{(1+e_0)p}{\kappa} \tag{4.53}$$

若设堆石料的弹性泊松比为 v，则弹性剪切模量可按下式计算

$$G^{e}=\frac{3(1-2v)}{2(1+v)}K^{e} \tag{4.54}$$

对于堆石料，v 的取值一般在 0.25～0.35。对于各向同性弹性材料，由式（4.53)和式（4.54）中所给弹性模量即可完全确定弹性矩阵。

除初始孔隙比 e_0 之外，模型共有 8 个参数，可以分成两组，均可通过常规室内试验确定，如表 4.3 所列。为验证模型的适用性，编写了模拟三轴压缩试验的计算程序，并对 4 种不同堆石料的三轴压缩试验进行了模拟。其中，堆石料Ⅰ是新鲜的砂砾石料；堆石料Ⅱ是弱风化的砂岩与板岩混合料；堆石料Ⅲ是弱风化的砂页岩；堆石料Ⅳ是开挖灰岩料。其中，堆石料Ⅳ取自紫坪铺面板堆石坝。表 4.4 中给出了根据试验资料确定的模型参数，从中可以看出，两种风化料的固相硬度均明显低于未风化料，故加载过程中更易发生颗粒破碎。

表 4.3　本文模型参数及相关试验

项目	参数	相关试验
压缩参数	h_s，n，κ	等向或单向压缩试验及卸载试验
摩擦角参数	φ_0，$\Delta\varphi$，ψ_0，$\Delta\psi$	三轴压缩试验
塑性模量参数	m	三轴压缩试验

表 4.4　4 种不同堆石料的本构模型参数

材料	e_0	h_s /MPa	n	κ (10^{-3})	ν	φ_0 /(°)	$\Delta\varphi$ /(°)	ψ_0 /(°)	$\Delta\psi$ /(°)	m
堆石料Ⅰ	0.20	30.0	1.05	5.34	0.33	56.64	8.82	42.96	2.08	1.10
堆石料Ⅱ	0.22	18.5	1.25	1.94	0.33	56.00	7.50	45.00	1.55	1.35
堆石料Ⅲ	0.29	11.5	0.75	2.97	0.33	47.30	5.81	42.22	1.60	1.00
堆石料Ⅳ	0.32	42.0	1.05	1.50	0.33	53.56	9.40	45.33	1.52	2.50

图 4.8 中分别对比了 3 种堆石料的三轴压缩试验结果（数据点）和相应的模型预测结果（曲线）。从模型预测曲线与试验点的吻合程度来看，本书模型较好地反映了这 4 种堆石料的应力变形特性，特别是高压力下因其颗粒破碎所表现出的峰值应力比与剪胀应力比的非线性变化规律。

4.2.3　考虑循环加载的弹塑性本构模型

循环加载条件下，筑坝材料的本构方程与式（4.47）一致，但方程中的主要变量在加载、卸载和再加载过程中是不同的。为便于建立各物理量表达式，现对

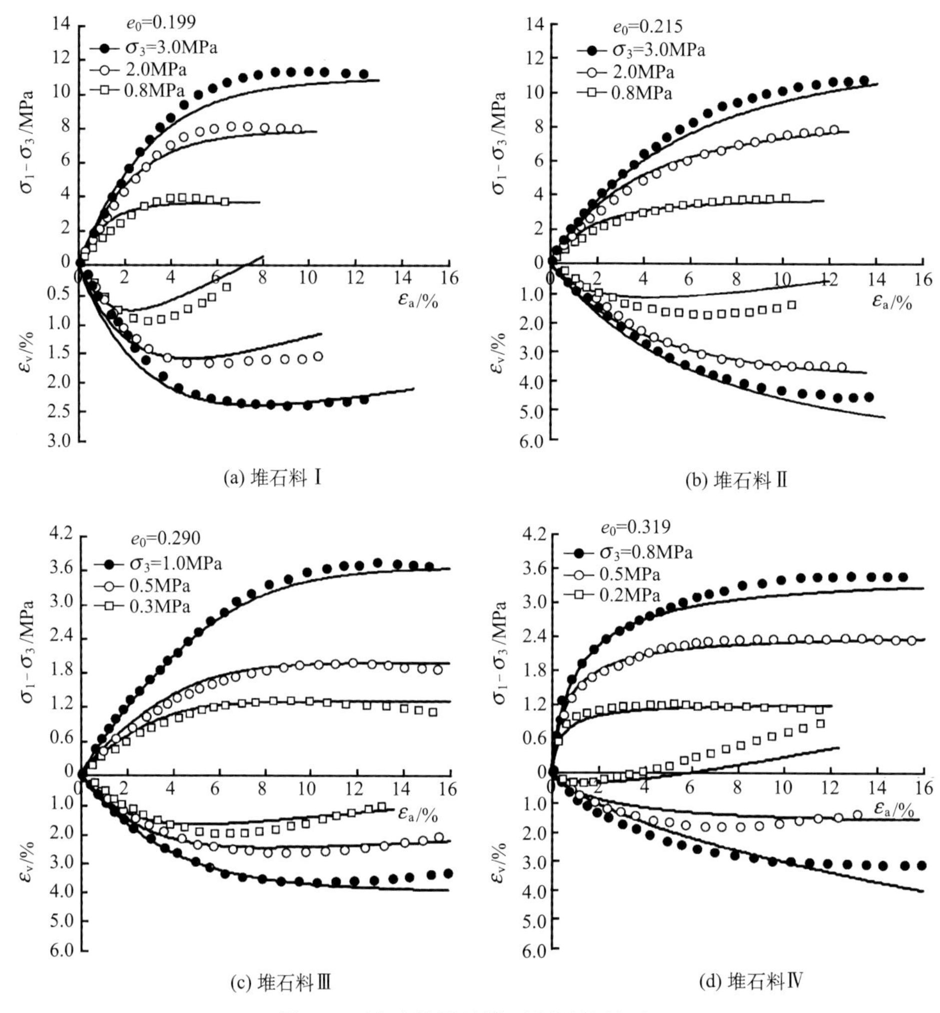

图 4.8　试验结果及模型预测结果对比

式（4.47）求逆，将其表达成应力驱动的模式，即

$$\mathrm{d}\boldsymbol{\varepsilon}=\left[(\boldsymbol{D}^{\mathrm{e}})^{-1}+\frac{1}{H}\boldsymbol{n}_{\mathrm{g}}\otimes\boldsymbol{n}_{\mathrm{f}}\right]:\mathrm{d}\boldsymbol{\sigma} \tag{4.55}$$

图 4.9 中绘制了典型堆石料的循环加载应力应变关系曲线，从中可以看出堆石料循环加载变形特性的三个基本特点[15,16]：①加载、卸载和再加载过程中均出现体变，特别是卸载过程中体缩明显，由于偏应力 q 减小时，平均应力 p 亦按比例减小，弹性体积应变方向应为膨胀，故图中卸载体积收缩行为只能归因于塑性变形。②相同围压下，加载到不同应力比后卸载至等向压缩应力状态的平均卸

载线几乎平行，与卸载时的应力比 η 无关。但整理不同围压下的循环加载试验结果表明，平均卸载线的斜率随着围压增大而增大，两者在双对数图中近似呈线性关系，如图 4.10 所示。③超过历史最大应力比后，应力应变曲线与单调加载应力应变曲线基本一致，但体变曲线的差异随着循环次数的增加而变得显著。

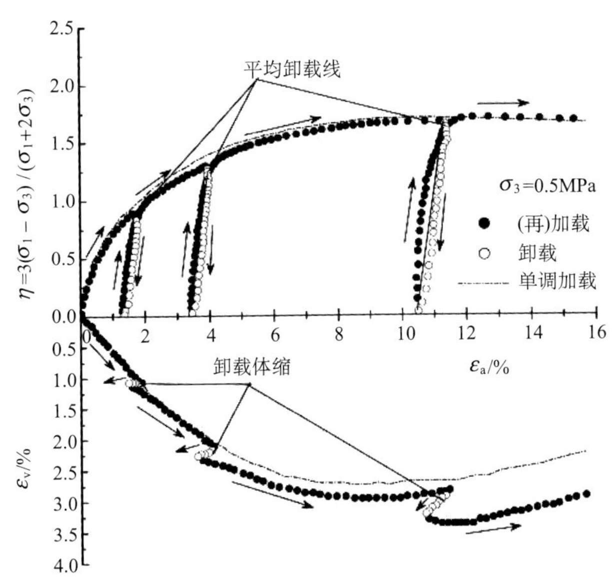

图 4.9　典型堆石料的循环加载应力应变关系曲线

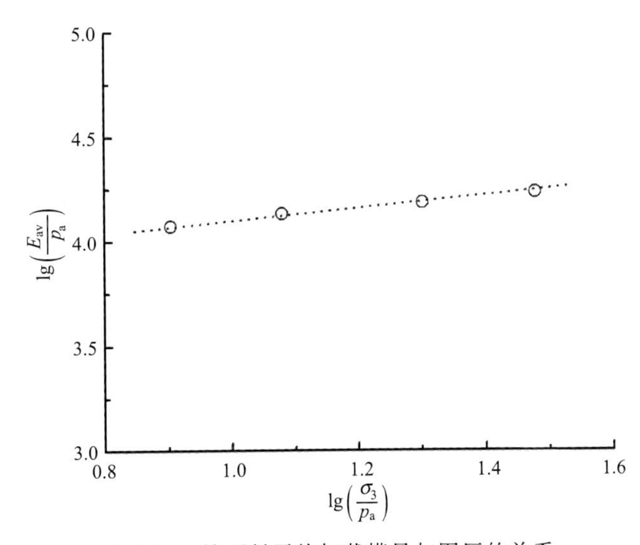

图 4.10　堆石料平均卸载模量与围压的关系

本节通过定义剪胀方程、加卸载准则、塑性模量表达式等建立一个可以统一考虑应力应变滞回效应以及残余应变积累的动力弹塑性本构模型。

1）加卸载准则

加载、卸载和再加载主要通过应力状态量的增减及其与历史最大值的关系判断，本书模型中引入下述应力状态量

$$\zeta=\frac{q}{\sqrt{p\cdot p_{a}}} \tag{4.56}$$

式中：p，q 分别为平均应力和广义剪应力；p_{a} 为大气压力。若记 ζ_{m} 为 ζ 的历史最大值，则初始加载的判断条件为

$$\zeta=\zeta_{m};\quad d\zeta\geqslant 0\quad \text{初始加载} \tag{4.57}$$

当 $\zeta<\zeta_{m}$ 且 $d\zeta\geqslant 0$ 时，存在下述两种可能性：

$$\zeta<\zeta_{m};\quad d\zeta\geqslant 0;\quad \begin{cases}(s_{ij}-s_{ij}^{m})\,ds_{ij}\geqslant 0 & \text{初始加载}\\ (s_{ij}-s_{ij}^{m})\,ds_{ij}<0 & \text{再加载}\end{cases} \tag{4.58}$$

式中：s_{ij}^{m}是记录 ζ_{m} 时刻的偏应力张量。当 $\zeta<\zeta_{m}$ 且 $d\zeta<0$ 时亦存在以下两种情形

$$\zeta<\zeta_{m};\quad d\zeta<0;\quad \begin{cases}(s_{ij}-s_{ij}^{m})\,ds_{ij}\geqslant 0 & \text{卸载}\\ (s_{ij}-s_{ij}^{m})\,ds_{ij}<0 & \text{再加载}\end{cases} \tag{4.59}$$

对于不同的加载阶段，可以定义相应的剪胀方程和塑性模量表达式。

2）切线模量、弹性模量和塑性模量

初始加载阶段，堆石料的切线模量为

$$E_{t}=\left(1-\frac{\zeta}{M_{f}'}\right)^{\alpha}kp_{a}\left(\frac{\sigma_{3}}{p_{a}}\right)^{n} \tag{4.60}$$

式中：k，n 和 α 均为参数；M_{f}'为材料达到破坏时的 ζ 值，可由下式确定

$$M_{f}'=M_{f}\sqrt{\frac{p}{p_{a}}}=\frac{6\sin\varphi_{f}}{3-\sin\varphi_{f}}\sqrt{\frac{p}{p_{a}}} \tag{4.61}$$

卸载阶段，材料的切线模量由两部分线性组合而成，即

$$E_{t}=(A_{u}k_{au}+B_{u}k)\,p_{a}\left(\frac{\sigma_{3}}{p_{a}}\right)^{n} \tag{4.62}$$

式中：k_{au}为平均卸载模量参数；两个组合系数分别为

$$A_{u}=\frac{\zeta}{\beta_{u}\zeta_{m}};\quad B_{u}=\frac{\beta_{u}\zeta_{m}-\zeta}{\beta_{u}\zeta_{m}} \tag{4.63}$$

由上述条件可知，当 $\zeta=\beta_{u}\zeta_{m}$ 时，$E_{t}=k_{au}p_{a}\left(\frac{\sigma_{3}}{p_{a}}\right)^{n}$；当 $\zeta=0$ 时，$E_{t}=$

$kp_a\left(\frac{\sigma_3}{p_a}\right)^n$，如图 4.11 所示。

再加载阶段，材料的切线模量亦由两部分线性组合而成

$$E_t=\left[A_r k_{au}+B_r k\left(1-\frac{\zeta_m}{M_f'}\right)^\alpha\right]p_a\left(\frac{\sigma_3}{p_a}\right)^n \tag{4.64}$$

其中，两个组合系数分别为

$$A_r=\frac{\zeta_m-\zeta}{(1-\beta_r)(\zeta_m-\zeta_r)};\quad B_r=\frac{[\zeta-\zeta_r-\beta_r(\zeta_m-\zeta_r)]}{(1-\beta_r)(\zeta_m-\zeta_r)} \tag{4.65}$$

式中：ζ_r 为反向加载时刻的 ζ 值，如图 4.11 所示。由式（4.64）和式（4.65）可知，当 $\zeta=\zeta_m$ 时，切线模量为 $E_t=\left(1-\frac{\zeta_m}{M_f'}\right)^\alpha kp_a\left(\frac{\sigma_3}{p_a}\right)^n$；当 $\zeta=\zeta_r+\beta_r(\zeta_m-\zeta_r)$ 时，$E_t=k_{au}p_a\left(\frac{\sigma_3}{p_a}\right)^n$。可见，$\beta_u$ 和 β_r 这两个参数主要通过控制滞回圈上两个特殊点的位置，从而控制滞回圈的大小与形状，这两个特殊点处材料的切线模量均等于平均卸载模量。

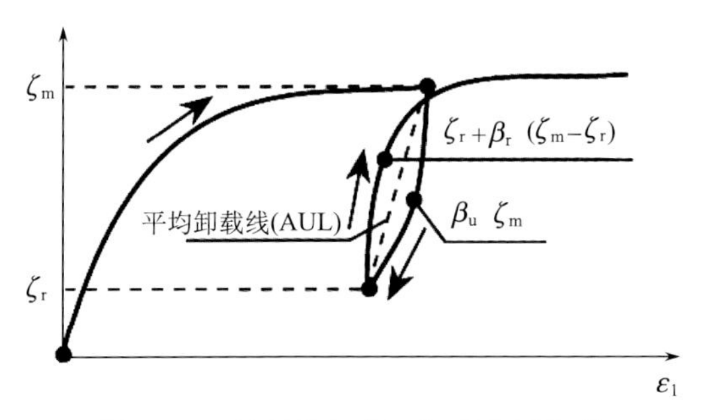

图 4.11　材料的加载、卸载与再加载

对于弹性模量，加载过程中取平均卸载模量，即

$$E_e=k_{au}p_a\left(\frac{\sigma_3}{p_a}\right)^n \tag{4.66}$$

卸载过程和再加载过程则按照下式计算

$$E_e=E_t\cdot\left(\frac{k_{au}}{k}\right)\left(1-\frac{\zeta}{M_f}\right)^{-\alpha} \tag{4.67}$$

由式（4.67）可知在三轴试验中，卸载和再加载阶段轴向应变的弹性部分与塑性部分之比与初始加载时保持一致。

为确定塑性模量表达式，现将三轴压缩应力状态下本构方程式（4.55）展开如下：

$$\begin{pmatrix} d\varepsilon_1 \\ d\varepsilon_2 \\ d\varepsilon_3 \end{pmatrix} = \frac{1}{E_e}\begin{bmatrix} 1 & -v & -v \\ -v & 1 & -v \\ -v & -v & 1 \end{bmatrix}\begin{pmatrix} d\sigma_1 \\ d\sigma_2 \\ d\sigma_3 \end{pmatrix} + \frac{1}{9H}\frac{1}{d_g^2/3+3/2}\begin{pmatrix} d_g+3 \\ d_g-\dfrac{3}{2} \\ d_g-\dfrac{3}{2} \end{pmatrix}\begin{pmatrix} d_g+3 \\ d_g-\dfrac{3}{2} \\ d_g-\dfrac{3}{2} \end{pmatrix}^{T}\begin{pmatrix} d\sigma_1 \\ d\sigma_2 \\ d\sigma_3 \end{pmatrix} \tag{4.68}$$

注意到三轴压缩过程中，$d\sigma_2 = d\sigma_3 = 0$，故上述方程第一式可以写成

$$\frac{d\varepsilon_1}{d\sigma_1} = \frac{1}{E_t} = \frac{1}{E_e} + \frac{1}{3H}\frac{2}{2d_g^2+9}(d_g+3)^2 \tag{4.69}$$

故塑性模量为

$$H = \frac{2}{3}\frac{(d_g+3)^2}{2d_g^2+9}\left(\frac{1}{E_t}-\frac{1}{E_e}\right)^{-1} \tag{4.70}$$

类似地，在三轴伸长应力状态下，本构方程可以展开为

$$\begin{pmatrix} d\varepsilon_1 \\ d\varepsilon_2 \\ d\varepsilon_3 \end{pmatrix} = \frac{1}{E_e}\begin{bmatrix} 1 & -v & -v \\ -v & 1 & -v \\ -v & -v & 1 \end{bmatrix}\begin{pmatrix} d\sigma_1 \\ d\sigma_2 \\ d\sigma_3 \end{pmatrix} + \frac{1}{9H}\frac{1}{d_g^2/3+3/2}\begin{pmatrix} d_g-3 \\ d_g+\dfrac{3}{2} \\ d_g+\dfrac{3}{2} \end{pmatrix}\begin{pmatrix} d_g-3 \\ d_g+\dfrac{3}{2} \\ d_g+\dfrac{3}{2} \end{pmatrix}^{T}\begin{pmatrix} d\sigma_1 \\ d\sigma_2 \\ d\sigma_3 \end{pmatrix} \tag{4.71}$$

其中，方程第一式可以得到三轴伸长状态下的塑性模量表达式，即

$$H = \frac{2}{3}\frac{(d_g-3)^2}{2d_g^2+9}\left(\frac{1}{E_t}-\frac{1}{E_e}\right)^{-1} \tag{4.72}$$

式（4.70）和式（4.72）可以通过引入应力 Lode 角统一，即

$$H = \frac{2}{3}\frac{(d_g-3\cos3\theta)^2}{2d_g^2+9}\left(\frac{1}{E_t}-\frac{1}{E_e}\right)^{-1} \tag{4.73}$$

其中

$$\cos3\theta = -\frac{\sqrt{6}\,\mathrm{tr}(\boldsymbol{s}\cdot\boldsymbol{s}\cdot\boldsymbol{s})}{\|\boldsymbol{s}\|^3} \tag{4.74}$$

式中：tr（·）表示二阶张量的迹（即其主对角元素之和）；‖·‖表示二阶张量的模或范数。

3）应力剪胀方程

Pradhan 等[20]曾研究过循环加载过程中砂土剪胀比与应力比之间的关系，如图 4.7 所示。可以看出：①加载（AB 段）和卸载（CD 段）过程中，应力比 η 与剪胀比 d_g 大体呈线性关系，但该关系依赖于加载方向；②加载方向改变时

（如B→C），剪胀比 d_g 出现非连续变化。特别地，当应力比大于特征应力比时（此时 $d_g=0$），改变加载方向始终导致体积收缩；③加载方向改变的瞬间，剪胀比 d_g 的值最大，随后 d_g 逐渐减小，并由正转负，出现剪胀；④在三轴压缩和三轴伸长应力状态转换时，应力剪胀曲线具有良好的连续性，且剪胀比随应力比单调变化。由于堆石料循环加载过程中的剪胀特性研究很少，故此处按图4.12揭示的试验现象为依据，建立堆石料循环加载应力剪胀方程。

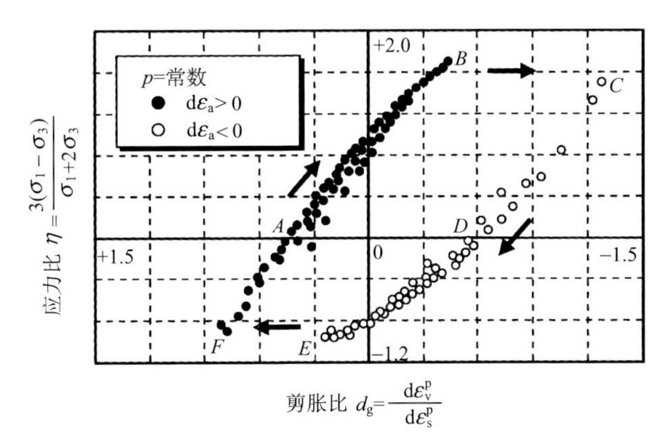

图4.12　循环剪切过程中剪胀比与应力比的关系

加载和再加载过程中，堆石料的应力剪胀方程仍由式（4.49）给出，卸载过程中，应力剪胀方程则可由下式确定

$$d_g=-M_c\left(1+\frac{\eta}{M_c}\right)\tag{4.75}$$

式中：负号表明卸载过程中，塑性剪切应变减小，但塑性体积应变增加。

4）硬化特征

第二章中曾指出，循环加载的前几周内，堆石料残余应变快速积累，但随着循环加载次数增加，残余变形积累的速率降低，这表明循环加载过程中堆石料出现塑性硬化。本书中，通过在加载模量参数和剪胀方程中引入硬化函数反映这一特征，即

$$k(\varepsilon_v^r)=kG_1(\varepsilon_v^r)=k\exp\left(\frac{\varepsilon_v^r}{c_v}\right)\tag{4.76}$$

和

$$d_g=\pm M_c\left(1\mp\frac{\eta}{M_c}\right)G_2(\varepsilon_v^r)=\pm M_c\left(1\mp\frac{\eta}{M_c}\right)\exp\left(-\frac{\varepsilon_v^r}{c_d}\right)\tag{4.77}$$

式中：ε_v^r 是反向加载点的体积应变；c_v 和 c_d 是控制硬化速率的两个参数。

5）模型验证

上述弹塑性模型共 13 个参数，可通过静、动三轴试验确定，如表 4.5 所示。为验证模型的适用性，分别模拟了两种堆石料的拟静力循环三轴试验和振动三轴试验，计算参数如表 4.6 所列，模型预测结果与试验结果对比如图 4.13 和图 4.14 所示。

表 4.5　弹塑性模型参数及相关试验

项目	参数	相关试验
摩擦角参数	φ_o，$\Delta\varphi$，ψ_o，$\Delta\psi$	静态三轴试验及卸载试验
模量参数	k，k_{au}，n，α	
泊松比	v	
滞回圈参数	β_u，β_r	循环三轴压缩试验
硬化参数	c_v，c_d	

表 4.6　两种不同堆石料的动力弹塑性本构模型参数

堆石料	k	k_{au}	n	α	φ_0 /(°)	$\Delta\varphi$ /(°)	ψ_0 /(°)	$\Delta\psi$ /(°)	v	β_u	β_r	c_v	c_d
堆石料Ⅰ	320.0	770.0	0.53	0.8	47.1	6.1	43.4	3.4	0.33	0.50	0.80	1.00	0.02
堆石料Ⅱ	900.0	2280.0	0.50	0.8	52.8	8.0	45.5	3.9	0.33	0.50	0.75	0.007	0.007

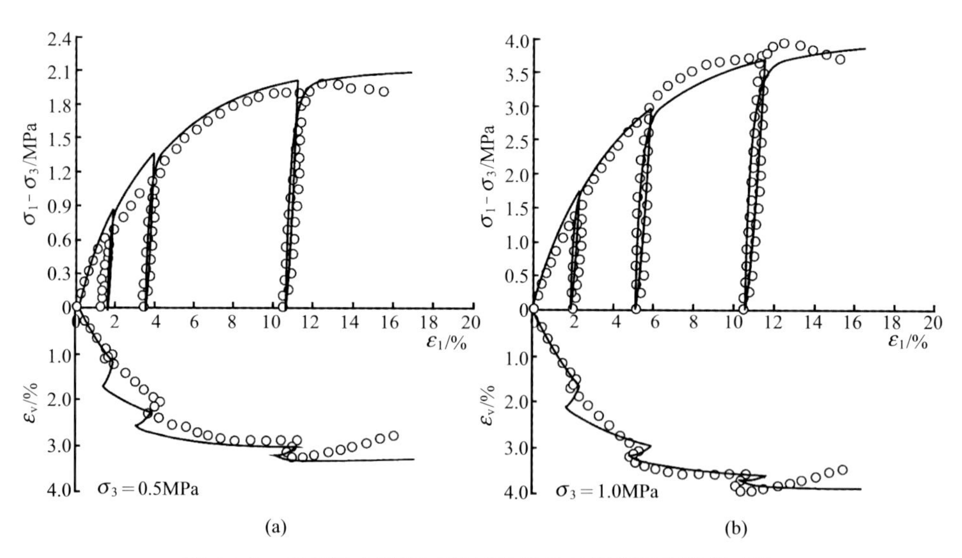

图 4.13　堆石料Ⅰ循环三轴试验结果与模型预测结果对比

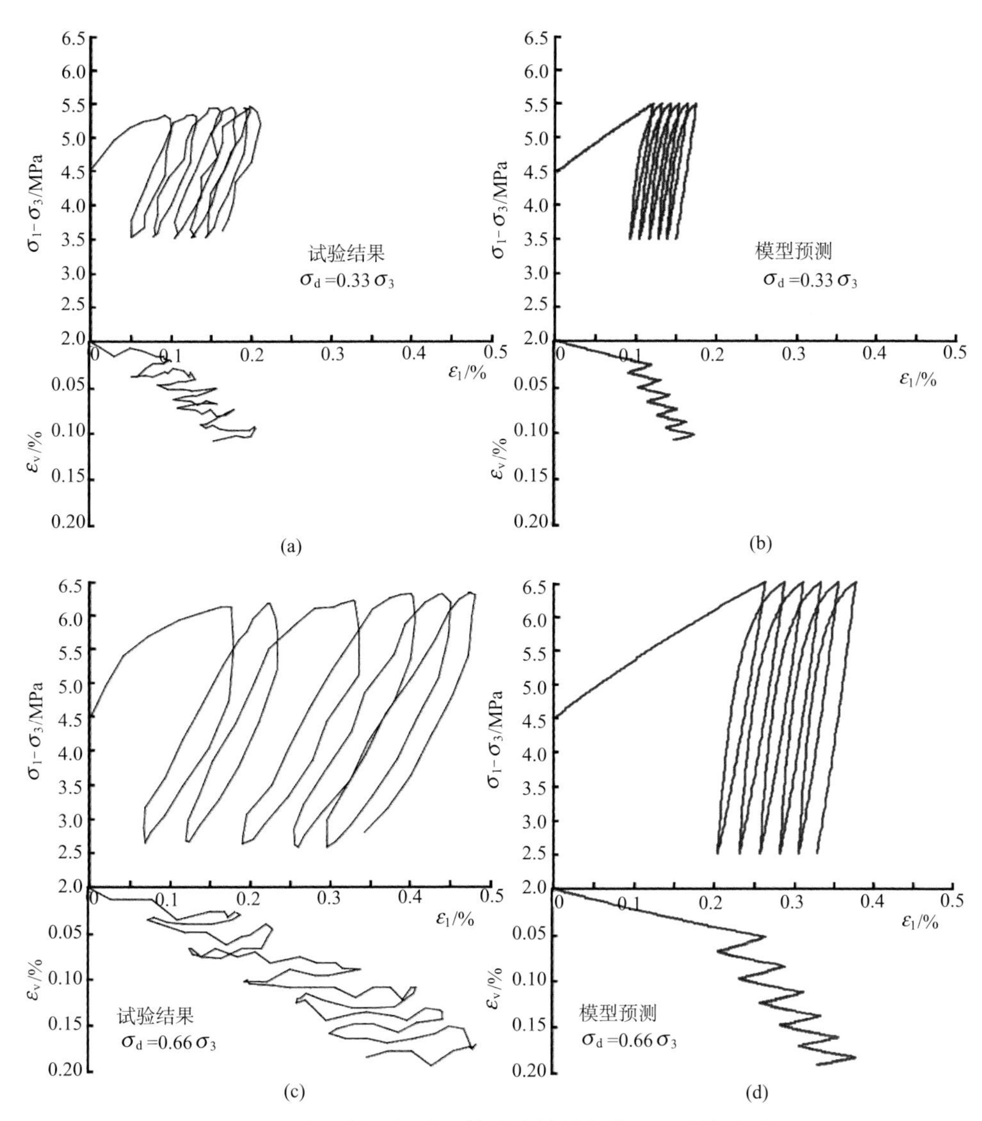

图 4.14　堆石料Ⅱ振动三轴试验结果与模型预测结果对比

从图 4.13 和图 4.14 可以看出，作者提出的模型可以较好地反映堆石料在循环荷载作用下应力应变曲线滞回效应和地震残余变形的积累，特别是加载方向改变时，堆石料的体积收缩特性。此外，循环加载初期，轴向应变与体积应变快速积累，随后堆石料应变增长速率逐渐减小，表明本书模型引入的硬化函数较好地反映了循环荷载作用下堆石料的硬化行为。

4.2.4 动力黏弹性模型

1）动模量与阻尼比

黏弹性模型的核心是动剪切模量与动剪应变幅值的关系，现将式（2.9）转述如下：

$$\frac{G}{G_{max}}=\frac{1}{1+\overline{k'}\,\overline{\gamma^c}} \tag{4.78}$$

其中，$\overline{k'}$是动模量参数；$\overline{\gamma^c}$是归一化的动剪应变幅；G_{max}是最大动剪切模量，它是平均初始应力 p_0 的函数，即

$$G_{max}=k'p_a\left(\frac{p_0}{p_a}\right)^{n'} \tag{4.79}$$

式中：p_a 为大气压力；k'和 n'是两个参数。归一化的动剪应变幅定义为

$$\begin{cases}\overline{\gamma^c}=\dfrac{\gamma^c}{(p_0/p_a)^{1-n'}}\\ \gamma^c=\dfrac{\sqrt{2}}{3}\sqrt{(\varepsilon_1^c-\varepsilon_2^c)^2+(\varepsilon_2^c-\varepsilon_3^c)^2+(\varepsilon_1^c-\varepsilon_3^c)^2}\end{cases} \tag{4.80}$$

可由动应变的三个主值计算。

黏弹性模型中的等效阻尼比可由下式计算

$$\lambda=\lambda_{max}\left(1-\frac{G}{G_{max}}\right) \tag{4.81}$$

式中：λ_{max}是最大阻尼比。

2）地震残余变形

为更好地模拟高土石坝地震残余变形的发展过程，作者基于循环荷载作用下高土石坝筑坝堆石料试验资料了提出了堆石料的地震残余剪切应变和体积应变的计算表达式，其中地震残余剪切应变可由下述幂函数描述

$$\gamma^p=\gamma_1^p N^{n_\gamma} \tag{4.82}$$

$$\gamma_1^p=c_\gamma(\gamma^c)^{\alpha_\gamma}\frac{\eta_0}{\sqrt{p_0/p_a}}$$

$$n_\gamma=d_\gamma(\gamma^c)^{-\beta_\gamma}\sqrt{p_0/p_a} \tag{4.83}$$

式中：N 为等效振动次数；c_γ，α_γ，d_γ，β_γ 是四个参数；η_0 为初始应力比。

地震残余体积应变可由指数函数描述，即

$$\varepsilon_v^p=\varepsilon_v^f\left[1-\exp\left(-\frac{N}{N_v}\right)\right] \tag{4.84}$$

式中：

$$\begin{cases} \varepsilon_{v}^{f}=c_{v}(\gamma^{c})^{\alpha_{v}} \\ N_{v}=d_{v}(\gamma^{c})^{-\beta_{v}}\sqrt{p_{0}/p_{a}} \end{cases} \tag{4.85}$$

式中：c_v，α_v，d_v，β_v是四个参数。由式（4.84）和式（4.85）可以看出，堆石料的残余体积应变主要与初始平均应力和动剪应变幅值有关。

黏弹塑性动力反应计算分析方法的实质是黏弹性动力分析和弹塑性静力分析的集成，该方法将地震反应问题分解成加速度反应和地震残余变形两大问题，并采用不同的模型分别描述循环滞回特性和塑性应变积累特性。该思路在国内外土石坝工程界得到了广泛运用[21-24]。本书将运用该方法，计算分析紫坪铺面板堆石坝和长河坝心墙堆石坝两个案例的地震响应和地震残余变形发展与分布规律。

4.3　高面板堆石坝的动力响应计算分析

4.3.1　工程概况

紫坪铺水利枢纽工程位于四川省成都市西北60km的都江堰市麻溪乡境内的岷江上游，下游距都江堰市9km。坝址以上控制流域面积22 662km^2，多年平均流量46m^3/s，年径流量148亿m^3，水库正常蓄水位877.00m，总库容11.12亿m^3，是一座以灌溉和供水为主，兼有发电、防洪、环境保护、旅游等综合效益的大（Ⅰ）型水利工程，也是都江堰和成都市的水源工程。拦河大坝为钢筋混凝土面板堆石坝，最大坝高156.00m，坝顶高程884.00m，坝顶全长663.77m，坝顶宽12.0m，上游坝面坡度为1∶1.4，高程840.00m马道以上的下游坝面坡度为1∶1.5，高程840.00m马道以下的下游坝面坡度为1∶1.4。坝上游面浇筑钢筋混凝土面板50块，中间部位29块，板宽16m，两岸部位21块，板宽8m。面板顶部厚30cm，底部厚83cm，配单层双向钢筋，各向含筋率0.4%，面板分三期浇筑，两条水平施工缝在高程796.00m及845.00m。大坝的平面布置和最大断面见图4.15和图4.16。该工程区位于龙门山断裂构造带南段，在北川—映秀与灌县—安县断裂之间，经国家地震局分析预报中心复核鉴定确认坝址场地地震基本烈度为7度。50年超越概率10%和100年超越概率2%时的基岩水平峰值加速度分别为120.2Gal和259.6Gal。水库于2005年蓄水并开始发电。

2008年5月12日，距紫坪铺大坝以西约17km的汶川县境内发生了里氏8.0级的大地震，震中烈度达11度，根据安装在大坝坝顶地震加速度仪测得的峰值加速度推算，坝体基岩地震加速度峰值超过500Gal，烈度超过9度，远超过了大坝的设防烈度，造成了明显的损伤[25]。

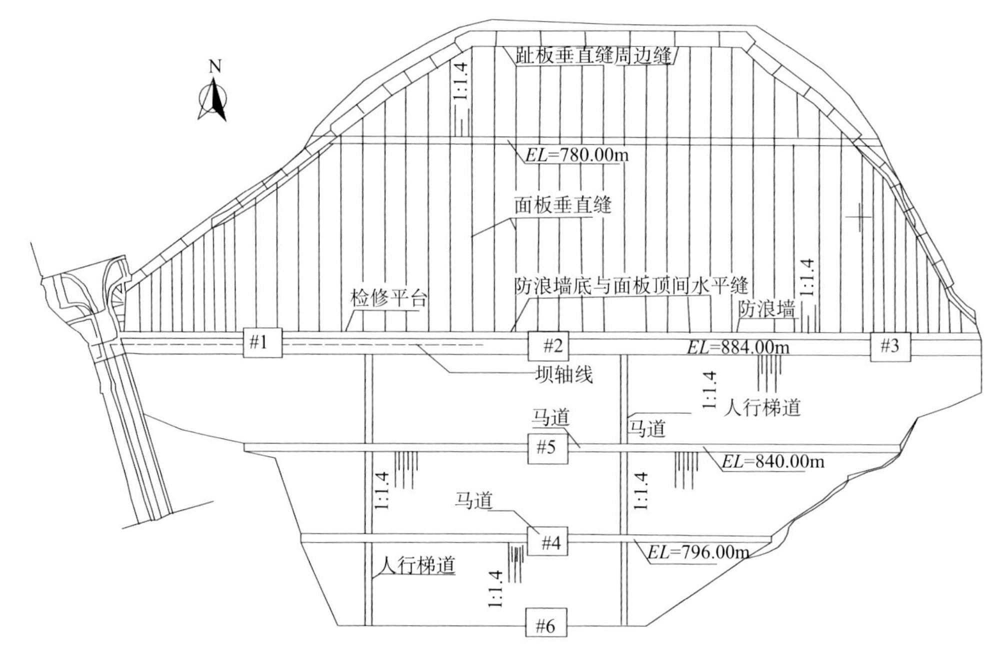

图 4.15　紫坪铺面板堆石坝平面图

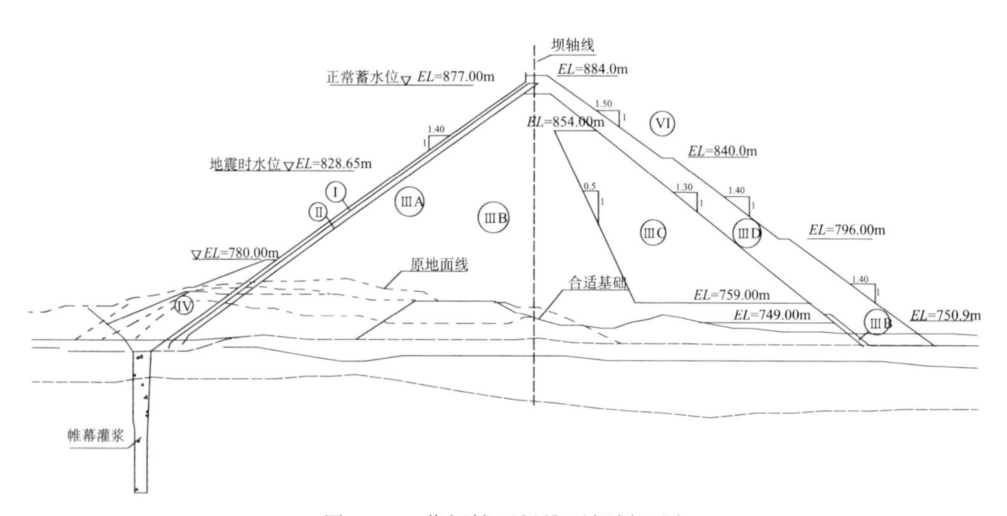

图 4.16　紫坪铺面板堆石坝剖面图

4.3.2　模型与参数

取 0＋000～0＋627.7 之间的坝体建立了三维有限元网格，共形成单元 9635 个，结点 10 755 个，如图 4.17 所示。

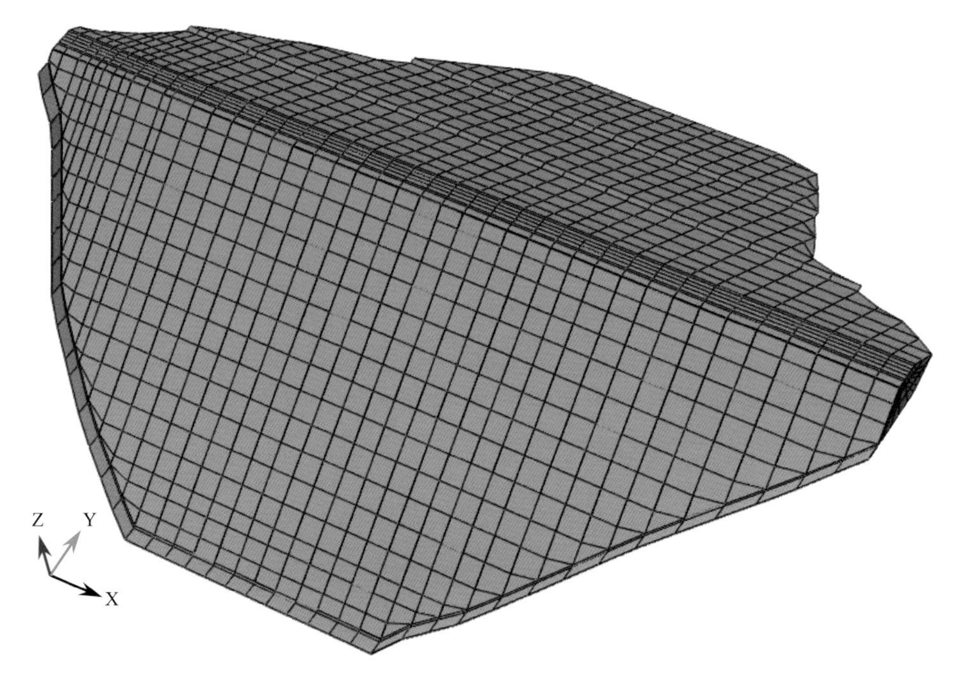

图 4.17　紫坪铺面板堆石坝三维有限元网格

大坝主、次堆石料取自同一料场，且设计级配相同，仅碾压标准略有差异，大坝主堆石干密度为 2.16g/cm^3；次堆石干密度为 2.15g/cm^3，故计算中将主次堆石作为一种材料对待，其静力本构模型参数如表 4.4 中堆石料Ⅳ。垫层料和过渡料均为灰岩料，与主堆石料一致，由于两者所占体积较小，除对面板的应力变形性状具有一定影响外，对大坝的静动力学特性影响较小，故亦按照主堆石料参数计算。坝料的动力本构模型按照类似工程选取，列于表 4.7 中。

表 4.7　堆石料的动力本构模型参数

k'	n	$\bar{k}'$	$\lambda_{\max}$	$c_\gamma/\%$	α_γ	d_γ	β_γ	$c_v/\%$	α_v	d_v	β_v
3784	0.4	26.2	0.25	1.458	1.495	0.0054	0.731	1.017	0.872	0.668	0.559

面板和垫层料之间采用接触面单元模拟；面板和趾板间周边缝、面板与面板间垂直缝采用分离缝单元模拟。

4.3.3　加载过程

紫坪铺面板堆石坝分三期施工[26,27]，如图 4.18 所示。坝体一期填筑从 2003 年 3 月 1 日开始，2003 年 12 月 28 日上游临时断面填筑至 810m 高程，其中 2003

年10月4日至同年12月28日，一期断面由770m填筑至810m。坝体二期填筑从2004年2月4日开始，至2004年8月10日填筑至850m高程。2004年8月24日，三期坝体下游侧从800m高程开始填筑，至2005年1月30日填筑至850m高程，自2005年2月1日起，坝体全断面向上填筑，2006年6月16日达到880m高程。与大坝三期施工相对应，面板亦分三期浇筑，其中一期和二期面板分别在前两期坝体断面填筑至810.0m和850.0m后浇筑至796.0m和845.0m。坝体填筑完成后，浇筑第三期面板至坝顶。

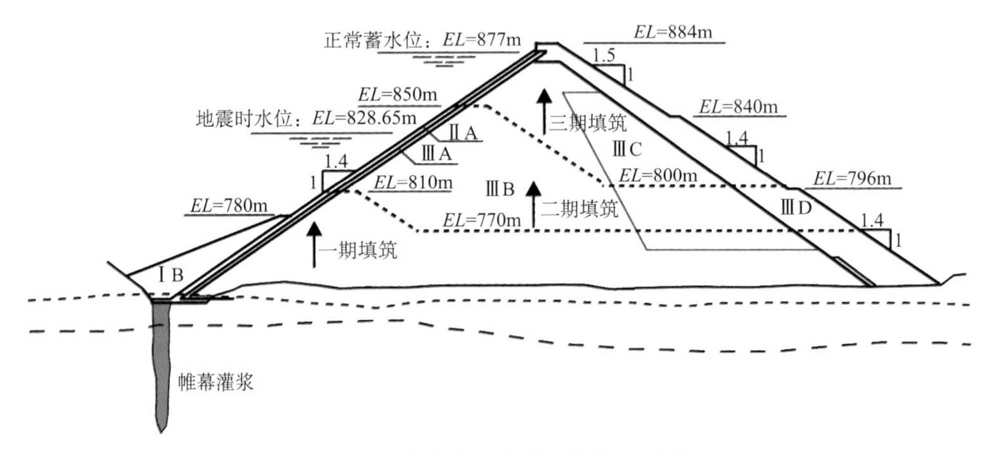

图4.18 紫坪铺面板堆石坝施工过程

紫坪铺工程于2005年9月30日下闸蓄水，2006年10月库水位达到875.56m，至次年5月份库水位消落至死水位817.0m。汶川地震前，库水位总体上经历两次水位升降循环，地震前水位为828.65m。汶川地震发生在位于青藏高原块体和四川盆地块体交界处的龙门山逆冲断裂带上，震源机制复杂。紫坪铺水利枢纽位于震中的东南翼，处于发震断层的下盘，距震中约17km。由于没有坝址基岩的实测加速度记录，选择距离最近的茂县地办地震台测得的基岩加速度时程，其峰值加速度约为0.3g，根据基岩加速度和断裂带距离的衰减关系，推求汶川地震时紫坪铺大坝坝址处轴向加速度峰值约0.52g；顺河向峰值0.46g；竖直向峰值加速度0.43g[21]，如图4.19所示。

4.3.4 主要计算结果

图4.20给出了大坝主监测断面0+251m剖面竣工期顺河向水平位移和沉降等值线分布，尽管大坝主次堆石区材料参数一致，但因特殊的分期施工方式，大坝水平位移呈现出不对称性，总体而言整个坝体以坝轴线以上50m线为分界线，其上游坝体水平位移指向上游，最大值11.0cm；其下游侧坝体水平位移指向下

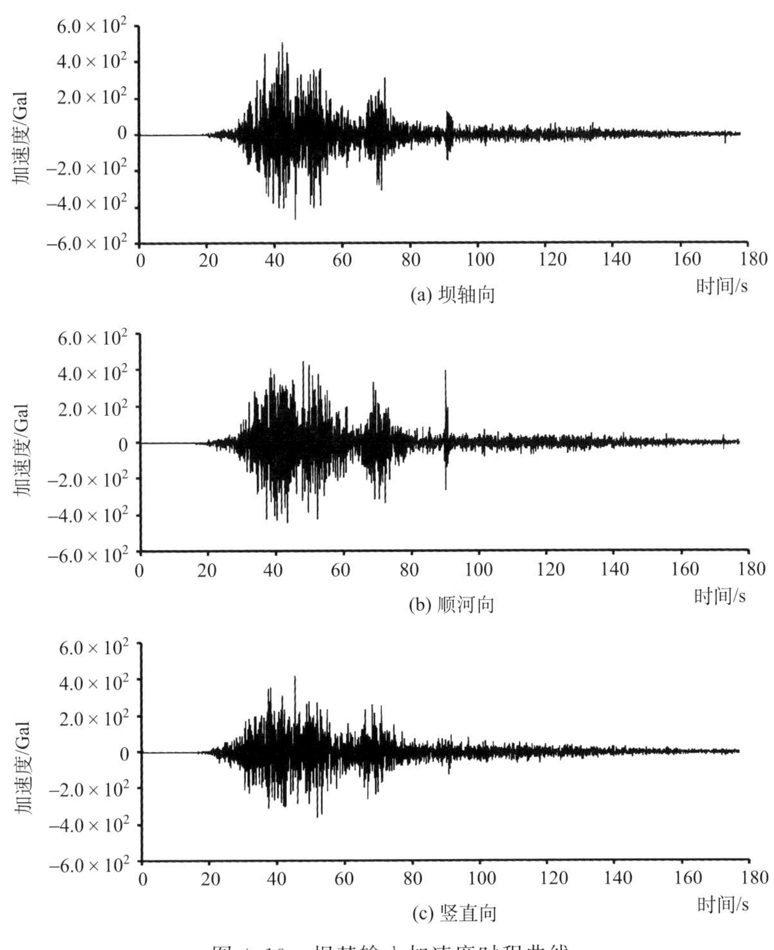

图 4.19　坝基输入加速度时程曲线

图片来源：由中国地震局李小军研究员提供

游，最大值约 14.7cm。大坝沉降分布等值线具有良好的规律，最大沉降约 78.3cm，位于 1/2 坝高附近，占最大坝高的 0.5%左右。图 4.21 和图 4.22 中分别对比了 0＋251.0m 剖面和 0＋371.0m 剖面不同高程处的实测沉降与计算沉降，从图中可以看出，这两个监测断面上沉降的计算量值以及分布规律与实测值大体一致，表明所用的堆石料本构模型可以较好地用于高土石坝应力变形计算分析，且所用参数是合理的，以此静力计算得到的应力变形结果作为动力计算的初始条件是合理可靠的。

图 4.23 中给出了大坝 0＋251.0m 剖面顺河向和竖直向加速度放大倍数分布等值线，顺河向加速度分布具有显著特点，即相同高程平面上，上下游坝坡处加

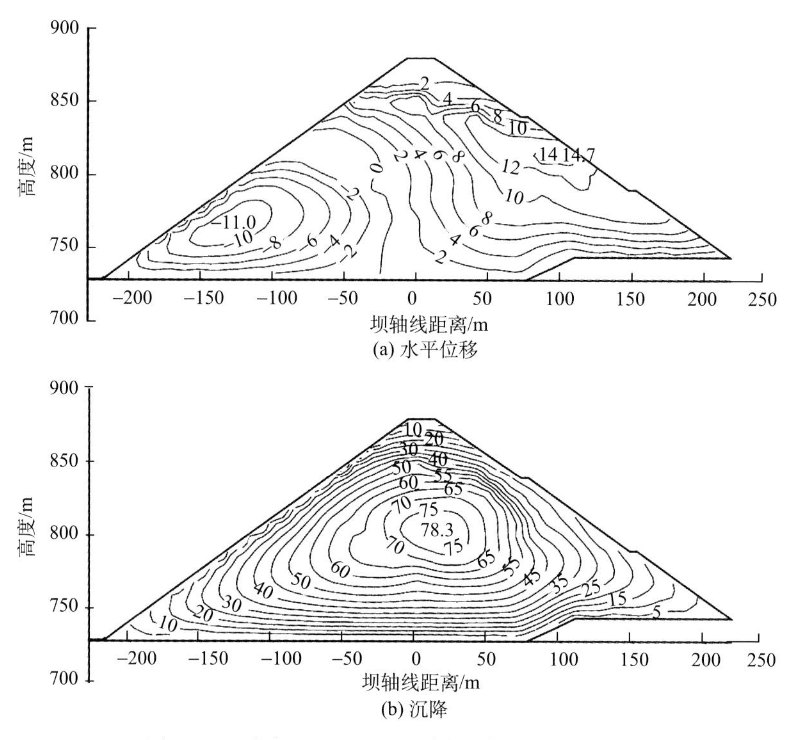

(a) 水平位移

(b) 沉降

图 4.20　大坝 0+251.00m 剖面竣工期计算位移

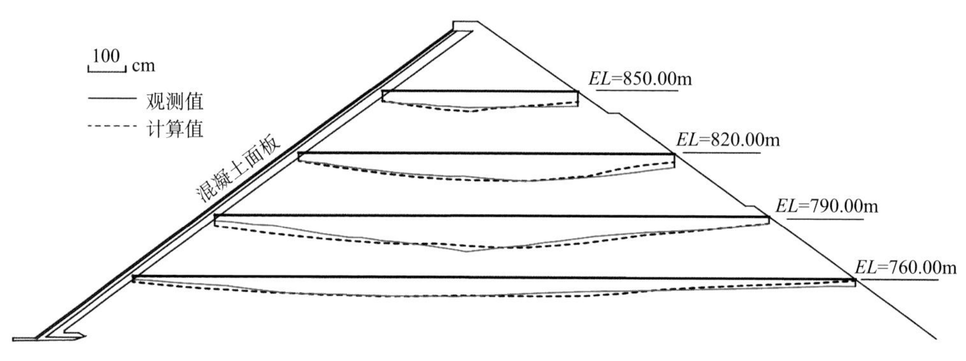

图 4.21　大坝 0+251.00m 剖面竣工期计算沉降与实测沉降对比

速度放大倍数要大于坝轴线处，这一分布规律与本书第三章中针对吉林台面板坝开展离心机振动台模型试验得到的规律基本相同。根据图 3.9 中推测，吉林台面板坝遭遇峰值加速度为 0.46g 的地震激励时，坝顶放大倍数在 2.0～2.5 左右，图 4.23（a）中，紫坪铺大坝的顺河向加速度放大倍数约 2.2 倍，可以认为此处的数值模拟与本书第三章离心模型试验大体可以相互验证。此外，图 3.9 中，离

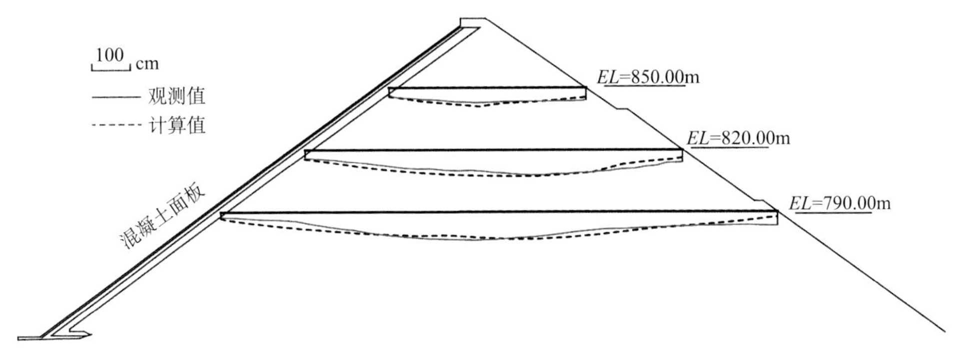

图 4.22　大坝 0+370.00m 剖面竣工期计算沉降与实测沉降对比

心模型试验得到的大坝顺河向加速度放大倍数在 0.6 倍坝高之下基本上小于 1.0，0.6 倍坝高以上加速度放大倍数迅速增加；图 4.23（a）中很好地重现了这一分布规律，坝顶部位呈现出明显的鞭梢效应。图 4.23（b）中所示的竖直向加速度放大倍数分布与顺河向加速度放大倍数分布具有一定的相似性，坝轴线处放

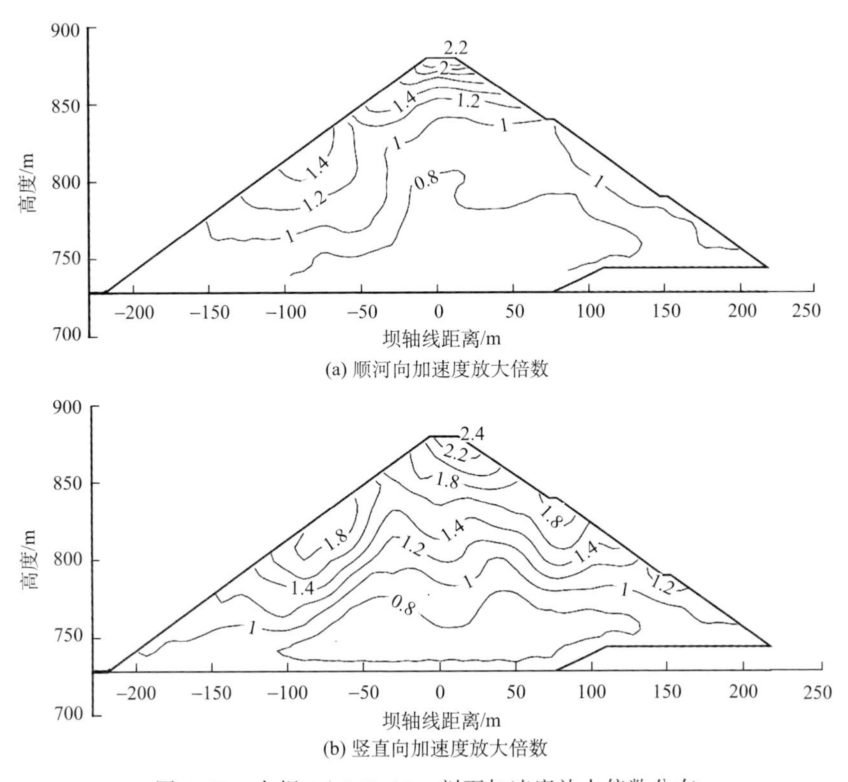

图 4.23　大坝 0+251.00m 剖面加速度放大倍数分布

大倍数亦低于同高程的上下游坝坡处，特别是马道附近，加速度放大系数较高。坝顶部位竖直向加速度放大系数为 2.4，略大于顺河向加速度放大倍数。与顺河向加速度放大规律略有不同的是，竖直向加速度放大系数低于 1.0 的区域较小，基本上限制在 0.4 倍坝高以下。

图 4.24 给出了遭受地震后大坝 0＋251.0m 剖面的残余变形分布等值线，大坝水平位移基本指向下游，且表层水平位移大于内部，表明大坝在水平方向上处于压实状态。根据坝顶上游挡墙上变形标点测量结果，0＋251.0m 剖面因地震导致的坝顶水平位移指向下游，最大值约 17.4cm；0＋371.0m 剖面因地震导致的坝顶水平最大值约 20.0cm。图 4.24（a）中上游坝坡接近坝顶部位最大水平位移为 22.8cm，与监测结果量值基本吻合。下游坝坡上的变形标点测量结果表明，地震引起的下游坝坡水平位移均指向下游，且量值较上游防浪墙顶大，随着大坝高程增加而增大，0＋251.0m 剖面下游坝坡 854.00m 高程处的水平位移为 25.2cm；0＋371.0m 剖面下游坝坡 854.00m 高程处的水平位移为 27.1cm，因此可以推断，下游坝坡和坝顶交界处的水平位移量值必定超过坝顶上游部位水平位移，故地震引起了坝顶路面和坝顶下游人行道开裂。

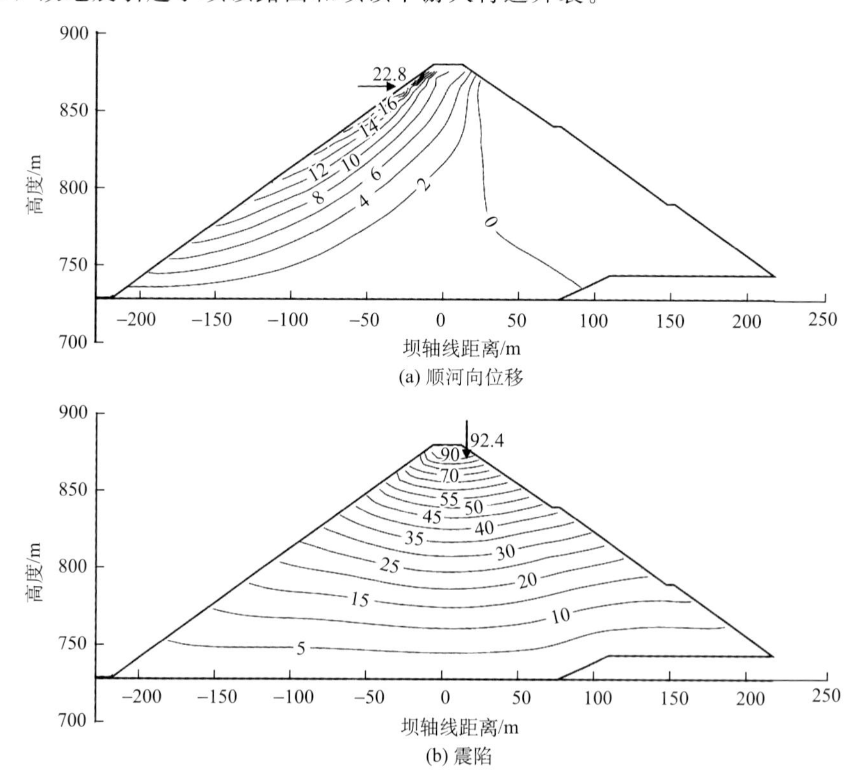

图 4.24　大坝 0＋251.00m 剖面地震残余变形分布（cm）

图 4.24（b）中给出了大坝震陷的等值线，从分布规律而言，随着高程增加，坝体震陷增加，特别是坝顶部位，等值线密度比低高程部位大，震陷量迅速累积。这是因为坝顶部位平均应力较低，堆石料的动剪切模量较小，故动态反应强烈，动剪应变幅值较低高程部位坝体要大，从而使得残余应变积累更大。图 4.25 和图 4.26 中分别对比了 0＋251.0m 剖面和 0＋371.0m 剖面不同高程处震陷分布计算值与实测值，这两个监测断面上沉降的计算量值以及分布规律与实测值都吻合良好。根据大坝内部水管式沉降仪监测结果，大坝 0＋251.0m 剖面 850m 高程上的最大震陷约 81.0cm；大坝 0＋371.0m 剖面 850m 高程上的最大震陷约 73.4cm，且钻孔资料表明，坝顶中部路面存在 15～20cm 左右的脱空，故推断坝顶部位沉降可达 90～100cm 左右。图 4.24（b）中显示坝顶部位最大震陷约 92.4cm，处于监测资料所推断的合理可信范围。

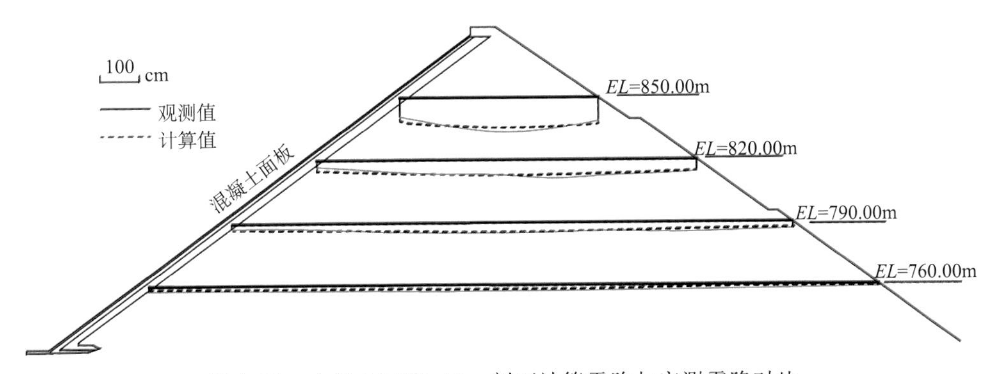

图 4.25　大坝 0＋251.00m 剖面计算震陷与实测震陷对比

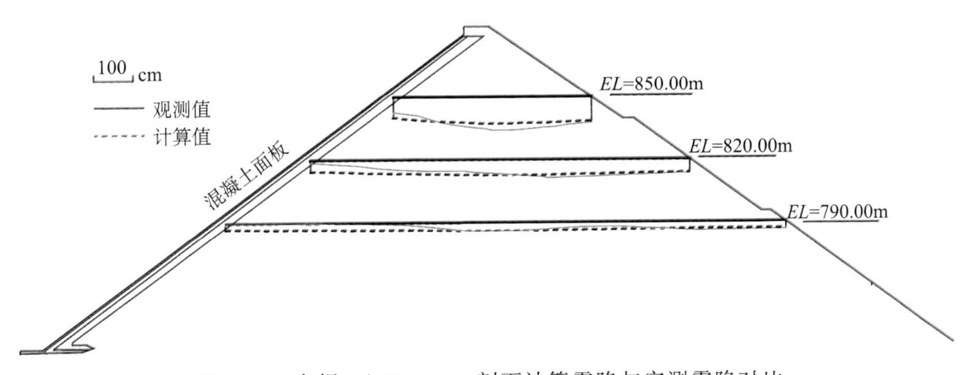

图 4.26　大坝 0＋371.00m 剖面计算震陷与实测震陷对比

上述计算结果及其与观测值的对比表明，作者提出的高土石坝地震残余变形计算公式及其参数较好反映紫坪铺面板坝堆石料的动力变形特性。

图 4.27 中给出了地震结束后混凝土面板的脱空量等值线，该值系由面板与垫层间接触面的张拉位移计算得到。图中阴影区域是垂直面板钻孔揭示的面板脱空范围，其中，大坝左岸 1～23 号面板在 845.0m 高程以上发生大范围脱空，局部脱空最大值约 7cm；右岸三期面板 876m 高程以上全部脱空（其中 36～39 号面板在 845m 高程以上脱空），最大值约 23.0cm；中部 24～35 号面板在 866m 高程以上脱空[28]。数值计算结果揭示的脱空范围与钻孔检测结果基本相符，坝顶部位最大脱空量约 10.3cm。紫坪铺面板堆石坝防渗面板严重损坏，二期和三期面板 845m 高程处的水平施工缝发生剪切破坏，面板错台且板内钢筋被剪至“Z”字形。值得指出的是，部分学者的研究结果认为[29]，紫坪铺面板堆石坝二期和三期面板在 845m 高程处的水平施工缝处发生面板错台系由堆石料震陷后施加于面板的向下的摩擦力所致，但作者通过分析相关监测资料和离心机振动台模型试验结果认为，这一结论是不正确的，主要理由为：①垫层料和面板间产生摩擦力必须以一定量值的法向接触力为前提，否则接触面是没有抗剪强度的。汶川地震时紫坪铺水库水位为 828.65m，因此可以认为 845m 高程以上面板与垫层间接触面上的法向接触力很小，不具有积累较大切向摩擦力的条件。②地震荷载作用下堆石料逐步震陷，堆石坝体断面整体向内收缩，导致面板与垫层间脱空，使得面板和垫层接触面上失去了产生摩擦力的条件。因此，2008 年“5·12”汶川地震中紫坪铺面板堆石坝混凝土面板错台的真正原因是地震导致堆石坝体断面整体向内收缩使得面板与垫层料之间发生脱空，面板与垫层料之间摩擦力大幅减小甚至消失，三期混凝土面板在自重和地震惯性力作用下发生错台。

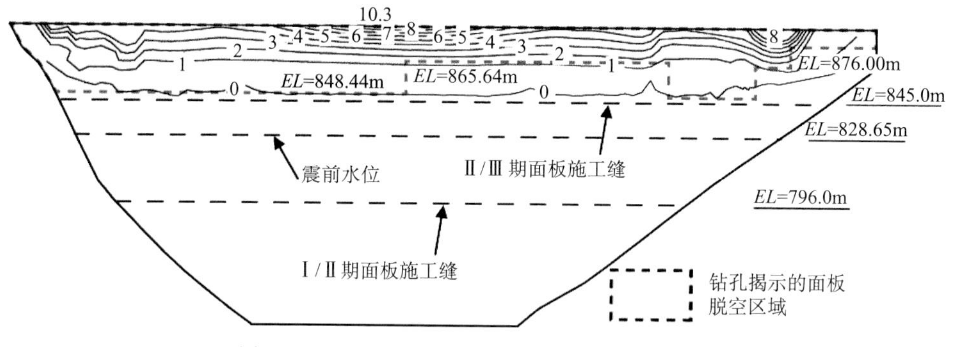

图 4.27 大坝混凝土面板脱空分布情况（cm）

图 4.28 中给出了大坝 0+251.0m 剖面网格变形过程图，并对面板顶部脱空范围进行了局部放大，从图中可以看出，地震持续至 32s 时，面板仍无明显的脱空；到 44s 时首层网格所示面板已经脱空；到 56s 时面板脱空范围继续向下发展；68s 时，脱空范围已发展至上部 3 层网格；到 80s 主震峰值区结束后顶部 4 层面板全部脱空，脱空范围超过 30m（高度方向）。

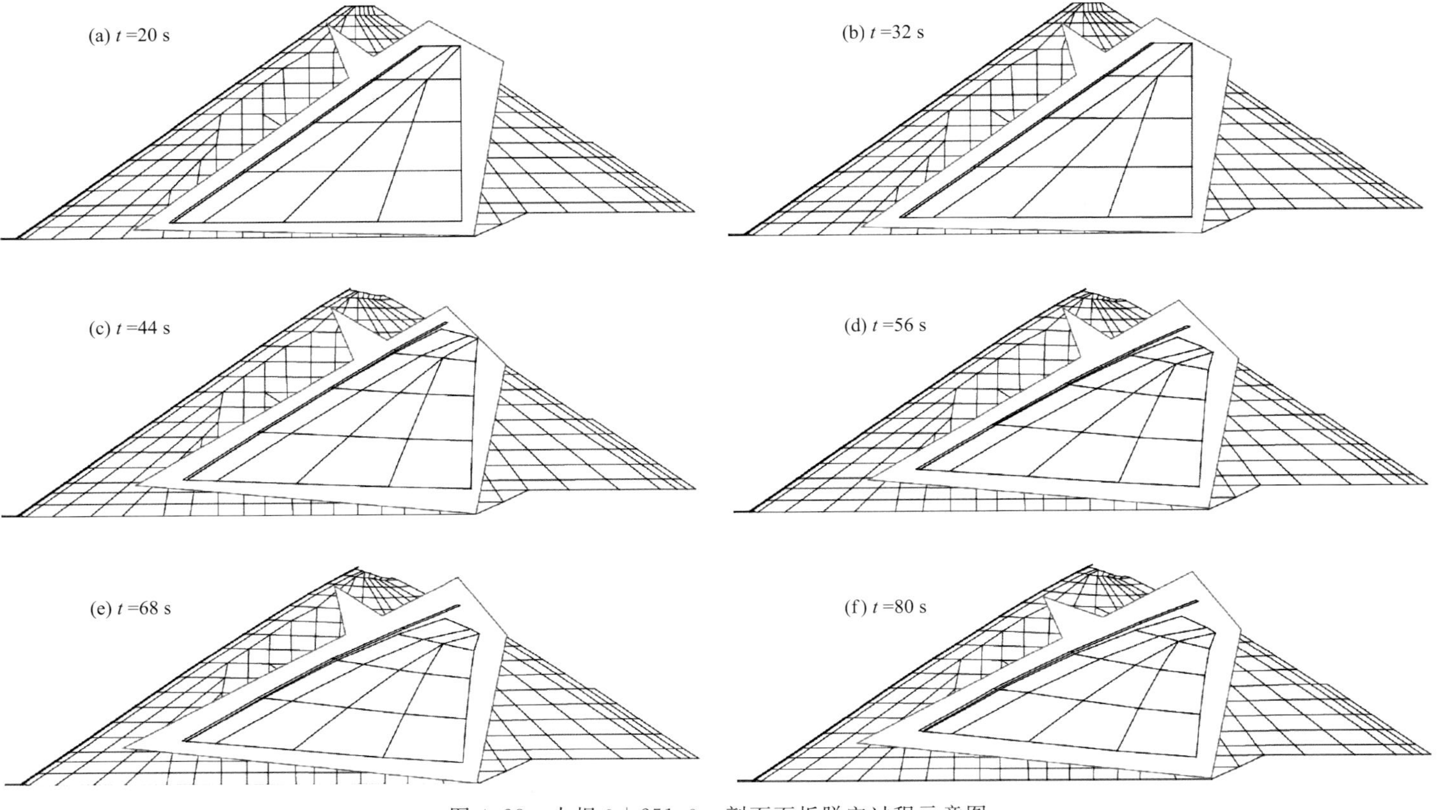
(a) t=20 s　(b) t=32 s
(c) t=44 s　(d) t=56 s
(e) t=68 s　(f) t=80 s

图 4.28　大坝 0＋251.0m 剖面面板脱空过程示意图

在面板脱空区域向下扩展且尚未发生错台时，未脱空区域成为整块面板的支点。在脱空区面板自重及其地震惯性力作用下，面板具有顺时针转动的趋势，该趋势使得水位以上且尚未脱空的面板水平面上产生强烈的拉应力和剪切应力，如图 4.29 所示，水平面上的拉应力使得沿该面的抗剪强度大幅降低，由于二、三期面板水平施工缝是该段面板的薄弱部位，故剪切破坏沿该面发生。此外，如果面板错台确由脱空后面板在自重及地震惯性力作用下绕未脱空区域垫层料的转动所致，则错台部位以上尚未脱空的面板上表面必定产生过强烈的弯曲拉应力，故可以推断错台部位以上面板表面水平拉裂缝是难以避免的。根据汶川地震后的面板震害调查结果，错台高程以上的面板表面产生了裂缝[30]，这从另一个角度验证了图 4.29 所示的面板错台机理的正确性。

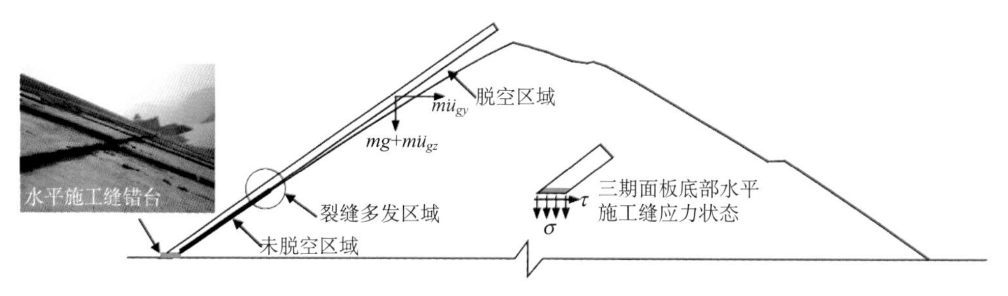

图 4.29　面板错台机理示意图

4.4　高心墙堆石坝的动力响应计算分析

4.4.1　工程概况

长河坝水电站系大渡河干流水电规划“三库 22 级”的第 10 级电站，电站以单一发电为主，无航运、漂木、防洪、灌溉等综合利用要求。电站采用水库大坝、地下引水发电系统的开发方式，枢纽建筑物由拦河大坝、泄洪消能建筑物、引水发电建筑物等组成。坝型为砾石土心墙堆石坝，如图 4.30 所示。坝壅水高 215m，总库容为 10.75 亿 m^3，正常蓄水位 1690m，相应库容为 10.15 亿 m^3，调节库容 4.15 亿 m^3，具有季调节能力。电站总装机容量 2600MW。电站单独运行多年平均发电量 108.3 亿度（kW · h）。工程为一等大（Ⅰ）型工程，挡水、泄洪、引水及发电等永久性主要建筑物为 1 级建筑物，永久性次要建筑物为 3 级建筑物，临时建筑物为 3 级建筑物。

工程场址地震基本烈度为 8 度。壅水建筑物抗震设防类别为甲类，拟按 9 度抗震设防；非壅水建筑物抗震设防类别为乙类，拟按 8 度进行抗震设计。场地地震安全性评价成果表明：基岩水平峰值加速度 50 年超越概率 10％为 172Gal，50

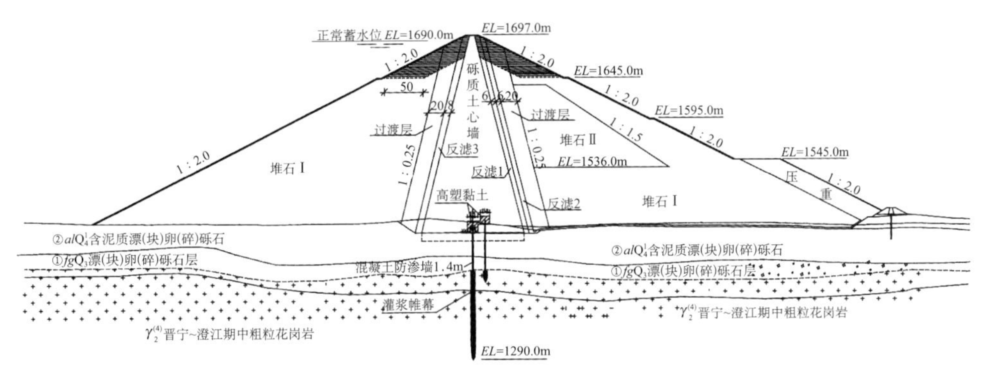

图 4.30　长河坝心墙堆石坝剖面图（m）

年超越概率 5％时为 222Gal，100 年超越概率 2％时为 359Gal。

坝基覆盖层采用两道全封闭混凝土防渗墙防渗，分别厚 1.4m 和 1.2m，两道墙净距离 14m。其中上游主防渗墙顶部设置灌浆廊道与防渗心墙连接，墙体内埋设两排灌浆管对墙下基岩进行帷幕灌浆，墙底部嵌入基岩 1.5m，防渗墙最大设计深度 50m，下游副防渗墙顶部直接插入防渗心墙内，插入高度 15m，底部嵌入基岩 1.5m，防渗墙深 50m。

河床下部及两岸基岩透水率较大，为了防止绕坝渗流，采用灌浆帷幕对基岩进行防渗处理，帷幕深入相对不透水层至少 5m，相对不透水层以≤3Lu 为界。根据钻孔压水试验成果及坝轴线渗透剖面图，帷幕最低高程为 1290.0m。右岸帷幕深入至桩号（纵）0＋669.58m；左岸帷幕与厂房上游帷幕相接，深入至桩号（纵）0～192.80m，厂房帷幕底高程为 1460m；主防渗墙下帷幕与两岸基岩帷幕连为一体。大坝基础灌浆帷幕为两排，排距为 1.5m，间距 2m。

4.4.2　模型与参数

对大坝最大剖面进行了有限元离散，共形成单元 1312 个，结点 1361 个，如图 4.31 所示。第三章中曾对长河坝心墙堆石坝开展过离心机振动台模型试验研究，为将本章数值计算结果与其对比，建模时对坝基和坝体进行了适当的

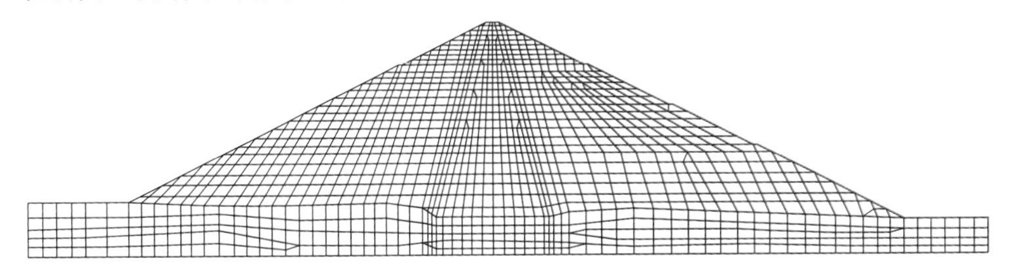

图 4.31　长河坝心墙堆石坝平面有限元网格

简化，保持与离心模型试验剖面基本一致，建模时忽略了廊道和混凝土防渗墙等。

设计阶段曾委托多家单位对其坝料开展了静力特性试验研究，从各单位提供的邓肯双曲线模型参数来看，差异较大，本次计算对比各单位试验参数后综合选定，如表 4.8 所列。坝料动力计算参数参考王年香和章为民等研究成果[31]，并结合糯扎渡心墙堆石坝类似材料试验成果综合确定[32]，如表 4.9 所列。

表 4.8　堆石料的双曲线本构模型参数

材料	R_f	k	n	k_b /kPa	m	G	F	D	$\Delta\varphi$ /(°)	ψ_0 /(°)	γ /(kN/m³)
心墙料	0.80	500	0.41	240	0.46	0.39	0.050	3.5	38.0	6.3	23.2
反滤料	0.85	933	0.37	230	0.43	0.23	0.047	4.5	41.3	4.3	23.2
过渡料	0.73	1000	0.24	214	0.23	0.23	0.089	5.0	50.8	9.8	22.1
堆石料Ⅰ	0.75	1694	0.21	585	−0.08	0.29	0.074	6.3	51.6	9.1	23.6
堆石料Ⅱ	0.80	1259	0.36	257	0.25	0.26	0.110	6.4	48.1	7.1	22.4
覆盖层	0.80	1100	0.34	343	0.27	0.33	0.010	4.0	48.0	7.0	22.0

表 4.9　堆石料的动力本构模型参数

材料	k'	n	$\bar{k}'$	λ_{max}	c_γ/%	α_γ	d_γ (×10⁻³)	β_γ	c_v/%	α_v	d_v	β_v
心墙料	865	0.342	39.9	0.246	0.713	0.620	5.4	0.700	1.012	0.572	0.650	0.500
反滤料	1444	0.443	35.5	0.236	4.058	0.659	5.4	0.731	1.527	0.572	0.668	0.559
过渡料	1651	0.474	47.4	0.241	4.058	0.659	5.4	0.731	1.527	0.572	0.668	0.559
堆石料Ⅰ	2570	0.346	70.9	0.199	4.058	0.659	5.4	0.731	1.527	0.572	0.668	0.559
堆石料Ⅱ	2570	0.346	70.9	0.199	4.058	0.659	5.4	0.731	1.527	0.572	0.668	0.559
覆盖层	2570	0.346	70.9	0.199	4.058	0.659	5.4	0.731	1.527	0.572	0.668	0.559

4.4.3　加载过程

计算时全面模拟了大坝的逐层填筑过程，因离心模型试验在未蓄水条件下开展，故首先计算分析了空库条件下大坝的地震影响，地震加速度时程与离心模型试验所用的输入一致，如图 4.32 所示。为研究满库条件地震反应与空库条件的不同，采用同样的地震加速度输入研究了正常蓄水位时大坝的地震反应特点。在上述计算中，大坝填筑分 33 级模拟，大坝蓄水分 10 级模拟。注意，离心模型试验中设定输入加速度时，由于是用正弦波模拟不规则波的激励作用，故将峰值加速度缩小为设计值的 0.65，故图 4.32 中加速度峰值为 233Gal。

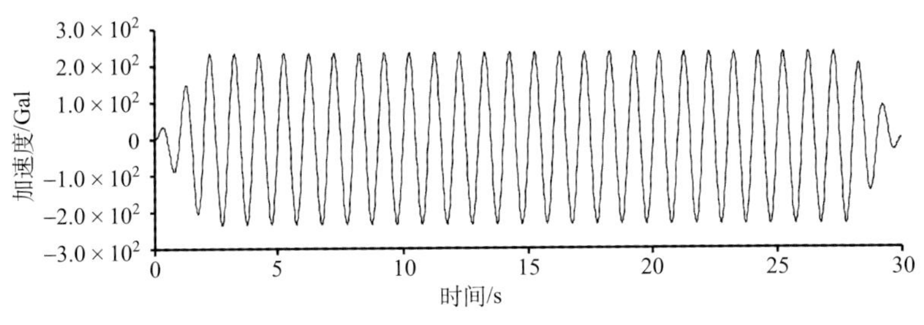

图 4.32　输入的坝基地震加速度时程曲线

4.4.4　主要计算结果

图 4.33 是大坝竣工未蓄水条件下的坝体位移等值线分布，对于水平位移而言，上下游坝体基本上以坝轴线为分解线呈对称性分布，上游侧坝体向上游位移，最大值 32cm；下游侧坝体向下游位移，最大值 31cm。上下游坝坡顶部分别存在少量指向下游和指向上游的位移。坝体沉降具有良好的环状分布规律，最大值达到 2.9m，位于 1/2 坝高附近。若将覆盖层厚度计入坝高，该坝总高度接近 300m，故沉降率达到 1%左右。

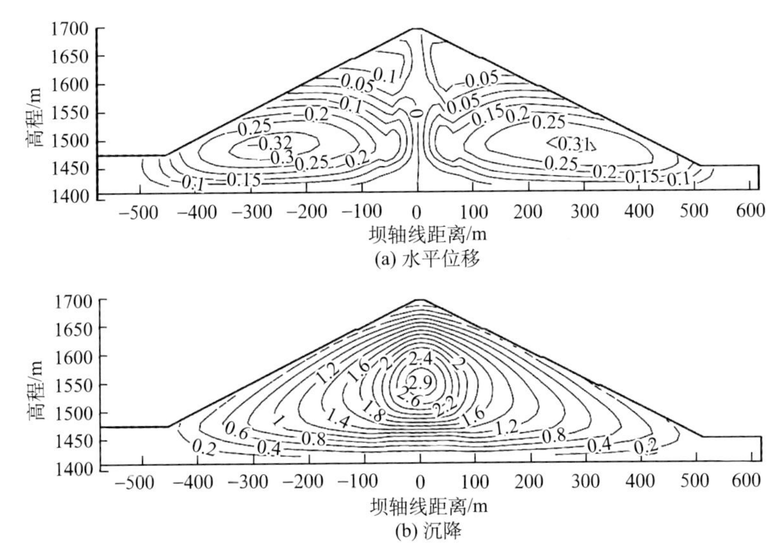

图 4.33　大坝竣工期变形等值线分布（m）

图 4.34 给出了大坝竣工时的大、小主应力分布等值线，两者均与上覆土层厚度成比例，其中覆盖层底部大主应力达到 5MPa，小主应力达到 2.1MPa。大主应力图中显示，由于心墙变形模量较低，心墙与两侧堆石体之间存在比较明显

的应力拱效应。从图 4.33 和图 4.34 可以看出，竣工期坝体应力和位移分布具有良好的对称性，故可以推断在输入正弦波时大坝的动力反应亦具有对称性。

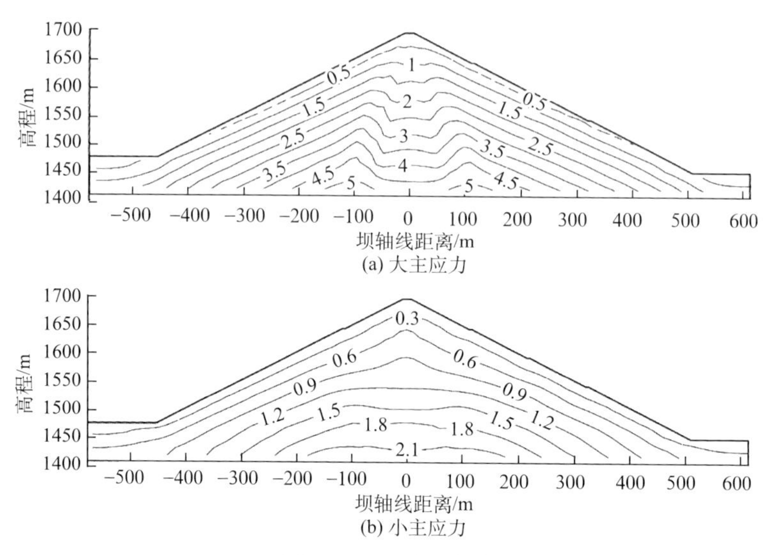

(a) 大主应力

(b) 小主应力

图 4.34　大坝竣工期主应力等值线分布（MPa）

图 4.35 给出了空库地震时坝体的地震残余变形分布，可以看出空库条件下坝体水平位移与竣工期坝体自重产生的位移具有相同的规律性，上、下游坝体以坝轴线为分界线分别指向下游和上游，最大值分别为 26.9cm 和 24.6cm。相比

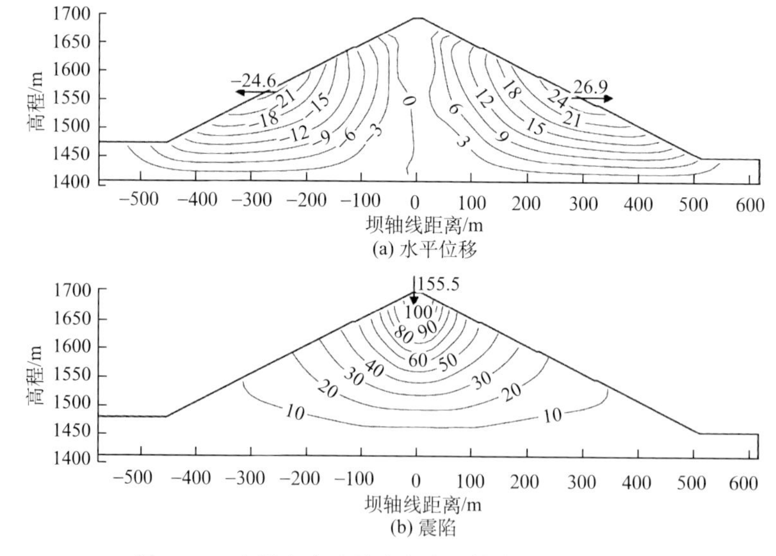

(a) 水平位移

(b) 震陷

图 4.35　大坝空库地震残余变形等值线分布（cm）

而言，坝体的震陷量远大于水平位移值，震陷从底部往顶部逐渐累积增大，坝顶部位达到 155.5cm，占坝高（含覆盖层）的 0.52%左右。表 4.10 中列出了模型试验与数值计算得到的坝体地震残余变形值，除指向上游的水平位移相差较大外，其余变形特征值都较为吻合，可见，在高土石坝地震残余变形问题上，离心机振动台模型试验与数值计算结果在定性和定量上都基本一致。

表 4.10　坝体地震残余变形计算值与模型试验值

项目	坝顶震陷		水平位移	
	绝对值/cm	震陷率/%	指向上游/cm	指向下游/cm
计算值	155.5	0.52	24.6	26.9
试验值	161.0	0.54	17.0	27.0

图 4.36 是坝体顺河向加速度放大倍数等值线，可以看出心墙坝和面板坝在加速度放大分布规律上有诸多相似之处，坝体中下部少量放大甚至缩小，坝顶部位迅速放大；相同高程平面上坝轴线处加速度放大倍数小于上下游坝坡，上述规律在定性上与离心模型试验结果一致。但本案例中，离心模型试验得到的坝顶加速度放大倍数在 4 倍以上（图 3.22），远大于图 4.36 中计算所得的 2.6 倍放大系数，高心墙堆石坝的加速度放大量值仍有待更多案例和试验验证。

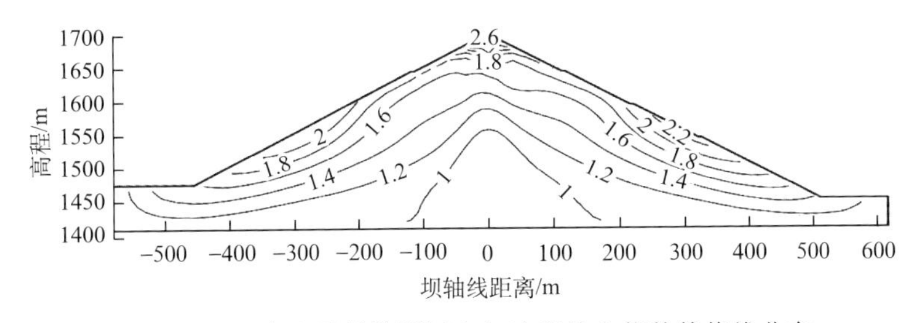

图 4.36　空库地震坝体顺河向加速度放大倍数等值线分布

图 4.37 是蓄水至正常高水位后大坝的主应力分布等值线，对比图 4.37 和图 4.34可以看出大坝上游堆石料的大主应力和小主应力都有明显的降低，尤其是小主应力在心墙和反滤料之间出现明显应力路径转折，上游堆石体内的小主应力显著低于相同高程处心墙和下游堆石料内的小主应力。此外，蓄水之后，上游堆石体内有效应力莫尔圆向破坏线移动，应力水平大幅提高，故满库地震时大坝的地震响应与空库时具有显著差别。

图 4.38 中显示了满库地震时坝体的地震残余变形分布，大坝 1600m 高程以上部位水平位移基本指向下游，该方向的最大水平位移达到 34.3cm，位于下游坝坡上。上游侧大坝指向上游的水平位移以及上游坝坡表面堆石沉降，特别是坝

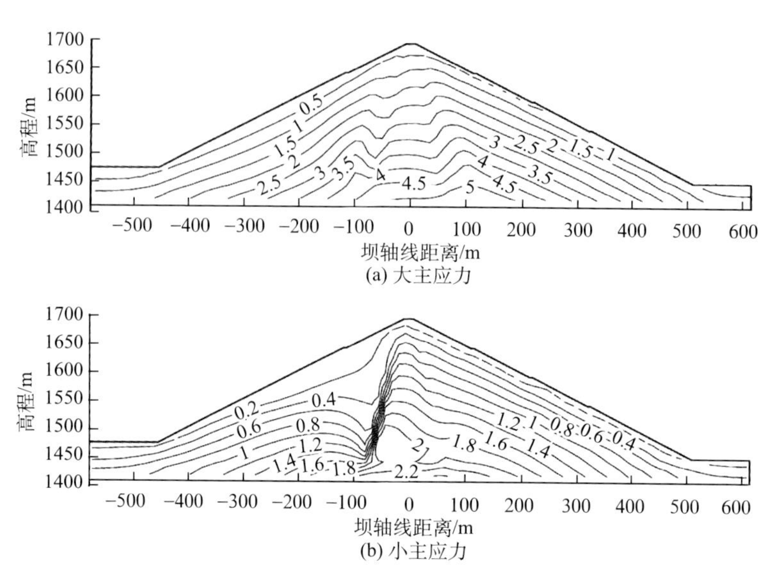

图 4.37　大坝蓄水期主应力等值线分布（MPa）

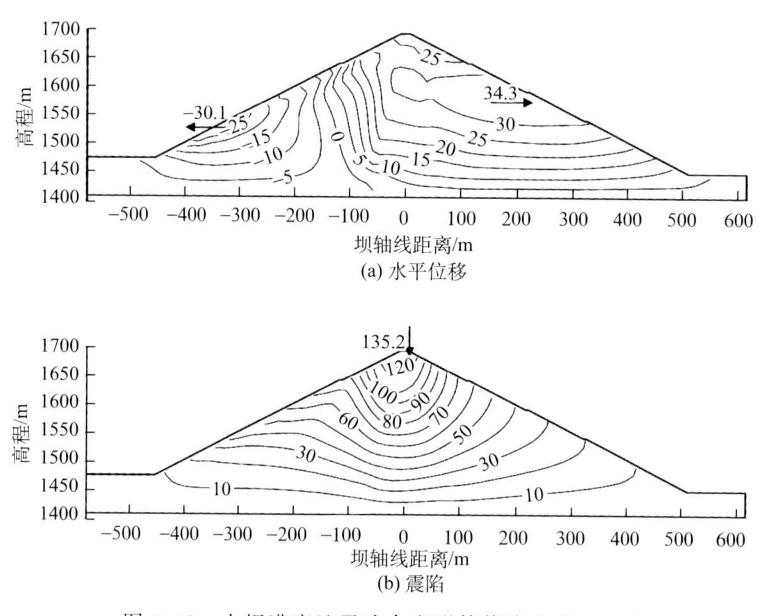

图 4.38　大坝满库地震残余变形等值线分布（cm）

坡表面的震陷量都有所增加，这可以从堆石料地震残余应变公式中得到解释：由于水库蓄水后上游堆石料平均应力减小，动剪切模量降低，从而使动剪应变幅值有较大的增长，因此地震残余剪应变和残余体积应变相较于空库条件要大。尽管满库条件下大坝水平位移增加，但坝顶震陷却有所降低，坝顶最大震陷量为135.2cm，这是因为心墙和下游侧堆石体内平均应力增加，应力水平降低，从而使得动剪切模量增加，动剪应变幅值降低所致。

图4.39是满库地震时坝体顺河向加速度放大倍数，与图4.36相比，坝体的加速度放大分布规律基本一致，但坝顶的加速度放大倍数有所增加，空库地震时放大倍数为2.6，满库条件下放大倍数达到3.5。上述计算结果仍有待实际高心墙堆石坝工程地震震害监测资料以及离心机振动台模型试验的验证。

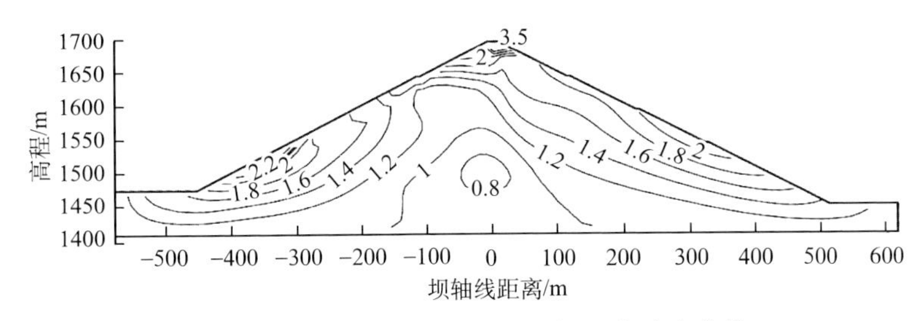

图4.39　大坝满库地震顺河向加速度放大倍数

参考文献

[1] 顾淦臣，沈长松，岑威钧. 土石坝地震工程学［M］. 北京：中国水利水电出版社. 2009.

[2] 刘小生，王钟宁，汪小刚. 面板坝大型振动台模型试验与动力分析［M］. 北京：中国水利水电出版社，2005.

[3] Seed H B，Idriss I M. Soil modules and damping factors for dynamic response analyses［R］. Report of Earthquake Engineering Research Center. Berkeley：University of California，EERC 70-10，1970.

[4] Seed H B. Consideration in the earthquake resistance design of earth and rockfill dams［J］. Géotechnique，1979，3：215-263.

[5] Hardin B O，Drnevich V P. Shear modulus and damping in soils：measurement and parameter effects［J］. Journal of the Soil Mechanics and Foundations Division，ASCE，1972，98（6）：603-624.

[6] Hardin B O，Drnevich V P. Shear modulus and damping in soils：design equations and curves［J］. Journal of the Soil Mechanics and Foundations Division，ASCE，1972，98（7）：667-692.

[7] 陈生水，沈珠江. 堆石坝地震永久变形分析［J］. 水利水运科学研究，1990，3：277-286.

[8] 迟世春，林皋，孔宪京. 堆石料残余体应变对计算面板堆石坝永久变形的影响［J］. 水力发电学报，1998，60（1）：59-67.

[9] Masing G. Eigenspannungen und verfertigung beim Messing［Z］//Proceedings of the 2nd International Congress on Applied Mechanics，Zurich，1926.

[10] 赵剑明，汪闻韶，常亚屏. 高面板坝三维真非线性地震反应分析方法及模型试验验证［J］.

水利学报，2003，9：12-18.
[11] Zienkiewicz O C，Chan A H C，Pastor M，et al. Computational geomechanics with special reference to earthquake engineering [M]. New York：John Wiley & Sons，1999.
[12] 王勖成，邵敏. 有限单元法基本原理和数值方法 [M]. 北京：清华大学出版社. 2006
[13] 沈珠江. 理论土力学 [M]. 北京：中国水利水电出版社，2000.
[14] 陈生水，傅中志，彭成，等. 一个考虑颗粒破碎的堆石料弹塑性本构模型 [J]. 岩土工程学报，2011，33（10）：1489-1495.
[15] 陈生水，彭成，傅中志. 基于广义塑性理论的堆石料动力本构模型研究 [J]. 岩土工程学报，2012，34（11）：1961-1968.
[16] Fu ZZ，Chen S S，Peng C. Modeling cyclic behavior of rockfill materials in a framework of generalized plasticity [J]. International Journal of Geomechanics，2014，14（2）：191-204.
[17] Ling H I，Yang S T. Unified sand model based on the critical state and generalized plasticity [J]. Journal of the soil mechanics and foundations division，ASCE，2006，132（12）：1380-1391.
[18] Ling H I，Liu H B. Pressure-level dependency and densification behaviour of sand through generalized plasticity model [J]. Journal of the soil mechanics and foundations division，ASCE，2003，129（8）：851-860.
[19] Bauer E. Calibration of a comprehensive constitutive model for granularmaterials [J]. Soils Founds，1996，36（1）：13-26.
[20] Pradhan T B S，Tatsuoka F. On stress-dilatancy equations of sand subjected to cyclic loading [J]. Soils Founds，1989，29（1）：65-81.
[21] 朱晟，杨鸽，周建平，等. "5·12" 汶川地震紫坪铺面板堆石坝静动力初步反演研究 [J]. 四川大学学报（工程科学版），2010，42（5）：113-119.
[22] Wu G X. Earthquake-induced deformation analyses of the Upper San Fernando Dam under the 1971 San Fernando Earthquake [J]. Can Geotech J，2001，38：1-15.
[23] Ebrahimian B. Numerical analysis of non-linear dynamic behaviour of earth dams [C] // Proceedings of the 2nd International Conference on Long Term Behaviour of Dams. 637-642，Graz，2009.
[24] Uddin N. A dynamic analysis procedure for concrete-faced rockfill dams subjected to strong seismic excitation [J]. Comp Struct，1999，72：409-421.
[25] 晏志勇. 汶川地震灾区大中型水电工程震损调查与分析 [M]. 北京：中国水利水电出版社，2009.
[26] Xu B，Zou D G，Liu H B. Three-dimensional simulation of the construction process of the Zipingpu concrete face rockfill dam based on a generalized plasticity model [J]. Computers and Geotechnics，2012，43：143-154.
[27] 孔宪京，邹德高. 紫坪铺面板堆石坝震害分析与数值模拟 [M]. 北京：科学出版社. 2014.
[28] 宋胜武，蔡德文. 汶川大地震紫坪铺混凝土面板堆石坝震害现象与变形监测分析 [J]. 岩石力学与工程学报，2009，28（4）：840-849.

[29] 孔宪京，刘福海，刘君. 地震作用下面板堆石坝面板错台模型试验研究 [J]. 岩土工程学报. 2012，34 (2)：258-267.

[30] 水利部紫坪铺工程现场专家组. "5·12" 地震后紫坪铺混凝土面板堆石坝安全监测与现场检查资料分析报告 [R]. 2008.

[31] 王年香，章为民，顾行文. 高心墙堆石坝地震反应复合模型研究 [J]. 岩土工程学报，2012，34 (5)：798-804.

[32] 米占宽，李国英. 糯扎渡水电站心墙堆石坝坝料动力特性试验研究 [R]. 南京：南京水利科学研究院. 2010.

第5章　土石坝地震安全控制标准与极限抗震能力分析方法

5.1　概　　述

20世纪60年代以前，国内外主要采用以地震加速度分布为主要条件的拟静力法来分析土石坝的坝坡稳定。1964年日本新潟和美国阿拉斯加大地震后，特别是1971年美国旧金山地震中圣费尔南多坝失事，人们发现拟静力法的计算分析结果与实际不尽相符，特别是不能正确反应土石坝的地震破坏过程。为此美国和日本多位学者对地震引起的无黏性土坝基和坝坡液化破坏问题开展了深入研究。1979年，Seed[1]在第19届郎肯讲座上指出多数堤坝的地震失事与坝体和坝基内无黏性土的液化有关，并呼吁重视震后坝体（基）的稳定性问题。随着现代土石坝震害资料的积累，人们开始认识到一些新的地震破坏机理，如紫坪铺混凝土面板堆石坝在遭遇汶川地震后产生的残余变形（如安装在堆石坝体内850.00m高程处的沉降仪测得的最大沉降量为810.3 mm)，导致混凝土面板出现大面板脱空和混凝土面板施工缝错台；面板垂直缝出现多处拉压破坏，地形突变处周边缝强烈剪切，其变形值远超室内试验得出的允许值，严重威胁大坝安全[2]。在分析上述震害资料的基础上，陈生水等强调应特别重视高土石坝因地震残余变形过大或分布不均匀导致的防渗系统损伤和破坏[3,4]。

近年来，随着对土石坝地震灾害认识的加深，越来越多的国家和地区已经意识到基于拟静力法坝坡稳定分析结果的局限性，如美国国土安全部2005年发布的导则“Federal Guidelines for Dam Safety（FEMA65）”[5]中明确指出，安全系数小于1.0仅仅意味着可能会发生大的地震变形，并不能预测滑坡何时停止及破坏是否必然发生，故单一的安全系数无法确定大坝的极限抗震能力。隶属于澳大利亚新南威尔士州政府的大坝安全委员会在2010年发布的文件“Acceptable Earthquake Capacity for Dams”[6]中指出了砂土材料地震液化可能性分析的重要性，同时强调了预留足够安全超高应对可能出现的震陷的必要性。可以看到，基于地震残余变形的安全评价已经逐渐在国际坝工界得到重视，但目前尚未出现明确规定土石坝，特别是现代技术填筑的高土石坝地震安全评价的变形标准。

值得指出的是，地震是一种随机性和不确定性很强的地质灾害，难以精准预测。我国紫坪铺面板堆石坝坝址区基本烈度为7度，大坝抗震设计按照8度设防，但汶川地震时坝址区实际烈度超过9度，紫坪铺大坝遭受了严重损伤。汶川地震发生后，国家发改委和国家能源局先后发布了《国家发展改革委关于加强水电工程防震抗震工作有关要求的通知》(发改能源〔2008〕1242 号) 和《国家能源局关于委托开展水电工程抗震复核工作的函》(国能局综函〔2008〕16 号)。水利水电规划设计总院制定了《水电工程防震抗震研究设计及专题报告编制暂行规定》(水电规计〔2008〕24 号)，对水电工程防震抗震研究设计提出了具体规定。按照 24 号文的要求，对于处在高烈度区、特别重要的、失事后可能产生严重次生灾害的挡水建筑物，要研究、分析、评价其极限抗震能力。但该规定未给出分析评价高土石坝极限抗震能力的具体方法。事实上，高土石坝的极限抗震能力与其安全控制标准以及计算分析方法密切相关，不同的安全控制标准以及计算分析方法得出的高土石坝的极限抗震能力将很可能不尽一致。因此，笔者认为一套较为完整的高土石坝极限抗震能力分析方法至少应包括地震安全控制标准与相应的计算分析方法两方面的内容。

为此，笔者基于土石坝震害调查资料、相关模型试验与数值计算分析结果，针对高土石坝的坝坡稳定、坝体地震残余变形、混凝土面板接缝位移三个影响高土石坝安全的主要因素，初步建议高土石坝的地震安全控制标准，并提出了相应黏弹塑性计算分析方法，本章将对该方法及其在高心墙堆石坝和面板堆石坝的极限抗震能力分析中的应用情况进行简要介绍。

5.2　坝坡地震稳定安全控制标准

我国现行的《水工建筑物抗震设计规范》[7,8]规定：“土石坝应采拟静力法进行抗震稳定计算”，但大量研究和工程案例表明，拟静力法不能很好反应地震动输入特性及坝体的动力反应，特别是地震产生的超静孔隙水压力对非黏性土坝坡稳定性的影响，因此近年来有限元时程分析法越来越多地被用于坝坡动力稳定计算[9,10]。但无论是拟静力法或有限元时程分析法，都是以稳定安全系数 Fs 小于规范规定的值作为安全控制标准，有限元时程分析法只是补充规定了稳定安全系数小于 1 的累计时间 (例如 2s)。需要指出的是，如果拟静力法或有限元时程分析法计算得出的滑动体仅发生在坝坡的浅表层，且不在危及坝体的要害部位，一般不会对大坝的整体稳定安全构成重大威胁。1975 年海城地震中石门水库黏土心墙坝上游坝坡和 1976 年唐山地震中密云水库白河主坝上游防渗斜墙砂砾石保护层均发生滑动破坏[3]，经修复后水库大坝可正常工作便是两个较为典型的案例。因此，仅采用坝坡地震稳定安全系数这一个指标尚不能很好表征土石坝的整体安全性，即土石坝的极限抗震能力。要合理评价土石坝的极限抗震能力，至少应采用坝坡地震稳定安全系数和滑动体的范围两个指标，滑动体的范围应以滑动面直接通过防渗体或者滑动体危及防渗体安全为控制标准。

5.2.1　心墙堆石坝地震稳定安全控制标准

对于心墙堆石坝，防渗心墙的安全对坝体的整体安全具有决定性作用。同时，考虑到有限元时程分析法计算得出的坝坡稳定安全系数普遍高于拟静力法20%以上[9]，因此，建议心墙堆石坝的地震稳定安全控制标准为：

(1) 坝坡稳定安全系数：采用拟静力法计算，Fs<1.0，则坝坡失稳；采用有限元时程分析法计算，地震过程中，如果 Fs<1.2 的时间累加超过 2s，则坝坡失稳。

(2) 滑动体范围：最危险滑弧通过心墙；最危险滑弧虽未通过心墙，但危及心墙安全，即满足下述条件：

$$F_a + F_w > F_{sb} + F_{cb} + F_{ss} + F_{cs} \tag{5.1}$$

式中：F_a 为心墙上游侧坝体材料的主动土压力；F_w 为心墙承受的库水压力；F_{sb}为沿破坏面底部作用的摩擦力；F_{cb}为破坏面底部的凝聚力；F_{ss}为沿破坏面两侧作用的摩擦力；F_{cs}为破坏面两侧的凝聚力。上述各作用力如图 5.1 所示，可分别用下列各式表示：

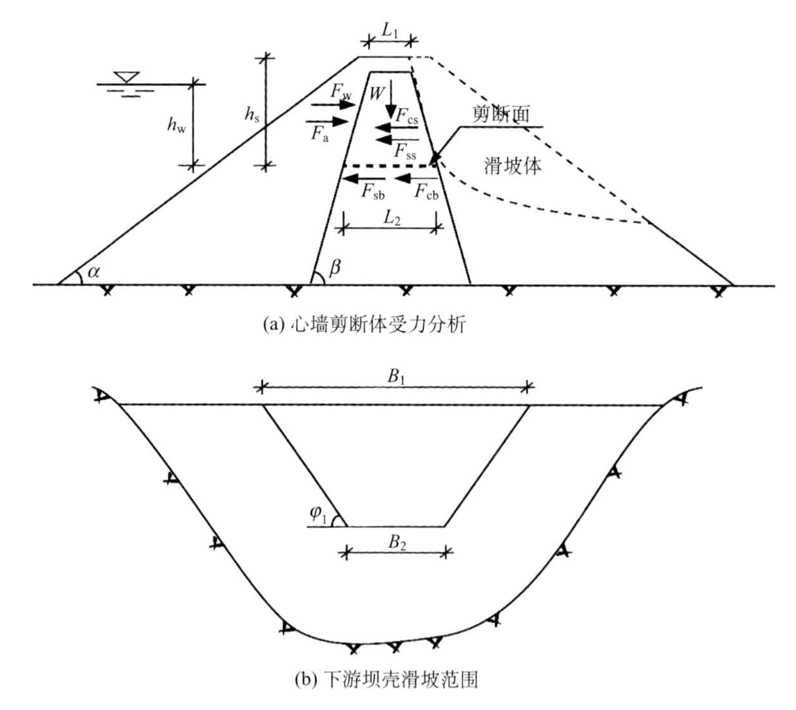

图 5.1　下游坝坡发生滑坡后心墙受力示意图

$$F_a=\frac{1}{2}B_2\cdot h_s\left[\gamma_1 h_s\tan^2\left(45°-\frac{\varphi_1}{2}\right)-2c_1\tan\left(45°-\frac{\varphi_1}{2}\right)\right] \tag{5.2}$$

$$F_w=\frac{1}{2}\gamma_w h_w^2 B_2 \tag{5.3}$$

$$F_{sb}=W\tan\varphi_2 \tag{5.4}$$

$$F_{cb}=c_2 L_2 B_2 \tag{5.5}$$

$$F_{ss}=K\cdot\gamma_2 h_s^2 L_2\tan\varphi_2 \tag{5.6}$$

$$F_{cs}=c_2 h_s(L_1+L_2) \tag{5.7}$$

式中：B_1 为滑动体顶宽；B_2 为滑动体底宽；L_1 为心墙顶宽；L_2 为心墙剪断面宽度；W 为心墙上游侧坝体材料的重量在破坏面上的分量；γ_w 为水的重度；γ_1 为坝壳料的重度；γ_2 为心墙料的重度；c_1 为坝壳料的凝聚力；c_2 为心墙料的凝聚力；φ_1 为坝壳料的内摩擦角；φ_2 为心墙料的内摩擦角；h_s 为坝顶与心墙剪断面高差；h_w 为剪断面以上水头。

式（5.1）为假定各作用力作用线通过滑动体形心的简化计算形式，实际计算中可根据实际情况分别计算心墙破坏面以上部分力的平衡条件和力矩平衡条件。

5.2.2　面板堆石坝地震稳定安全控制标准

与高心墙堆石坝类似，如果地震只是导致面板堆石坝坝坡表面少量石块滚落或滑动体只是出现在坝坡浅表层，又不在坝体的要害部位，则不会对大坝的整体稳定安全构成重大威胁。但如果滑坡体使得坝顶宽度明显减小，导致防渗面板及其接缝受力状态恶化，将危及大坝整体稳定安全。作者研究团队通过大量计算分析发现，当滑坡体使得坝顶宽度减小1/3以上时，混凝土面板的受力状态将出现明显恶化。因此，建议混凝土面板堆石坝的地震稳定安全控制标准为：

（1）坝坡稳定安全系数：采用拟静力法计算，$Fs<1.0$，则坝坡失稳；采用有限元时程分析法计算，地震过程中，如果 $Fs<1.2$ 的时间累加超过2s，则坝坡失稳。

（2）滑坡体使得坝顶宽度减小1/3以上。

5.3　坝体地震残余变形安全控制标准

地震将导致土石坝产生不可恢复的残余变形，过大的变形以及坝体各接触部位变形的不均匀性有可能导致坝体发生裂缝、防渗系统和各接触部位发生破坏，从而危及大坝安全。监测资料、离心机振动台模型试验和数值计算结果表明[11-13]，土石坝的地震残余变形一般具有以下特点：坝体的沉降一般大于水平位移，沉降和水平位移沿坝高逐渐增大，最大断面处坝顶沉降量（震陷量）最大；坝体沿河向水平位移的方向指向下游，坝体两坝肩纵向水平位移方向指向河谷中央；心墙坝坝壳的沉降量一般大于心墙，上游坝壳的沉降量大于下游坝壳的沉降量。因此可以考虑采用坝顶震陷量作为大坝的变形控制指标。

通过研究分析国内外125座土石坝经受地震后的震陷率 δ（坝顶震陷量与坝高之比 $\Delta H/H$，见图5.2）可以发现，除少数特殊案例（如美国的Hebgen土坝，坝基存在活断层活动）震陷率大于1%的土石坝几乎是没有经过重型机械设备碾压的均质坝和水力冲填坝，如奥斯汀（Austrian）以及下村山（Lower Murayama）等土坝；菲律宾坝高131m的安布克劳（Ambuklao）心墙堆石坝于1990年7月经受7.7级地震，震中距坝址仅10公里，坝址地震峰值加速度达 $0.49g$，导致大坝坝顶产生1.1m的震陷量，震陷率达0.84%，大坝虽严重损伤，但未溃决，经加固修复后正常运行；2008年5月12日汶川地震导致紫坪铺混凝土面板堆石坝坝顶发生1.0m左右的震陷量，相对震陷量达0.64%，尽管坝体和防渗面板出现较为严重损伤，但大坝整体稳定，经修复后目前已正常运行。因此建议：对于心墙堆石坝以坝顶震陷率小于0.8%～1.0%作为地震变形控制标准，坝高大于150m取下限值为控制标准，坝高小于150m取上限值为控制标准；至于面板堆石坝，尽管工程实践已经证明，对于级配良好的堆石体，在防渗面板发生严重损伤，坝体出现严重漏水后，大坝短期内也不会溃决，但考虑到水库大坝安全的重要性及公众对混凝土面板损伤的接受程度，建议以坝顶震陷率小于0.6%～0.8%作为面板堆石坝的地震变形控制标准，类似心墙堆石坝，坝高大于150m取下限值为控制标准，坝高小于150m取上限值为控制标准。

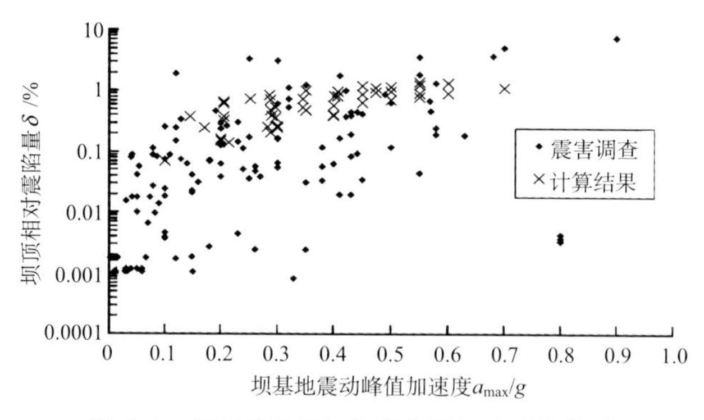

图5.2　相对震陷量与地震峰值加速度的关系

5.4　面板接缝变形安全控制标准

混凝土面板是面板堆石坝防渗系统的重要组成部分，其接缝，特别是周边缝被称之为面板堆石坝的“生命线”，接缝产生过大的变形，将使得其止水结构发生破坏，如不及时发现并采取有效措施，将导致大坝发生渗透破坏，甚至溃决。通过分析国内外多座面板堆石坝面板周边缝变形（包括沉陷量、张开位移和剪切位移）的实测资料，发现面板周边缝位移的大小主要与坝高、大坝堆石体本身质量及压实质量、河谷形状等有关。考虑到新近建设和拟建的高土石坝一般均采用现代先进的碾压机械施工，坝体堆石料选用及分区均进行精心设计，因此可近似认为面板周边缝变形主要与大坝高度有关。作表整理分析了坝高范围为35.5～233.0m的71座面板堆石坝面板周边缝沉陷与坝高的关系、72座面板堆石坝面板周边缝张开位移与坝高的关系以及28座面板堆石坝面板周边缝剪切位移与坝高的关系，如图5.3～图5.5所示。

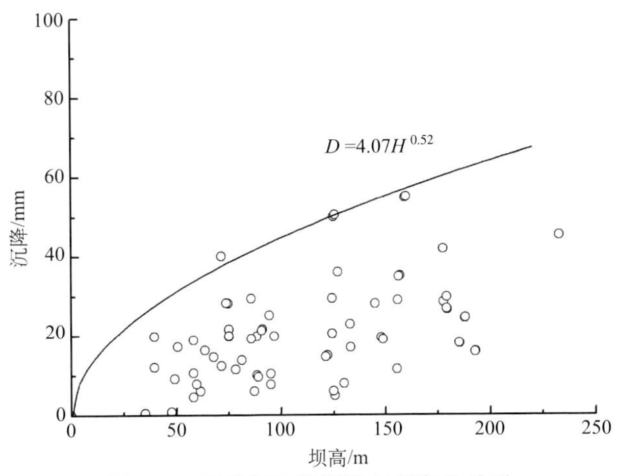

图5.3　面板周边缝沉陷与坝高的关系

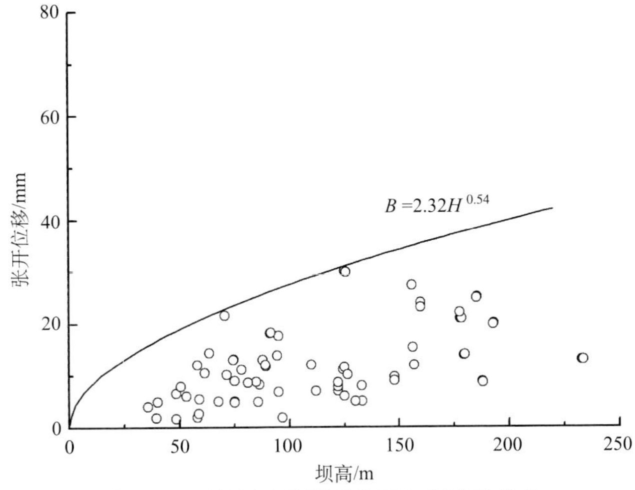

图5.4　面板周边缝张拉位移与坝高的关系

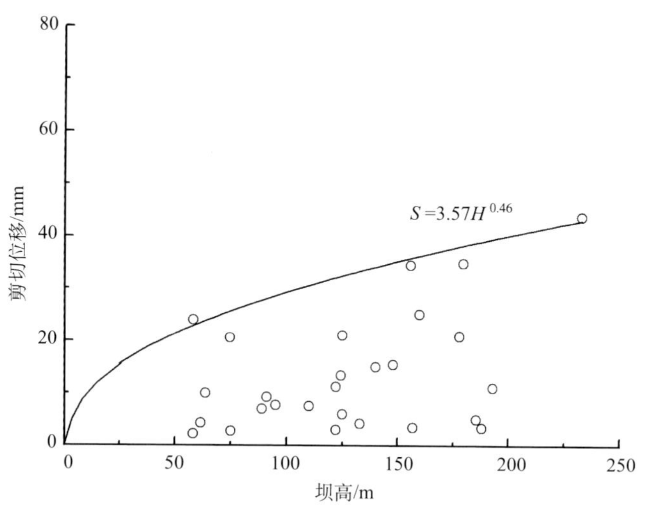

图 5.5　面板周边缝剪切位移与坝高的关系

考虑到这些大坝没有出现因面板接缝失效而溃决的事实，为安全起见，建议将这些实测资料的上包线作为面板接缝变形的安全控制标准。由图 5.3～图 5.5 上包线表达式可以计算得出 100m、200m 和 300m 高面板堆石坝的接缝变形安全控制值如表 5.1。建议其他坝高面板堆石坝周边缝变形控制标准，可由上述坝高的安全控制值通过线性插值确定。

表 5.1　高面板堆石坝周边缝变形安全控制值

坝高/m	沉陷/mm	张拉/mm	剪切/mm
100	45	30	30
200	60	40	40
300	80	50	50

5.5　土石坝极限抗震能力计算分析方法

尽管近年来考虑堆石料循环加载特性的动力弹塑性本构模型研究取得了一定进展，但相比于黏弹塑性计算分析方法，弹塑性动力反应计算仍远未成熟，一则本构模型参数确定较为不便；另外，计算结果的可靠性仍有待进一步验证。因此，高土石坝极限抗震能力计算分析仍建议采用黏弹塑性动力反应计算分析方法进行，该方法的实质是黏弹性动力分析和弹塑性静力分析的集成，它将地震反应问题分解成加速度反应和地震残余变形两大问题，并采用不同的模型分别描述循环滞回特性和塑性应变积累规律。该方法已运用于数十座实际土石坝的地震动力响应计算分析，被证明能较好模拟土石坝的地震响应，特别是土石坝的地震残余变形分布与发展规律。

5.5.1　土石坝黏弹性动力分析模型

采用黏弹性模型描述土石料在地震作用下的循环滞回特性，该模型的主要表达式为：

1）动模量与阻尼比

动剪切模量与动剪应变幅值的关系如下：

$$\frac{G}{G_{\max}}=\frac{1}{1+\overline{k'}\,\overline{\gamma^{c}}} \tag{5.8}$$

式中：$\overline{k'}$是动模量参数；$\overline{\gamma^{c}}$是归一化的动剪应变幅；$G_{\max}$是最大动剪切模量，它是平均初始应力 p_0 的函数，即

$$G_{\max}=k' p_{a}\left(\frac{p_{0}}{p_{a}}\right)^{n'} \tag{5.9}$$

式中：p_a 为大气压力；k'和 n'是两个参数。归一化的动剪应变幅定义为

$$\begin{cases}\overline{\gamma^{c}}=\dfrac{\gamma^{c}}{(p_{0}/p_{a})^{1-n'}}\\[2ex] \gamma^{c}=\dfrac{\sqrt{2}}{3}\sqrt{(\varepsilon_{1}^{c}-\varepsilon_{2}^{c})^{2}+(\varepsilon_{2}^{c}-\varepsilon_{3}^{c})^{2}+(\varepsilon_{1}^{c}-\varepsilon_{3}^{c})^{2}}\end{cases} \tag{5.10}$$

可由动应变的三个主值计算。

黏弹性模型中的等效阻尼比可由下式计算

$$\lambda=\lambda_{\max}\left(1-\frac{G}{G_{\max}}\right) \tag{5.11}$$

式中：$\lambda_{\max}$是最大阻尼比。

2）地震残余变形

土石坝地震残余变形计算采用作者基于循环荷载作用下高土石坝筑坝堆石料试验资料提出的堆石料的地震残余剪切应变和体积应变计算表达式进行，其中地震残余剪切应变可由下述幂函数描述

$$\gamma^{p}=\gamma_{1}^{p}\cdot N^{n_{\gamma}} \tag{5.12}$$

$$\begin{cases}\gamma_{1}^{p}=c_{\gamma}\cdot(\gamma^{c})^{\alpha_{\gamma}}\cdot\dfrac{\eta_{0}}{\sqrt{p_{0}/p_{a}}}\\[2ex] n_{\gamma}=d_{\gamma}\cdot(\gamma^{c})^{-\beta_{\gamma}}\cdot\sqrt{p_{0}/p_{a}}\end{cases} \tag{5.13}$$

式中：N 为等效振动次数；c_γ、α_γ 和 d_γ、β_γ 是 2 组参数；η_0 为初始应力比。

地震残余体积应变可由指数函数描述，即

$$\varepsilon_v^p = \varepsilon_v^f \left[1 - \exp\left(-\frac{N}{N_v}\right)\right] \tag{5.14}$$

其中，

$$\begin{cases} \varepsilon_v^f = c_v (\gamma^c)^{\alpha_v} \\ N_v = d_v \cdot (\gamma^c)^{-\beta_v} \cdot \sqrt{p_0 / p_a} \end{cases} \tag{5.15}$$

式中：c_v、α_v 和 d_v、β_v 是 2 组参数。

5.5.2 土石坝弹塑性静力分析模型

采用作者建议的堆石料广义弹塑性模型或修正“南水”双屈服面弹塑性模型计算分析土石坝的地震残余变形累积与分布规律。由于上述模型可较好描述堆石料颗粒破碎引起的强度与剪胀（剪缩）非线性规律，因此应用其计算得出的土石坝的地震残余变形发展与分布规律更为合理。广义弹塑性模型的本构方程表达式为：

$$\mathrm{d}\boldsymbol{\sigma} = \left[\boldsymbol{D}^e - \frac{(\boldsymbol{D}^e : \boldsymbol{n}_g) \otimes (\boldsymbol{n}_f : \boldsymbol{D}^e)}{H + \boldsymbol{n}_f : \boldsymbol{D}^e : \boldsymbol{n}_g}\right] : \mathrm{d}\boldsymbol{\varepsilon} \tag{5.16}$$

式中：$\boldsymbol{D}^e$、$\boldsymbol{n}_g$、$\boldsymbol{n}_f$ 和 H 分别为弹性矩阵、单位塑性流动方向、单位加载方向和塑性模量。

单位塑性流动方向表达式为

$$n_g = \frac{\frac{1}{3} d_g \boldsymbol{I} + \frac{3\boldsymbol{s}}{2q}}{\frac{1}{3} d_g^2 + \frac{3}{2}} \tag{5.17}$$

式中：$\boldsymbol{s}$ 为偏应力张量；q 为广义剪应力，即 $q = \sqrt{\frac{3}{2}\boldsymbol{s} : \boldsymbol{s}}$。剪胀比 d_g 由应力剪胀方程给出，即

$$d_g = M_c \left(1 - \frac{\eta}{M_c}\right) \tag{5.18}$$

式中：η 为应力比，$\eta = \frac{q}{p}$；M_c 为临胀应力比，由下式给出

$$M_c = \frac{6\sin\psi_c}{3 - \sin\psi_c} \tag{5.19}$$

为使弹塑性矩阵具有对称性，加载方向向量与流动方向向量可取为一致，即 $\boldsymbol{n}_f = \boldsymbol{n}_g$。

塑性模量 H 与应力状态有关，其表达式为

$$H=\left(1-\frac{\eta}{M_f}\right)^m\cdot\frac{1+\left(1+\frac{\eta}{M_c}\right)^2}{1+\left(1-\frac{\eta}{M_c}\right)^2}\cdot\frac{1+e_0}{\lambda-\kappa}p \tag{5.20}$$

式中：m 为模量参数；e_0 为初始孔隙比；M_f 是峰值应力比，即

$$M_f=\frac{6\sin\varphi_f}{3-\sin\varphi_f} \tag{5.21}$$

式中：λ 和 κ 分别为压缩曲线斜率和回弹曲线斜率，其中 κ 可以假定为一常数，λ 则可由等向压缩函数确定，即

$$e=e_0\cdot\exp\left[-\left(\frac{p}{h_s}\right)^n\right] \tag{5.22}$$

式中：h_s 称为固相硬度，具有应力的量纲；n 为无量纲压缩参数。由上式可得

$$\lambda(e,\ p)=ne\left(\frac{p}{h_s}\right)^n \tag{5.23}$$

回弹曲线 κ 斜率与体积弹性模量之间的关系为

$$K^e=\frac{(1+e_0)\,p}{\kappa} \tag{5.24}$$

若设堆石料的弹性泊松比为 v，则弹性剪切模量可按下式计算

$$G^e=\frac{3(1-2v)}{2(1+v)}K^e \tag{5.25}$$

对于堆石料，v 的取值一般在 0.25～0.35。对于各向同性弹性材料，由上式所给弹性模量即可完全确定弹性矩阵。

修正“南水”双屈服面模型的切线模量表达式为

$$E_t=\left(1-\frac{\eta}{M_f}\right)^\alpha\cdot k\cdot p_a\cdot\left(\frac{\sigma_3}{p_a}\right)^n \tag{5.26}$$

切线体积比表达式为

$$\mu_t=\mu_{t0}\left(1-\left(\frac{\eta}{M_c}\right)^4\right) \tag{5.27}$$

式中：α、n、μ_{t0} 为三个参数，M_f 和 M_c 分别为峰值应力比和临胀应力比。

确定 E_t 和 μ_t 后即可将其代入式（4.39）确定塑性系数 A_1 和 A_2，并根据式（4.32)确定柔度矩阵，求逆后得到弹塑性矩阵后即可用于有限元计算。

5.6　高心墙堆石坝极限抗震能力计算分析案例

某砾质土心墙堆石坝最大坝高为 261.5m，心墙顶宽为 10m，心墙上、下游

坡度均为 1∶0.2，坝顶宽度为 18m，上游坝坡坡度为 1∶1.9，下游坝坡坡度为 1∶1.8。大坝地震设防烈度为 9 度，相应基岩输入水平峰值加速度为 0.436g，地震加速度时程曲线如图 5.6 所示。采用作者建议的高心墙堆石坝地震安全控制标准与黏弹塑性极限抗震能力计算方法，通过逐级增大基岩输入水平峰值加速度对该坝的极限抗震能力进行了计算分析，坝体材料计算参数基于该大坝筑坝材料静动力三轴试验结果，采用本书第 4 章给出的方法确定。

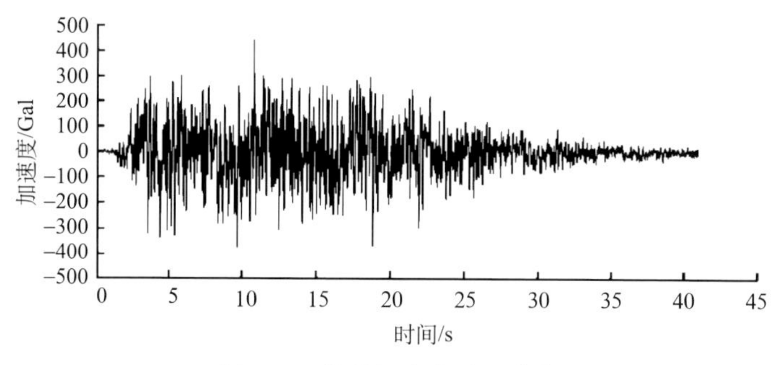

图 5.6　基岩加速度时程曲线

采用拟静力法和有限元时程法计算得出对应于不同基岩输入水平峰值加速度的上下游坝坡稳定安全系数见表 5.2。从表中可以看出，采用拟静力法计算时，当基岩输入水平峰值加速度超过 0.55g 时，上游坝坡的稳定安全系数已不满足要求；采用有限元时程法计算时，当基岩输入水平峰值加速度超过 0.60g 时，上游坝坡的稳定安全系数已不满足要求。两种情况下最小安全系数对应的滑动体均通过心墙（如图 5.7 和图 5.8 所示），严重威胁大坝安全。因此从坝坡稳定安全性来看，该坝的极限抗震能力应在 0.55g～0.60g 之间。

表 5.2　拟静力法和有限元法计算得到的安全系数

工况		上游坡	下游坡	允许值
拟静力法	0.50g	1.108	1.217	1.0
	0.55g	1.023	1.184	
	0.60g	0.960	1.141	
	0.65g	0.894	1.105	
	0.70g	0.847	1.060	
	0.75g	0.787	0.995	
有限元法	0.50g	1.419	1.445	1.2
	0.55g	1.315	1.336	
	0.60g	1.226	1.275	
	0.65g	1.141	1.202	

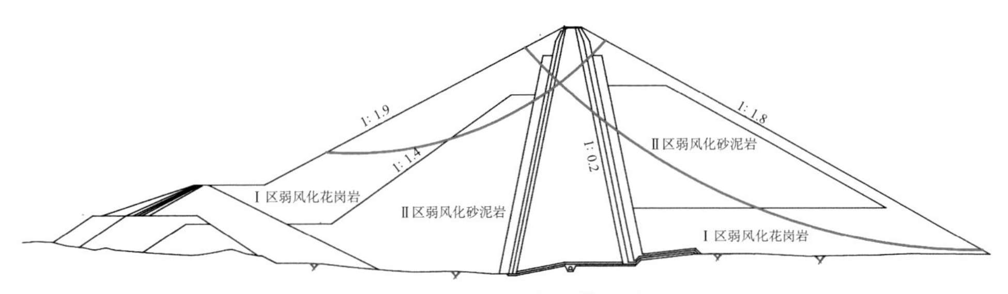

图 5.7　拟静力法得出的最小安全系数对应的滑弧（0.55g）

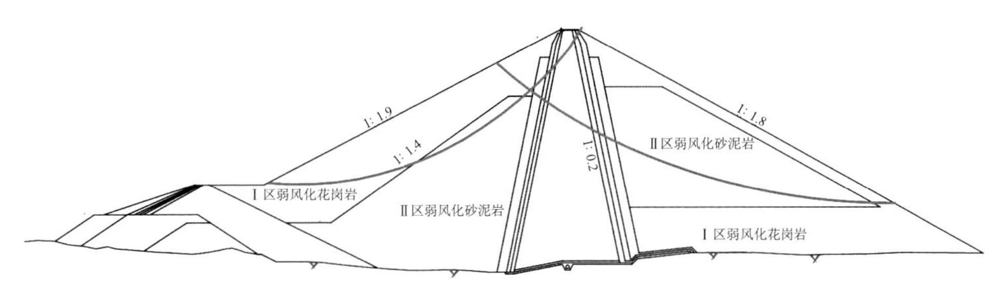

图 5.8　有限元时程法得出的最小安全系数对应的滑弧（0.60g）

表 5.3 给出了对应不同基岩输入水平峰值加速度的大坝坝顶最大震陷量和震陷率。从表中可以看出，随着不同基岩输入水平峰值加速度的提高，大坝坝顶震陷量与震陷率增大，当水平峰值加速度达到 0.55g 时，大坝震陷率已超过 0.8%，因此从大坝震陷量的角度来看，该坝的极限抗震能力应在 0.50g～0.55g。故综合判断大坝的极限抗震能力在 0.50g～0.55g，对于该高心墙堆石坝，大坝地震残余变形是其极限抗震能力的控制因素。值得指出的是，作者团队曾利用离心机振动台模型试验系统及相应试验分析方法研究了最大坝高 240m 长河坝砾质土心墙堆石坝的地震破坏机理与极限抗震能力，图 5.9 中绘制了不同峰

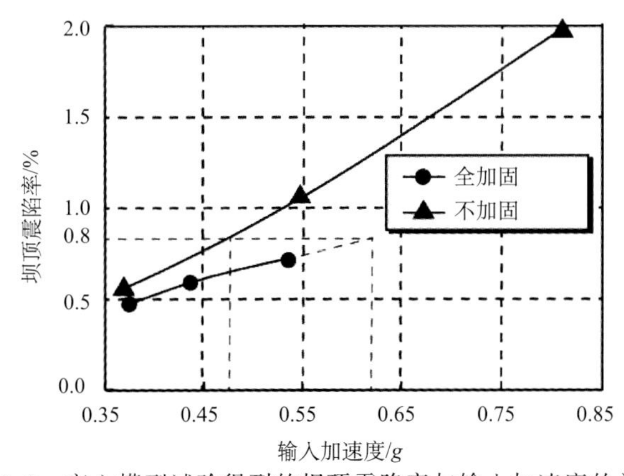

图 5.9　离心模型试验得到的坝顶震陷率与输入加速度的关系

值加速度时的坝顶震陷率。按照作者建议的地震安全控制标准，不采取抗震加固措施时，该坝的极限抗震能力在0.45g～0.50g；采用全加固方案（坝顶加筋且大块石护坡）后，该坝的极限抗震能力可以显著提高至0.60g～0.65g，这表明作者建议的高心墙堆石坝地震安全标准与极限抗震能力计算分析方法大体是合理的。此外，对于超高心墙坝，采用适当的坝顶抗震加固措施是非常必要的。

表5.3 不同地震峰值加速度下心墙坝坝顶震陷量与震陷率

加速度峰值/g	坝顶震陷量/cm	震陷率/%
0.50	203.5	0.78
0.55	222.0	0.85
0.60	244.0	0.93
0.65	266.3	1.02

5.7 高面板堆石坝的极限抗震能力计算分析案例

某混凝土面板堆石坝最大坝高155m，坝顶宽度12m，上游坝坡1∶1.4，下游坝坡二级马道以下1∶1.4，以上为1∶1.7。坝址区地震基本烈度为7度，按8度地震设防，100年超越概率为2%的地震加速度时程曲线如图5.10所示，采用作者建议的高面板堆石坝地震安全控制标准与黏弹塑性极限抗震能力计算方法，通过逐级增大基岩输入水平峰值加速度对该坝的极限抗震能力进行了计算分析，坝体材料计算参数基于该大坝筑坝材料静动力三轴试验结果，采用本书第4章给出的方法确定。

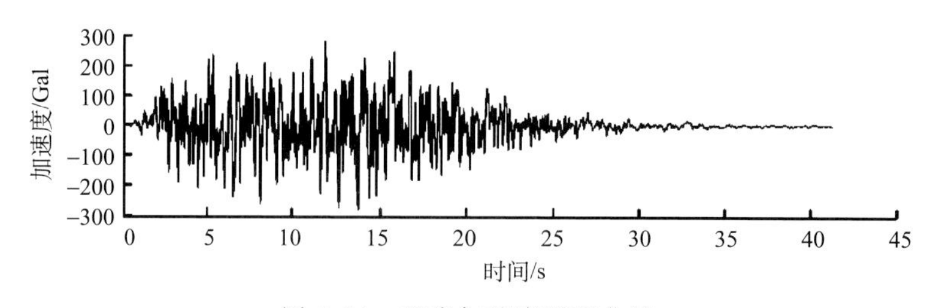

图5.10 基岩加速度时程曲线

采用拟静力法计算得出的该大坝竣工和蓄水期的坝坡地震稳定安全系数如表5.4所示，两种工况下最小安全系数对应的滑弧均使坝顶宽度减小超过1/3，如图5.11所示。可以看出，从坝坡稳定安全性来看，该坝的极限抗震能力应在0.65g～0.70g。

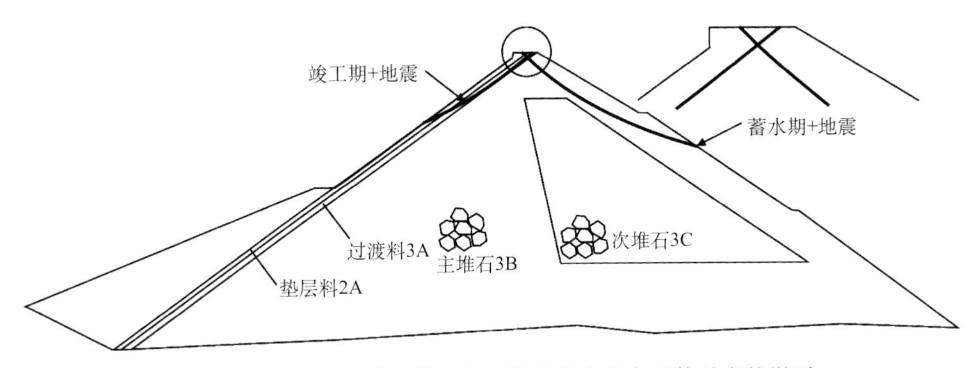

图5.11 拟静力法计算得出的面板坝最小安全系数对应的滑弧

表5.4 不同峰值加速度下面板坝坝坡的地震安全系数

工况		上游坡	下游坡	允许值
竣工期	0.40g	1.350	—	1.0
	0.45g	1.332	—	
	0.50g	1.212	—	
	0.55g	1.144	—	
	0.60g	1.063	—	
	0.65g	1.008	—	
	0.70g	0.941	—	
蓄水期	0.40g	—	1.483	1.0
	0.45g	—	1.415	
	0.50g	—	1.324	
	0.55g	—	1.272	
	0.60g	—	1.187	
	0.65g	—	1.130	
	0.70g	—	1.068	

表5.5给出了对应不同基岩输入水平峰值加速度的大坝最大震陷量和震陷率。从表中可以看出，随着不同基岩输入水平峰值加速度的提高，大坝震陷量与震陷率增大，当水平峰值加速度达到0.70g，大坝震陷率已超过0.6%，因此从大坝震陷量的角度来看，该坝的极限抗震能力应在0.65g～0.70g。

表5.6给出了不同基岩输入水平峰值加速度面板周边缝三向位移计算结果。根据该坝坝高，采用本文建议的面板接缝变形地震安全控制标准，通过线性插值法得到该坝周边缝沉陷量应小于56mm，剪切位移和张开位移应小于36mm。按照这一标准，从面板接缝安全角度来看，该大坝的极限抗震能力应在0.50g～0.55g。故综合判断该面板堆石坝的极限抗震能力在0.50g～0.55g，可以发现，

对于高面板堆石坝，面板接缝安全是其极限抗震能力的控制因素。值得指出的是，该计算案例的坝高与经受 2008 年“5·12”汶川地震考验的紫坪铺大坝基本相同，紫坪铺面板堆石坝经受基岩输入水平峰值加速度 0.5g 左右的汶川地震后，大坝产生较大的地震残余变形，面板及其接缝变位较大且多处出现严重裂缝，但大坝整体是安全稳定的，也未出现大的漏水现象，经及时修复后现已正常发挥效益。因此采用作者提出的高面板堆石坝地震安全控制标准与黏塑性计算方法得出的该坝极限抗震能力在 0.50g～0.55g 的结论大体是合理的。

表 5.5 不同地震峰值加速度下面板坝坝顶震陷量与震陷率

加速度峰值/g	坝顶震陷量/cm	震陷率/%
0.40	71.4	0.46
0.45	73.0	0.47
0.50	76.8	0.50
0.55	79.2	0.51
0.60	84.7	0.55
0.65	88.6	0.57
0.70	94.3	0.61

表 5.6 不同地震峰值加速度下周边缝的三向位移

地震加速度峰值/g	剪切/mm	沉陷/mm	张开/mm
0.40	29.0	39.7	26.1
0.45	31.4	45.3	30.0
0.50	35.3	49.2	33.3
0.55	44.3	54.6	40.4
0.60	49.7	60.7	45.6
0.65	53.8	65.1	50.5
0.70	60.0	70.4	54.1

5.8 结论与建议

综上所述可以得出，作者提出的高土石坝地震安全控制标准与黏弹塑性计算方法大体是合理的，按照现行土石坝设计规范设计并精心施工的高土石坝其极限抗震能力在 0.50g～0.55g（基岩输入水平峰值加速度），可抵御 9 度左右强震而不至于出现灾难性后果。需要指出的是，高土石坝地震安全控制标准的确定是一项十分重要和复杂的工作，本书建议的抗震极限能力标准的合理性尚需接受更多实际工程的检验。事实上，高土石坝的坝坡稳定、坝体地震残余变形、混凝土面板接缝位移三个影响高土石坝安全的主要因素是相互关联的，今后应要进一步收集分析典型高土石坝的震害资料，开展高土石坝的地震响应与破坏机理及其影响因素试验研究与数值模拟，深入分析上述三个影响高土石坝安全的主要因素的耦联关系，特别是面板堆石坝滑动体范围对防渗混凝土面板工作性状的影响，建立以坝体地震残余变形为核心指标、以模型试验与计算软件为主要工具的高土石坝地震安全控制标准和极限抗震能力分析方法。同时，考虑到地震动、坝体材料参数及计算模型和方法等不确定影响，在高土石坝地震安全控制标准中引入风险概率理念也显得很有必要。

参考文献

[1] Seed H B. Consideration in the earthquake resistance design of earth and rockfill dams [J]. Géotechnique，1979，3：215-263.

[2] 陈生水，霍家平，章为民."5·12"汶川地震对紫坪铺混凝土面板坝的影响及原因分析[J]. 岩土工程学报，2008，(06)：795-801.

[3] 陈生水，李国英，傅中志. 高土石坝地震安全控制标准与极限抗震能力研究 [J]. 岩土工程学报，2013，35 (1)：1-8.

[4] 陈生水，方绪顺，钱亚俊. 高土石坝地震安全评价及抗震设计思考 [J]. 水利水运工程学报，2011，1：17-21.

[5] US Deparment of Homeland Security. Federal Guidelines for Dam Safety Earthquake Analyses and Design of Dams. May 2005.

[6] New South Wales Dam Safety Committee. Acceptable Earthquake Capacity for Dams. June 2010.

[7] 中华人民共和国水利部. 水工建筑物抗震设计规范 [S]. SL203-97. 1997-08-14 发布.

[8] 中华人民共和国国家经济贸易委员会. 水工建筑物抗震设计规范 [S]. DL5073-2000. 2000-11-03 发布.

[9] 李国英，沈婷，赵魁芝. 高心墙堆石坝地震动力特性及抗震极限分析 [J]. 水利水运工程学报，2010，1：1-8.

[10] 赵剑明，温彦锋，刘小生. 深厚覆盖层上高土石坝极限抗震能力分析 [C]. 中国水利水电岩土力学与工程学术讨论会，2010.

[11] 王年香，章为民. 吉林台一级水电站混凝土面板砂砾石坝离心模型试验研究 [R]. 南京：南京水利科学研究院，2001.

[12] 王年香，章为民，顾行文. 长河坝抗震安全性评价与抗震措施离心模型试验研究 [R]. 南京：南京水利科学研究院，2009.

[13] 李国英，任强，米占宽. 糯扎渡水电站抗震深化研究——土石坝震害调查 [R]. 南京水利科学研究院（研究报告），2010.

[14] 刘君，刘博，孔宪京. 地震作用下土石坝坝顶沉降估算 [J]. 水利发电学报，2012，31 (2)：183-191.